分离鳃的试验研究及数值模拟

陶洪飞　牧振伟　李琳　谭义海　著

·北京·

内 容 提 要

垂向异重流式水沙分离鳃（简称“分离鳃”）是一种新型的处理黏性泥沙的水沙分离装置（专利号：200620137372.X）。本书采用物理模型、数值计算、现场测试及理论分析等方法对分离鳃进行了较为系统深入的研究。研究成果对发展流体力学学科和水沙两相流动力学学科，解决高含沙流域农牧区群众生活用水问题及灌溉用水的泥沙处理都具有重要意义。

本书内容新颖，体系完整，可供从事农业、水利、泥沙、环境等专业的研究工作者，大学教师、本科生、研究生和其他对分离鳃及其工作原理感兴趣的读者参考。

图书在版编目（CIP）数据

分离鳃的试验研究及数值模拟 / 陶洪飞等著.
北京 : 中国水利水电出版社, 2024. 7. -- ISBN 978-7-5226-2667-3

Ⅰ. TV143

中国国家版本馆CIP数据核字第2024SK3192号

书　　名	**分离鳃的试验研究及数值模拟** FENLISAI DE SHIYAN YANJIU JI SHUZHI MONI
作　　者	陶洪飞　牧振伟　李　琳　谭义海　著
出版发行	中国水利水电出版社 （北京市海淀区玉渊潭南路1号D座　100038） 网址：www.waterpub.com.cn E-mail：sales@mwr.gov.cn 电话：（010）68545888（营销中心）
经　　售	北京科水图书销售有限公司 电话：（010）68545874、63202643 全国各地新华书店和相关出版物销售网点
排　　版	中国水利水电出版社微机排版中心
印　　刷	天津嘉恒印务有限公司
规　　格	170mm×240mm　16开本　11印张　215千字
版　　次	2024年7月第1版　2024年7月第1次印刷
定　　价	**66.00**元

前言

水是生命之源，是地球上一切生命赖以生存的、不可或缺的重要自然资源。水资源广泛应用于人类生产生活，在我国农业生产中发挥至关重要的作用。我国属于干旱、缺水严重的国家，据统计，我国人均水资源占有量为 2200m^3，而世界人口水资源平均占有量约为9000m^3。如今我国正处于严重缺水期，随着社会不断地发展，我国工业用水量、城市用水量持续增加，水资源供求矛盾愈加严重，已成为工业发展乃至社会发展的障碍。我国也是世界上河流泥沙问题最严重的国家之一，河流含沙量高，泥沙颗粒细，水沙分离难度大。西北地区的新疆，河水浊度值高，处理这些细颗粒泥沙非常困难，给工业、农村和城市给水带来了巨大能耗和负担。为满足工业用水、农业灌溉及城镇居民用水的需求，高浊度给水处理技术的研究已成为一种必然。因此迫切需要研究一种既环保又经济的分离高浑浊且含极细沙水的新装置——垂向异重流式水沙分离鳃。该装置无需施加外动力作用和添加任何化学药剂，可以快速地从高含沙浑水中分离出清水，提高了泥水分离效率，实现了水沙分离速度快、无化学污染及低能耗等目的，且投资成本低。本书进一步探求该装置的水沙分离效率、水沙运动轨迹及水力特性，对发展流体力学学科和水沙两相流动力学学科具有重要的理论意义和学术价值；对节水灌溉用水的泥沙效率、解决高含沙流域农牧区群众生活用水困难，具有重要的经济价值与实用价值。

本书是国家自然科学基金项目“两相流分离鳃的分离机理及应用研究（50969009）”、高等学校博士学科点专项科研基金项目“垂向异重流式水沙分离鳃水沙分离机理及结构优化研究”（200707058003）、新疆维吾尔自治区自然科学基金项目“分离鳃的水沙分离效率和流场分布规律研究”（2017D01B18）、新疆维吾尔自治区高校科研计划项目“动水条件下分离鳃的物理模型试验和数值模拟研究（XJEDU2017M011）”

课题、新疆维吾尔自治区重大科技专项项目子课题“灌溉管网系统水质安全保障关键技术研究”（2022A02003－4）、新疆农业大学水利与土木工程学院科技创新平台人才计划项目、昌吉州“两区”科技发展计划——科技成果转化示范项目（2023LQG08）的成果总结。

本书由陶洪飞、牧振伟、李琳、谭义海合作完成。全书内容共分6章，第1章为绪论，由陶洪飞、牧振伟撰写；第2章为分离鳃物理模型试验及数学模型确定，由陶洪飞、李琳撰写；第3章为静水条件下主要参数对分离鳃水沙两相流场的影响，由陶洪飞、谭义海撰写；第4章为动水条件下结构参数对分离鳃水沙两相流场的影响，由陶洪飞、李琳、谭义海撰写；第5章为分离鳃的中间试验，由陶洪飞、牧振伟撰写；第6章结论与展望，由牧振伟撰写。

本书引用了相关的期刊论文、专著和报告资料，且得到了多位同仁的支持和帮助，在此谨向有关作者和单位表示诚挚的谢意。新疆农业大学邱秀云教授、李巧教授、马合木江·艾合买提副教授、姜有为讲师在本书编写过程中给予了大量指导和帮助，感谢研究生张继领和宋睿明为本书物理试验和数值模拟作出的工作。李琦、禹李曦然、杨玉敏等研究生参加了书稿的整理和内容的讨论，张慧、刘姚、靳桢、韦余鑫、汤从沧、彭永等研究生对全稿进行了校核，在此表示诚挚的感谢。

本书是对多年研究成果进行的提炼、加工，其中难免存在疏漏和错误，望读者提出宝贵意见。

作者

2023年12月

本书主要符号说明

a 分离鳃的长，cm

b 分离鳃的宽，cm

c 分离鳃的高，cm

d 分离鳃的鳃片间距，cm

e 泥沙通道宽度，cm

f 清水通道宽度，cm

α 鳃片在宽方向上的倾斜角，(°)

β 鳃片在长方向上的倾斜角，(°)

S 浑水含沙量，kg/m^3

$S_{浑水进口}$ 浑水进口含沙量，kg/m^3

$S_{清水出口}$ 清水出口含沙量，kg/m^3

C_D 泥沙在水中的阻力系数

D 泥沙粒径，mm

ρ_w 液体的密度，kg/m^3

ρ_s 泥沙的密度，kg/m^3

ρ_f 泥沙絮团的密度，kg/m^3

ρ_z 蒸馏水的密度，kg/m^3

m_s 黏性泥沙质量，kg

$m_{浑}$ 比重瓶和浑水质量，kg

$m_{水}$ 比重瓶和蒸馏水质量，kg

w 耗水率,%

ω 球体沉降速度（简称沉速），m/s

F_D 水流阻力，N

W 有效重力，N

Re_d 沙粒雷诺数

C_d 无量纲的阻力系数

$d_{球}$　球形颗粒直径，mm

r_s　颗粒的比重

r_w　水的比重

ω_0　含沙量为0时的泥沙沉降速度（简称沉速），m/s

ω_s　单颗粒泥沙在浑水中的沉降速度（简称沉速），m/s

S_v　体积比含沙量，kg/m^3

S_{vm}　极限含沙量，kg/m^3

D_{50}　中值粒径，mm

D_f　絮团直径，mm

D_k　絮凝临界粒径，mm

η_s　水沙分离效率（数值模拟），%

$S_{\overline{H}}$　目标断面的平均含沙量，kg/m^3

$S_{\overline{V}}$　目标断面的平均体积比

$S_{\overline{HJ}}$　浑水进口断面的平均含沙量，kg/m^3

$S_{\overline{HC}}$　清水出口断面的平均含沙量，kg/m^3

σ　相对误差

υ　运动黏滞系数，m^2/s

g　重力加速度，m/s^2

ξ　泥沙絮团与鳃片斜面的摩擦系数

ψ　泥沙絮团的水下休止角，(°)

η　水沙分离效率，%

q　水力负荷，m/h

S_1　平均含沙量，kg/m^3

H　水深，m

目录

第1章

绪　论

1.1 研究背景及意义

世界上河流泥沙问题最严重的国家是中国，其河流含沙量高，泥沙颗粒细，水沙分离难度大[1]。而西北地区的新疆，河流中粒径小于0.03mm的泥沙占含沙总量的40%以上，河水浊度值高，处理这些细颗粒泥沙非常困难，这给工业、农村和城市给水带来了巨大能耗和负担。为满足工业用水、农业灌溉及城镇居民用水的需求，高浊度给水处理技术的研究已成为一种必然。在高浊度给水处理中，絮凝剂扮演着重要的角色。目前应用最广泛的是无机盐絮凝剂（如铁盐、铝盐）和有机合成高分子絮凝剂（如聚丙烯酰胺），但无机絮凝剂用量大，易产生二次污染，而且铝盐具有毒性，会影响人类健康，铁盐会造成处理后的水带颜色，高浓度的铁会对人体健康和生态环境产生不利影响；有机絮凝剂中的聚丙烯酰胺类物质不易被降解，残留单体丙烯酰胺具有强烈的神经毒性，而且是强致癌物质[2-3]。另外水处理过程中无机和有机高分子絮凝剂需要分步加入，工艺烦琐，设备投资大，致使使用成本相应偏高。因此，迫切需要研究一种既环保又经济，能够分离高浑浊且含极细沙水的新装置。

为此邱秀云教授发明了一种新型净水装置——垂向异重流式水沙分离鳃（简称分离鳃）（专利号：200620137372.X）。该装置无需添加任何化学药剂和施加外动力，可以快速地从高含沙浑水中分离出清水，其分离速度为泥沙在静水条件下沉降速度的1.9～3.7倍，同添加化学药剂相比，水沙分离速度相近[4]。分离鳃实现了快速、无化学污染和低能耗的水沙分离，为解决水资源问题提供了一个有效且低成本的解决方案。进一步研究该装置的水沙分离效率、水沙运动轨迹及水力特性，将推动流体力学学科和水沙两相流动力学学科的发展，具有重要的理论意义和学术价值。优化分离鳃的结构，提高水沙分离效率，对于解决实际问题具有重大的经济价值和实用价值。在节水灌溉、高含沙流域农牧区群众生活用水以及自来水预处理工程等领域，分离鳃的应用将带来显著的社会效益和经济效益。

1.2 分离鳃简介

分离鳃是一种新型的水沙分离装置，由鳃片和鳃管构成，如图 1.1 所示。其结构参数包括鳃片间距 d、鳃片与鳃管长度方向的两侧壁构成的倾斜角 α、鳃片与鳃管宽度方向的两侧壁构成的倾斜角 β、清水通道宽度 e 及泥沙通道宽度 f。分离鳃的外轮廓尺寸为长、宽和高，分别用小写的 a、b、c 表示。泥沙颗粒在静水条件沉降时，该装置的最上端为开口状，且有自由表面，最下端呈封闭状，不排沙；而在动水沉降时，将多个分离鳃布置在沉淀池中，分离鳃宽度方向的两侧壁布置有小孔，以便分离鳃内外浑水的交换，而且分离鳃上、下端均为开口状，以便清水上升和泥沙排出。

图 1.2 为分离鳃的工作原理概化图。泥沙颗粒在重力作用下从鳃片上表面的高端流动至低端，而清水沿着鳃片下表面由低端流动至高端，从而鳃片上表面的泥沙流运动与鳃片下表面的清水流运动在鳃片间形成一个逆时针方向的横向异重流，见图 1.2 中带箭头的虚线；当各鳃片低端的泥沙滑落至泥沙通道时便一起垂直向下运动，而各鳃片高端的清水流动至清水通道时便一起垂直向上运动，从而形成沿分离鳃边壁的顺时针垂向异重流，见图 1.2 中带箭头的实线。

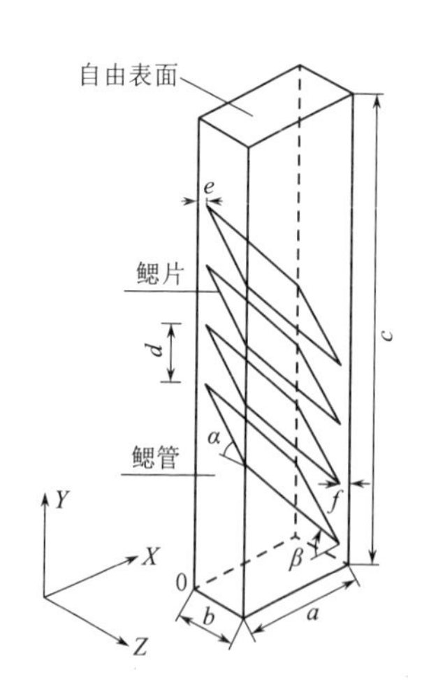

图 1.1 静水条件下分离鳃示意图

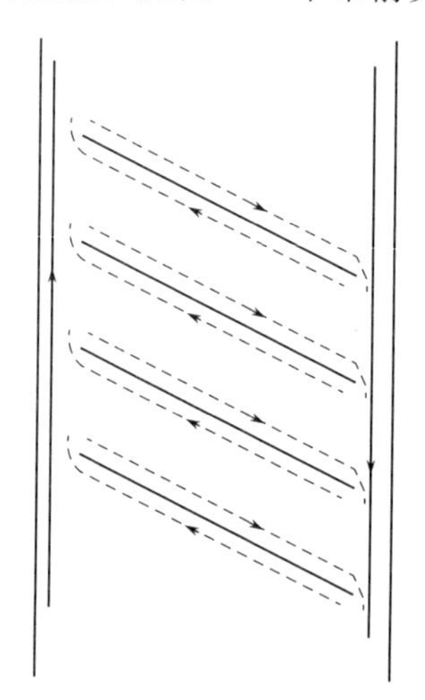

图 1.2 工作原理概化图

1.3 两相数值模拟概述

物质在不同温度条件下以气态、固态或液态存在，相对应的物理状态称为气相、固相和液相。两相流动是指气相与液相的流动、固相与液相的流动或固相与气相的流动。在工程中会大量地遇到两相流的问题，如在水利、环境及化工等领域，故许多专家学者开始研究和总结两相流的理论，并将其应用于实际工程当中。但两相流相对于单相流而言，复杂很多，主要有两个原因：①每一相都有自身的运动方程，表达方程的基本变量增加了许多；②两相之间存在物理性质的差别，如黏度与密度。

岳湘安[5] 将两相流的基本模型分为两大类：①离散模型，把流体作为连续介质而把固体颗粒作为离散相；②连续介质模型，除把流体作为连续介质，还把颗粒群作为拟流体或拟连续介质。每个类别包括的颗粒相模型如图 1.3 所示。而表达两相流的数值方法有拉格朗日方法、欧拉-拉格朗日方法及欧拉方法[6]。拉格朗日方法是指当流场中任何一个颗粒不受流场扰动与其他颗粒的影响，则可采用单颗粒动力学研究方法确定颗粒运动规律；欧拉-拉格朗日方法是指在拉格朗日坐标系中利用拉格朗日公式处理颗粒问题，可以避免颗粒相出现伪扩散问题，而在欧拉坐标系中处理流体相问题；欧拉方法是指在欧拉坐标系下研究颗粒（拟流体）的运动特征。

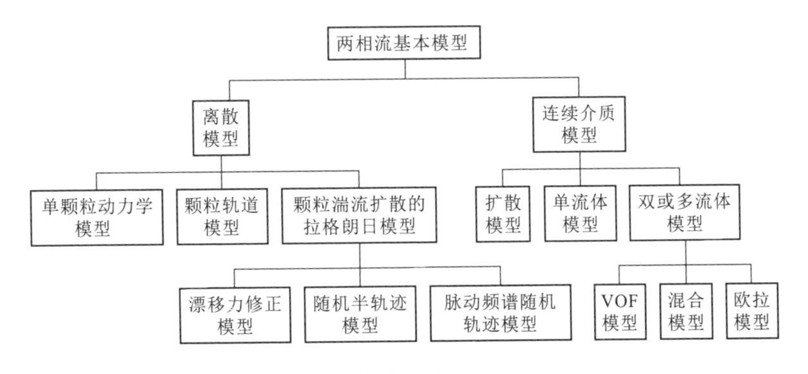

图 1.3 两相流基本模型的分类

目前非球形颗粒两相流的数值模拟研究主要基于欧拉-拉格朗日的求解框架展开，常见的非球形颗粒两相流数值模拟方法主要包括点颗粒法与全分辨颗粒法。崔智文等[7] 对这两类方法进行了介绍，同时全面介绍非球形颗粒两相流研究的基础理论模型，并系统地总结非球形颗粒在简单基本流和复杂湍流中的研究进展。庞博学[8] 基于颗粒动力学理论，考虑液相湍流脉动-颗粒作用，引用稠密气体分子动力学中碰撞分量结果求解高颗粒浓度下的固相应力及脉动能传导通量，推导获得了颗粒剪切黏度、体积黏度、颗粒压力以及脉动能传导等固相传输系数的显式表达式，建立了稠密液固两相流颗粒动力学模型。汪毅芝[9] 利用 Level Set 函数与相场函数的关系，基于 Level Set 函数的连续表面张力模型计算表面张力，提出了一种基于相场方法的连续表面张力的模型。

1.3.1 离散模型与连续介质模型

20世纪40年代末，提出了单颗粒动力学模型，其用拉格朗日方法进行描述，特点是不考虑颗粒对流体流动的影响。该模型是一个较粗糙且简化的数值模型，仅在稀疏两相流中可以应用，国内外的一些学者基于稀疏颗粒流场，建立了拉格朗日模型[10-14]。70年代中期，提出了颗粒轨道模型与颗粒湍流扩散的拉格朗日模型，其用欧拉-拉格朗日方法进行描述，特点是考虑颗粒对流动的影响以及相间的耦合，粗略地考虑了紊流的扩散。

连续介质模型都是采用欧拉方法进行描述。20世纪60年代初提出了扩散模型，该模型是最早的两相流连续介质模型，特点是不考虑颗粒对流体流动的影响，相间相对运动等价于流体的扩散漂移，这样便将两相流动的问题大大简化，使得一些简单的流动问题得到了近似解析解[15-17]。70年代提出了单流体模型，是最简单的两相流连续介质模型，用于模拟多相流的燃烧，特点是部分考虑颗粒对流体流动的影响，不考虑相间相对运动，因此与实际情况存在差别，使用范围受到限制。为克服单流体模型的缺陷，又提出了双/多流体模型，将固液两相流中的每一相都看作是充满整个流场的连续介质，其中颗粒相是与流体相相互渗透的拟流体或拟连续介质。双/多流体模型特点是全面考虑颗粒对流体流动的影响，考虑相间相对运动及相间的作用，现在广泛应用于沉淀池、流化床、搅拌槽、水力旋流器及离心泵中，来计算和模拟这些分离器中的两相流流场，并进行结构优化。

1.3.2 固液两相流数值模拟的研究进展

本节主要介绍有关沉淀池的固液两相流数值模拟研究，这对模拟分离鳃中的水沙两相流工作的开展具有一定的参考价值。而其他分离器中的固液两相流流场的数模工作，已有学者进行了总结，如李涛、栾闯及许妍霞[18-20]综述了运用计算流体力学（computational fluid dynamics，CFD）方法来研究水力旋流器的固液两相流流场；张晓旭[21]论述了水力机械内部固液两相流的数值模拟工作；李新明[22]概述了国内外学者利用CFD技术对搅拌槽中固液两相流的数值模拟研究现状；刘栋[23]总结了离心泵叶轮内固液两相流的数模研究工作；吴波[24]综述了离心式渣浆泵的数值模拟研究。

在涡量-流函数法中，采用中心差分格式处理对流项，并假设密度流无影响，对沉淀池进行了二维数值模拟。1985年，Bechteler[25]利用 $k-\varepsilon$ 湍流模型研究了矩形沉淀池的水体力学特征及固液两相流的沉降特性，发现湍流模型得到的数值结果同实际情况吻合较好；DeVantier等[26]利用有限元法及 $k-\varepsilon$ 湍流模型对矩形沉淀池的流场进行了数值模拟。根据密度流的影响，Lyn等[27] 提出了一个简单的固液沉降数值模型。通过长期研究，Zhou、Diangu与Das等[28-32] 提出了模拟中心进水的沉淀池非稳定流计算模型，该模型可以模拟入口区及沉降区的水沙运动流场，并对不同固体负荷与水力负荷情形时沉淀池的运行状况进行了详细分析。因低含沙量与高含沙量区的泥沙沉速不同，Mazzolani[33] 给出了一个使用较广的沉降模型，该模型在实际工程中得到了很好的发展。Krebs等[34-35] 建立了悬浮物颗粒运动方程，并采用 $k-\varepsilon$ 湍流模型对二次沉淀池进行了二维数值模拟。

随着计算流体力学的发展，CFD技术被广泛地应用到各个领域，而目前应用比较好的CFD软件有Fluent、Phoenics、CFX、STAR-CD及FIDIP等，下面重点介绍Fluent商用软件对沉淀池的模拟。Fluent软件提供了两种模拟固液两相流的模型，即欧拉法下的混合模型与欧拉模型。郭生昌[36] 利用Fluent软件中的欧拉模型对平流沉淀池的固液运动情况进行了数值模拟，得到了速度场与浓度场，同时对影响沉淀池水沙分离效果的因素进行了数值计算，并对结果进行了探讨，提出了建议；屈强等[37-38] 采用Fluent软件中的 $k-\varepsilon$ 两方程湍流模型对平流式初沉池与折流式沉淀池中的流场进行了模拟；吴成娟[39] 采用Fluent软件对平流式沉淀池在不同工况下的水沙两相流流场进行了数值模拟；肖尧与屈强等[40-41] 分别采用Fluent软件中提供的标准 $k-\varepsilon$ 湍流模型和改进的RNG $k-\varepsilon$ 湍流模型，并结合混合物模型对幅流式二次沉池进行了二维数值模拟，得到了沉淀池中的泥沙与流体的运动状况，通过与试验结果相比，采用的数值模型是准确的；杨丽丽[42] 利用改进的RNG $k-\varepsilon$ 湍流模型与混合模型，在Fluent软件中对沉淀池进行了三维数值模拟，得到不同尺寸下沉淀池中的水流和悬浮物的分布；李开展与李博[43-44] 运用Fluent软件中的混合模型及紊流模型对二沉淀池进行了模型，结果表明存在异重流现象，并通过相关的理论解释了该现象；刘强等[45] 用Fluent模拟了新型气浮沉淀池的固液两相流流场，结果显示选择的模型能较好地反映泥沙的沉淀规律；Jayanti、Laine及Clercq[46-48] 也使用Fluent软件对沉淀池的二维流动情况进行了模拟。朱炜等[49] 采用Phoenics流体软件对平流式二次沉淀池进行了模拟研究。姚文兵[50] 用ANSYS对抚顺乙烯厂生活污水回用工程中的辐流式沉淀池的流场和速度场进行了数值模拟，得出沉淀池的水力特性对其沉淀效果有很大影响的结论。王晓玲等[51-52] 利用STAR-CD软件，采用 $k-\varepsilon$ 两方程湍流模型和欧拉模型对福流式和平流沉淀池进行了三维数值模拟，得到了水沙两相流的流场分布，并利用实验数据验证了模型选择的可靠性。陈小宁[53] 探讨了不同流速、颗粒浓度、颗粒粒径、颗粒密度、管道管径及倾角下管道出口处的浆体流速分布及固体颗粒浓度分布的变化规律，并分析了不同工况下阻力损失的变化规律以及通过分析不同工况下的固体颗粒流动规律，得到管道输送阻力损失的主要来源。董文龙等[54]通过离散相模型结合考虑 Basset 力的 UDF 文件，精确模拟了低体积分数离散相颗粒在离心泵中的运动轨迹与磨损，发现颗粒直径影响其运动路径，大颗粒因离心力增大易背离工作面，撞击叶片头部与蜗壳内壁，导致这些区域磨损加剧，而小颗粒分布较均匀。季浪宇[55]通过固液两相流弯管的可视化实验获取颗粒在弯管中的运动轨迹图，与采用颗粒碰撞反弹实验进行碰撞反弹模型数值计算得到颗粒轨迹图对比，证实目前较常用的两相流碰撞反弹模型并不适用于大颗粒固液两相流数值模拟。

另外，李琳[6]采用 Fluent 软件提供的 RNG $k-\varepsilon$ 模型与混合模型对动水条件时浑水水力分离清水装置的弱旋湍流场进行了模拟，并将数值计算结果同试验结果对比，证明了采用的数值模型是准确可靠的，在此基础上，进一步研究了该装置的流场分布特性、水沙分离机理及沉淀效率等问题；采用 Fluent 软件提供的层流模型与混合模型对梭锥管内的水沙两相流流场进行了研究，给出了静水条件下的流场分布特性，探讨了梭锥管内水沙分离效率高的原因。以上研究，对分离鳃的数值计算起到了借鉴和参考作用，也为本书数模工作的快速开展奠定了良好的基础。

1.4 泥沙沉淀的研究进展

国内外学者对泥沙颗粒的沉速做了大量研究工作。总体而言，从圆球形状、低雷诺数及基于层流理论求解的泥沙沉速公式，发展到不规则形状、高雷诺数及试验同半经验公式相结合来计算紊流时的泥沙沉速表达式。

1.4.1 单颗粒泥沙的沉速

单颗粒球体在无限静止水体中受到水流阻力 F_D 与有效重力 W 作用。根据力的平衡条件可知，该球体的沉速计算公式为

$$\omega=\sqrt{\frac{4}{3}gD\frac{1}{C_D}\frac{\gamma_s-\gamma}{\gamma}} \tag{1.1}$$

Stokes[56]忽略 N-S 方程中的惯性力，而根据阻力系数 C_D 与沙粒雷诺数 Re_d 的关系，给出了单颗粒球体的沉速公式（仅适用于沙粒雷诺数小于 0.1），并指出当水体的容重值、单颗粒球体的容重值及运动黏滞系数一定时，单颗粒球体的沉速仅与该球体的直径有关。Oseen[57]与 Goldstein[58]在 Stokes 分析的基础上做了一定的修改，推导出阻力系数的近似解与严格解，但仅当沙粒雷诺数小于 2 时才与实测结果完全吻合。文献 [59] 和 [60] 给出了高雷诺数下单颗粒球体的阻力系数与沙粒雷诺数的关系曲线，从而可以计算出高雷诺数下的单颗粒球体沉速。然而天然沙与单颗粒球体又不同，所以研究人员通过对测量

数据的整理和理论推导，建立了其他的泥沙沉积公式。泥沙颗粒在静水中下沉时有不同的运动状态，这与沙粒雷诺数有关，运动状态不同，则流区不同，对应流区的泥沙颗粒沉速表达式也不同。沙玉清[61] 给出了3个区（滞流区、过渡区及紊流区）的泥沙沉速公式，对紊流区及滞流区而言，公式的结构形式相同，但系数存在一定的差异。Rubey[62] 及武水公式[63] 给出了过渡区的泥沙沉速公式，其中窦国仁公式因表达式复杂且必须试算，很难应用于实际工程。张瑞瑾[64] 从过渡区的实际情况出发推导出式（1.2），即

$$\omega=\sqrt{\left(13.95\frac{\upsilon}{D}\right)^2+1.09gd\left(\frac{\gamma_s-\gamma}{\gamma}\right)}-13.95\frac{\upsilon}{D} \tag{1.2}$$

式中：υ 为水体运动黏滞系数，m^2/s。

式（1.2）为泥沙沉降速度的通用公式，通过实测资料验证，符合这3个区的要求。

国内外学者为找到适合各流区的统一泥沙沉速公式，将阻力系数和沙粒雷诺数统一用式（1.3）和式（1.4）描述，即

$$C_D=\left[N^{\frac{1}{n}}+\left(\frac{M}{Re_d}\right)^{\frac{1}{n}}\right]^n \tag{1.3}$$

$$Re_d=G_lA+G_t\sqrt{A} \tag{1.4}$$

式中：n、N 及 M 为参数值，与泥沙粒径有关；G_l 和 G_t 为与阿基米德浮力指标 A 有关的经验系数。

将式（1.3）代入式（1.1），式（1.4）代入 $Re_d=\omega D/\upsilon$，分别得到考虑阻力系数和沙粒雷诺数的统一泥沙沉速公式，即

$$\omega=\sqrt{\frac{4}{3}gD\left(\frac{\gamma_s-\gamma}{\gamma}\right)\left[N^{\frac{1}{n}}+\left(\frac{M}{Re_d}\right)^{\frac{1}{n}}\right]^{-n}} \tag{1.5}$$

$$\omega=\frac{\upsilon\left(G_lA+G_t\sqrt{A}\right)}{D} \tag{1.6}$$

据水利部规定，当泥沙粒径 $D\leqslant 0.1$mm 时，泥沙沉速可采用 Stokes 公式计算；当 $0.15\text{mm}\leqslant D\leqslant 1.5\text{mm}$ 时，采用式（1.7）计算泥沙沉速；当 $D>1.5$mm 时，采用式（1.8）计算泥沙沉速。

$$\omega=6.77\frac{\rho_S g-\rho g}{\rho g}D+\frac{\rho_S g-\rho g}{1.92\rho g}\left(\frac{T}{26}-1\right) \tag{1.7}$$

$$\omega=33.1\sqrt{\frac{\rho_S g-\rho g}{10\rho g}D} \tag{1.8}$$

宋佳苑等[65] 记录单颗粒泥沙在水体中的下沉过程，测得沉降速度，当颗粒径较小时，实测沉速比常用沉速公式计算值偏大。推导出单颗粒在过渡区的沉

降公式为

$$Re_{d}=\frac{D_{*}^{2}}{(145C_{D})^{1/3}} \tag{1.9}$$

匡翠萍等[66] 结合不同泥沙颗粒团在水中沉降时的沉速数据，引入泥沙颗粒团特征粒径及附加粒径两个因子。对单颗粒泥沙沉速公式进行修正，得到张瑞瑾的泥沙沉速公式，即

$$\omega'=\left[\left(13.95\times\frac{\upsilon}{d'+0.006d'n^{0.469}}\right)^{2}+1.09\times\frac{\gamma_{s}-\gamma}{\gamma}g\left(d'+0.006d'n^{0.469}\right)\right]^{1/2}-13.95\times\frac{\upsilon}{d'+0.006d'n^{0.469}} \tag{1.10}$$

马林[67] 通过高速摄影装置拍摄絮团的沉降行动轨迹，利用图像处理技术获取絮团的运动参数，得到单颗粒泥沙的沉速公式，即

$$\omega^{2}=\frac{4}{3}\times\frac{1}{C_{d}}\frac{\gamma_{s}-\gamma_{w}}{\gamma_{w}}gd_{球} \tag{1.11}$$

式中：C_d 为无量纲的阻力系数，与雷诺数大小有关；$d_{球}$ 为球形颗粒直径；γ_s 和 γ_w 分别为颗粒与水的比重；ω 为单颗粒泥沙沉速。

1.4.2 群体泥沙的沉速

1.4.2.1 均匀沙的沉速

国内外学者根据单颗粒泥沙沉降规律，进一步对均匀沙的群体沉降规律进行了研究，他们根据实测资料及群体泥沙沉降理论，推导出许多经验公式、半理论公式及理论公式。

1. 低含沙量条件下均匀沙的群体沉速

在 Stokes 范围内，低含沙量条件下均匀沙的群体沉速有两种表达式。第一种是以 Cunningham[68]、Smoluchowski[69]、Fayon 等[70] 及 Uchida[71] 为代表，公式的形式见式（1.12）。D/s 与体积比含沙量 S_v 的关系见式（1.13）；每个学者取的系数 k 值都不一样，如 Burgers 取 $k=1.4$，Vchida 取 $k=0.835$。为了利用数学工具，蔡树棠[72] 给出了一个简便的公式，见式（1.14），该式使用时有局限性。

$$\frac{\omega_0}{\omega}=1+k\frac{D}{s} \tag{1.12}$$

$$\frac{D}{s}=1.24S_{v}^{\frac{1}{3}} \tag{1.13}$$

$$\frac{\omega_0}{\omega}=1-\frac{3D}{4s} \tag{1.14}$$

式中：ω_0 为含沙量等于 0 时的泥沙速度。

第二种是以 Batchelor[73] 为代表，见式（1.15），其适用于 $S_v \leqslant 0.05$，而当 $S_v > 0.05$ 时计算结果偏大。

$$\frac{\omega}{\omega_0} = 1 - 6.55 S_v \tag{1.15}$$

2. 高含沙量条件下均匀沙的群体沉速

Richardson[74] 通过量纲分析建立了高含沙量下的均匀沙群体沉速公式，见式（1.16）。因大多数公式都具有与其相同的形式，如詹勇等[75]、Peirce[76]、沙玉清[77]、褚君达[78] 及詹义正[79] 推导和整理的公式，故该式是目前广泛采用且具有影响的计算无黏性均匀沙群体沉速的经验公式。其中指数 i 值变化很大，但一般对细颗粒而言，要用较大的 i 值（2 以上），对粗颗粒则用较小的 i 值。

$$\frac{\omega}{\omega_0} = (1 - S_v)^i \tag{1.16}$$

当体积比含沙量等于 1 时，将其代入式（1.16），发现泥沙沉速等于 0，显然计算结果不正确。因此王尚毅[80] 通过添加一个系数，将式（1.16）修改成式（1.17）。

$$\frac{\omega}{\omega_0} = (1 - \zeta S_v)^i \tag{1.17}$$

式中：ζ 与泥沙的特性相关，i 取 2.5。

钱宁等[81] 将群体沉速与相对黏度 μ_m/μ 建立关系，并采用费祥俊[82] 给出的相对黏度 μ_m/μ，从而得到式（1.18）。从式（1.18）中可看出均匀沙的群体沉速与体积比含沙量 S_v 和极限含沙量 S_{vm} 有关，公式的结构较式（1.14）更为合理，通过实测资料对公式进行验证，满足要求。

$$\frac{\omega}{\omega_0} = \frac{\mu}{\mu_m}(1 - S_v)^2 \tag{1.18}$$

$$\frac{\mu_m}{\mu} = \left(1 - \frac{S_v}{S_{vm}}\right)^{-2.0} \tag{1.19}$$

$$\frac{\omega}{\omega_0} = \left(1 - \frac{S_v}{S_{vm}}\right)^2 (1 - S_v)^2 \tag{1.20}$$

钱意颖[83] 将相对黏度、泥沙容重、清水容重、浑水容重及对流作为影响泥沙沉速的因素，通过分析得到高含沙量下的均匀沙群体沉速公式见式（1.21）；若将式（1.19）代入式（1.21），则得到式（1.22）。

$$\frac{\omega}{\omega_0} = \frac{\gamma_s - \gamma_m}{\gamma_s - \gamma} \frac{\mu}{\mu_m}\left(1 - \frac{S_v}{S_{vm}}\right) \tag{1.21}$$

$$\frac{\omega}{\omega_0} = \frac{\gamma_s - \gamma_m}{\gamma_s - \gamma}\left(1 - \frac{S_v}{S_{vm}}\right)^3 \tag{1.22}$$

丰青等[84] 针对黄河流域含有黏性矿物成分的黏性泥沙沉降特征进行分析，

得出黏性泥沙进入水体不仅改变水流的黏滞性，对泥沙颗粒水沙界面处的紊动剪切强度也将产生显著影响，黏性泥沙群体沉速降低是水流黏性、密度和能量耗散强度变化的综合表现。

孟若霖等[85] 基于黏性细沙单个絮团的沉降规律，综合考虑含沙量对浑水黏性以及沉速的影响，得到了浑水中均匀沙的群体沉速公式，即

$$\frac{\omega_s}{\omega_0}=(1-KS_v)^{\frac{K-3}{K^2}} \tag{1.23}$$

式中：ω_0 为单颗粒泥沙在清水中的沉速；ω_s 为单颗粒泥沙在浑水中的沉速；KS_v 为浑水的有效体积浓度；K 为包含结合水的絮体体积与絮体体积的比值。

1.4.2.2 含较多细颗粒的非均匀沙沉速

当非均匀沙中含有较多细颗粒时，会发生絮凝现象，形成絮团和刚性的网状结构。其中絮团沉速是国内外学者关心的一个重要参数，可采用室内试验、现场测试及建立絮团沉速计算公式获得该值。

1. 室内试验及现场测试絮团沉速

通过对 Chesepeake 河口泥沙下沉时絮团速度的测量，得到其值为 0.01～1.0mm/s[86]。通过絮凝器来模拟不同工况下细颗粒泥沙的沉降过程，当含沙量为 0.005～0.2kg/m^3 时，现场测试得到的絮团沉速为 0.1～10mm/s[87]。关许为等[88] 通过对长江口细颗粒泥沙的研究，得到在一定含沙量及盐度范围下，絮团沉速为 0.004～0.48mm/s，发生絮凝后的絮团沉速远大于单颗粒泥沙的沉降速度。文献 [89-94] 指出利用水下录像及拍照技术可在不干扰絮团沉降前提下，记录整个黏性泥沙的沉降过程，并通过后期图像的处理获得絮团沉速。利用现场激光粒度仪来测量絮团沉速是目前较好的一种测量手段，许多国内外学者利用该设备对沉速进行了研究，取得了比较满意的结果[95-105]。如程江运用现场激光粒度仪（LISST_100）得到长江口徐六泾的垂线絮团沉速的最小值、平均值及最大值分别为 0.70mm/s、2.86mm/s、5.62mm/s，表层的沉速最小，越往底层越大；对 Gironde 河口的黏性泥沙进行观测，得到大絮凝体与小絮凝体的沉速为 1～3.5mm/s 与 0.09～0.5mm/s。

2. 絮团沉速公式

费祥俊[106] 按不同粒径泥沙所占的比例，加权平均后得到了非均匀沙的平均沉速公式。郑邦民等[107] 基于流体力学的基本原理，推导出了非均匀沙的群体沉速公式，计算的沉速同黄河实测资料较为吻合，该公式考虑了含沙量及非均匀沙组成对群体泥沙沉速的影响。

黄建维等[108] 通过对黏性细颗粒泥沙的深入研究，得出了温度为 6.1～32℃、中值粒径 D_{50} 为 0.002～0.043mm、初始含沙浓度 S_0 为 0.08～1.8kg/m^3、水深 H 为 20～180cm 的絮团沉速公式，见式 (1.24)。

$$\omega = \omega\left(1-\frac{F-1}{F}\mathrm{e}^{-0.012S_0H}\right)_{\max} \tag{1.24}$$

式中：F、$\omega_{\max}$ 分别为絮凝系数和极限絮凝沉降速度。

严镜海[109] 运用颗粒碰撞概念并考虑絮团大小，得到絮团公式见式（1.25）。

$$\omega = \frac{gD_f^{\,2}(\gamma_s-\gamma)}{18\upsilon\gamma} \tag{1.25}$$

式中：D_f 为絮团直径。

许多国内外学者[110-118] 利用 Rouse 公式拟合法得到了长江口细颗粒泥沙的絮团沉速公式，并得到了该地区的絮团沉速。长江口北槽、北槽口外及长江口南汇近岸水域的絮团沉速分别在 1.0～3.0mm/s、3.0～4.0mm/s、2.14～4.38mm/s 范围内；张书庄等[119] 通过对试验结果的统计整理和理论分析，给出了考虑黏土含量及中值粒径的絮团沉速公式。王家生等[120] 给出了含钙离子浓度参数的絮团沉速公式。一些学者[121-124] 利用分形理论研究细颗粒泥沙的絮凝过程，诞生了新的絮团计算公式，这些公式不仅能揭示絮团的内在结构，而且能更好地描述细颗粒泥沙的运动特性及形态，公式中的参数也容易确定，为进一步研究含有较多细颗粒的非均匀沙打下了基础。杨耀天[125] 发现，在同一电解质条件下，随着含沙量的增大，絮凝体沉降速度逐渐减小并趋于稳定，阳离子化合价对絮凝体沉降速度的影响更多。泥沙粒径对絮体沉降的影响与泥沙浓度、电解质调关条件密切相关。吴思南等[126] 研究了土壤团聚体对泥沙沉降速度的影响。团聚体对泥沙沉降速度，对小粒径泥沙颗粒的影响大于大粒径。沉降速率与团聚体质量加权粒径和团聚体有线性相关关系。刘玥晓[127] 研究了不同粒径、温度及 pH 值条件下，两种典型离子型表面活性剂对泥沙起动和影响。结果表明阳离子表面活性剂对泥沙吸附量更多，随 pH 值上升阴离子吸附量增加而阳离子吸附量减少。泥沙沉降速度随阴离子浓度升高而略微减小，随阳离子浓度增大上升。Zhao 等[128] 研究了沉积物的沉降速度，为了消除絮体的不规则形状，建立了不使用分形维数来测定絮体和颗粒沉降速度的方法。

以上单颗粒及群体泥沙沉速的研究，为本书分析和计算泥沙在鳃片上表面的沉降速度提供了重要的理论知识。

1.5 黏性泥沙的研究现状

黏性泥沙的运动规律、絮凝现象及絮凝机理等是国内外众多学者在泥沙领域的一个重要研究课题，因为从事河口围垦、生态环境、港口航道淤积及水资源利用规划等工作时，均会遇到黏性泥沙絮凝的问题。黏性泥沙的研究主要通过室内试验、室外现场观测及数值模拟，从宏观与微观的层面来开展工作，并以布朗运动、DLVO 理论、扩散双电层理论、泥沙絮凝发育理论及分形理论为基础，分析和总结有关黏性泥沙的沉降特性。

对于黏性泥沙在静水与动水条件下的沉降机理，许多学者[129-138] 做了整理与综述，因此不再赘述。影响泥沙絮凝的因素包括：①动力条件；②物质成分；③介质条件。动力条件又可分为水流的流速、剪切及紊动；物质成分包括泥沙的含沙量、矿物成分、表面电荷及粒度成分；温度、盐度、pH 值及黏度构成了介质条件。

朱中凡等[139] 通过试验研究了水流紊动对黏性泥沙絮凝的影响，得出紊动剪切率小于 $41s^{-1}$ 时促进絮凝，而当其大于 $41s^{-1}$ 时抑制絮凝；柴朝晖等[140] 通过 MATLAB 平台模拟了水流剪切作用下黏性泥沙的沉降过程，得到剪切率小于 $13s^{-1}$ 时促进絮凝，大于该值抑制絮凝；张金凤等[141] 采用 Lattice Boltzmann（LB）方法创建了三维数值模型，用于模拟不同紊动剪切率下黏性泥沙的沉降过程，得出剪切率小于 $200s^{-1}$ 时，促进絮凝，高于 $200s^{-1}$ 时抑制絮凝。总体来看规律是一致的，都要在某个剪切率下发生转折。金鹰等[142] 通过静水条件下的沉降试验得到不同纯矿物在同一盐度下的絮团中值粒径，可知石英砂（0.015mm）＜蒙脱土（0.027mm）＜高岭土（0.040mm）＜伊利土（0.053mm），伊利土的絮团中值粒径最大，说明其絮凝程度就越高。黄磊等[143] 介绍了国内外专家对黏性泥沙表面电荷分布的研究工作，为解释河口中某些现象的内在机理打下了铺垫。目前，pH 值及黏度对黏性泥沙絮凝的研究甚少。以下就水温、水流的流速、粒径、含沙量及盐度对黏性泥沙絮凝的影响进行详细综述。

1.5.1 水温的影响

水体温度对河口黏性泥沙的沉降及生态环境影响很大。刘毅[144] 通过室内试验研究了水温对黏性泥沙淤积及沉速的影响，得出水温对絮凝而言是把双刃剑。水温升高时，颗粒之间的吸引力维持不变，排斥力与双电层厚度增加，这有碍颗粒之间碰撞发生絮凝，但从另一方面来说却加剧了布朗运动的速率，增加了颗粒彼此间碰撞的概率，促进絮凝。蒋国俊等[145] 对细颗粒泥沙在静水与动水沉降下的试验数据进行了灰色关联度分析，指出水温兼有连续型与阈值型的特性，且是影响絮凝的主要因素；细颗粒泥沙的沉降强度随水温的变化可以分成 3 段：①水温为 10～15℃时，沉降强度几乎不变化；②水温为 15～25℃时，随着水温的增大，沉降强度缓慢增大；③水温为 25～30℃时，沉降强度随水温的增大，急剧增大。在长江口北槽进行现场观测[146]，发现低温的冬季，黏性泥沙不会形成絮团，即没有发生絮凝现象，但到了高温的夏季时，则黏性泥沙在下沉过程中会形成较大的絮团。采集长江口南汇边滩的浮泥来研究水体温度对它的沉降影响，得到水温高时促进絮凝，絮团较大，水低温时阻碍絮凝，絮团较小，高温时的絮凝度是低温时的 1 倍左右[147]。

水温在不同含沙量、不同盐度及不同流速下对黏性泥沙的沉降影响还有待进一步研究。

1.5.2 流速的影响

研究黏性泥沙在动水环境中的沉降特性具有实际意义。在流动水体中，流速是一个很重要的动力条件。据文献［148－150］可知，当流速小于动水絮凝临界流速时，促进絮凝，且流速越小，黏性泥沙互相连接形成的絮团就越大，则絮凝沉降强度就越大，淤积就越快，此时絮团的重力作用大于水流的剪切作用。反之，当流速大于动水絮凝临界流速时，阻碍絮凝，且流速越大，黏性泥沙互相连接形成的絮团就越小，或不存在絮团，则絮凝沉降强度就越小，或根本不发生絮凝现象，淤积就越慢，此时絮团的重力作用小于水流的剪切作用。因各个地区河口中黏性泥沙的粒径、含沙量及含盐度等不同，则动水絮凝临界流速也就不同，其跟水流条件有关。唐建华[151]利用长江口南槽水域的流速实测资料，得到长江口南槽的动水絮凝临界流速为 42cm/s；蒋国俊等[145]指出黏性泥沙基本上不发生絮凝的流速为 40cm/s 以上，而当流速不大于 30cm/s 时，絮凝沉降效果较好；长江口黏性泥沙的动水试验表明，发生絮凝的临界流速约为 21cm/s[152]；通过在环形水槽中研究南汇边滩泥沙的动水特性，可知其絮凝临界流速为 50cm/s[153]；而在环形水槽中对钱塘江黏性泥沙做动水沉降试验，其絮凝临界流速却为 60cm/s[154]。

1.5.3 粒径的影响

河口或港口的悬浮泥沙是否发生絮凝，絮凝沉降强度如何，对河床演变、泥沙沉速及河岸淤积都有重要的影响，而絮凝临界粒径（絮凝极限粒径）D_k 的确定是非常重要的。絮凝临界粒径是指某一特定的泥沙粒径，即大于该值时，泥沙不会发生絮凝现象，而小于该值时，会发生絮凝沉降。国内外学者通过研究给出了一定条件下河口细颗粒泥沙的絮凝临界粒径，详见表 1.1。从表 1.1 中可知，细颗粒泥沙的絮凝临界粒径范围为 0.009～0.0325mm，而具体值则要视地区、沙样及水体环境而定，故研究泥沙粒径对絮凝沉降的影响应综合考虑各方面因素。

1.5.4 浑水含沙量的影响

含沙量与絮团沉速的关系呈抛物线（开口朝下）分布，最大絮团沉速所对应的含沙量称为临界含沙量，而当含沙量在该值的右半部分时，絮团沉速随含沙量的增大而减小，在该值的左半部分时，则絮团沉速随含沙量的增大而增大。

表 1.1　　不同条件下河口细颗粒泥沙的絮凝临界粒径

沙样	水体环境	D_k/mm	备注
海相淤泥、河口淤泥及河流淤泥等三十多种细颗粒泥沙	盐水情况	0.03	根据长期从事海岸泥沙工作的经验，确定 D_k
混合砂	—	0.01	根据黄河水利科学研究院的研究结果
黏性泥沙	浑水中不加电解质	0.013	—
长江口的细颗粒泥沙	水体盐度为10‰	0.03	—
南汇边滩泥沙	水温17℃、水体盐度15‰及含沙量为4.5kg/m^3	0.0325	完全去除有机质
长江口黏性细颗粒	—	0.0325	结合现场测试的资料，确定 D_k
杭州湾黏性细颗粒	—	0.02	现场测试结果与室内的对比，确定了 D_k
港口与河口的淤泥	—	0.02～0.03	总结絮凝沉降资料，确定 D_k
长江口的细颗粒泥沙	—	0.032	絮凝效果最佳时的粒径为0.008mm
长江口的细颗粒泥沙	—	0.03左右	絮凝现象更为明显的是当粒径小于0.016mm
珠江口沙、长江口沙及西江梧州悬沙	含沙量为26.5～53kg/m^3	0.03	—
黏性细颗粒泥沙	离子浓度和价位都不同的25℃水体	0.009～0.032	—
小于0.1mm的黄绵土	$CaCl_2$ 浓度为0～1.0mmol/L，含沙量为10kg/m^3	0.03	采用吸管法研究
小于0.1mm的娄土	$AlCl_3$ 浓度为0～1.7mmol/L，含沙量为10kg/m^3	0.03	采用吸管法研究
小于0.1mm的娄土	NaCl浓度为0～30mmol/L，含沙量为5kg/m^3	0.0245	采用吸管法研究
细颗粒泥沙	NaCl浓度为0～10mmol/L，含沙量为5kg/m^3、10kg/m^{3}及20kg/m^3	0.027	采用吸管法研究
黏性泥沙和非黏性泥沙	—	0.02	—

钱宁等[81] 指出在含有盐分的河水或海水中，临界含沙量为 15kg/m^3；用长江口的黏性泥沙在同一盐度下做静水沉降试验，得到临界含沙量为 10kg/m^3[142]；王龙等[155] 给出盐度为 0.1mol/L 时，含沙量与絮团沉速的关系，可知临界含沙量为 5kg/m^3；在水温为 17℃、盐度为 15‰以及不含有机质的人工海水中进行不同含沙量下的南汇边滩细颗粒泥沙静水沉降实验，得到临界含沙量为 1.0kg/m^3[147]；崔贺[156] 将海口的黏性泥沙制成不同含沙量的浑水（3～100kg/m^3），观察其沉降现象并记录相关数据，通过对数据的分析与整理得到临界含沙量为 40kg/m^3。综上所述，可知在不同的条件下，临界含沙量的值不同，在研究含沙量对黏性泥沙絮凝的影响时，要考虑其他因素的影响，并且考虑各因素间的耦合作用。

根据含沙量、絮凝平均沉降速率及盐度的关系曲线，可知同一盐度下，含沙量范围为 0～5kg/m^3 时，含沙量越大，则泥沙沉降越快[88]。对采集的南汇边滩泥沙做不同含沙量下的动水沉降试验，可知在同一流速下，含沙量越大，则达到平衡含沙量的时间越短[150]。在盐度为 0.15‰条件下，做了 4 组不同含沙量（0.38kg/m^3、0.66kg/m^3、1.10kg/m^3、2.85kg/m^3）下的絮凝沉降试验，从试验结果可知当含沙量在 1.10kg/m^3 以下时，絮团沉速变化不大，但含沙量超过 1.10kg/m^3 时，絮团沉速就随含沙量的增大而增大[151]。借助 LB 方法分别模拟了含沙量为 0.30kg/m^3、0.80kg/m^3、1.50kg/m^3 下的不等速沉降絮凝，得出含沙量越大，黏性泥沙形成絮团的时间就越短，絮团中含有的泥沙颗粒就越多，最大絮团的分形维数也就越大，同时泥沙平均沉速也越大[141]。

1.5.5 盐度的影响

盐度是影响絮凝的一个重要参数，其与絮团沉速的关系并非线性，而是存在一个最佳絮凝盐度 K，当盐度大于该值时，絮团沉速会随盐度的增大而减小，小于该值时，絮团沉速会随盐度的增大而增大。因沙源、水体环境及试验方法的不同，最佳絮凝盐度值存在一定的差异，见表 1.2，但总体范围为 3‰～15‰。李晓燕[157] 对长江口北槽的泥沙沉降特性进行了研究，可知夏季相对于冬季，最佳絮凝沉降盐度范围更广，细颗粒泥沙更容易发生絮凝沉降。林以安等[158-159] 指出长江口的细颗粒泥沙发生絮凝现象的关键盐度是 0.1‰～0.2‰。除此之外，阳离子与电解质对黏性泥沙的絮凝沉积也有很大的影响。蒋国俊[160]、关许为[161] 及王家生[162] 等针对阳离子不同的类型、浓度、化合价做了相关的室内试验，并运用 DLVO 与扩散双电层理论分析了试验结果。海水中含有不同的电解质，如 $FeCl_3$、$AlCl_3$、$CaCl_2$、$MgCl_2$ 及 NaCl，在不同浓度下它们的絮凝能力及沉降规律是不同的，一些学者[163-167] 对电解质做了相关研究，初步掌握了在电解质作用下的泥沙絮凝沉降特性，为黏性泥沙的研究奠定了理论基础。

表1.2 不同条件下的最佳絮凝盐度

沙源	水体环境	K/‰	备注
江阴河段	0～5kg/m^3	5	静水沉降
长江口	天然淡水和天然海水	5	含沙量较高时，K 有增大趋势
长江口	盐度为2‰～22‰的人工海水	12	12组静水沉降试验
长江口	1.0kg/m^3	11.95	—
南汇边滩	水温15℃，流速为0～70cm/s，含沙量1.0kg/m^3、1.5kg/m^{3}及4.5kg/m^3	15	动水沉降
钱塘江口河口	水温15℃，流速为0～70cm/s，含沙量1～10kg/m^3	15	动水沉降
—	一定范围盐度的海水	3	—
—	一定范围盐度的海水	3	—
长江口南港南槽地区	5‰～20‰	10～13	据流动电位测验结果，确定 K
长江口	—	3	浑水中含有少量盐分，就会发生絮凝沉降

1.6 斜板沉淀池及斜管沉淀池的研究进展

1.6.1 斜板沉淀池

根据Hazen和Camp的“浅池理论”，出现了斜板（管）沉淀池，该沉淀池的特点是沉淀效率高、池子容积小和占地面积小。我国各地水厂普遍使用斜板（管）沉淀池，沉淀效率得到了大幅度提高[168]。斜板沉淀池根据颗粒与水流的运动方向，将其分为异向流斜板沉淀池（颗粒向下，而水流向上）、横向流斜板沉淀池（颗粒向下流动，而水流大致水平流动）及同向流斜板沉淀池（颗粒与水流都向下流动）。国内一些学者对斜板沉淀池做了很多研究，主要包括以下三点：①斜板沉淀池的设计；②斜板沉淀池的结构优化；③在斜板沉淀池研究的基础上提出一种新型沉淀池，并加以研究，使之能用于实际工程。斜板沉淀池在固液或液液分离扮演着重要的角色，其应用范围很广，涉及水利、化工及石油等领域。

牟占军等[169]在斜板沉淀池固液分离机理的基础上，给出了该沉淀池主要设计参数的设计公式与计算方法，这些参数包含斜板间距、沉淀池长度及泥斗体积等；许培援等[170]给出了斜板沉淀池处理负荷的计算公式，并将单斜板与多层斜板处理负荷的实验值同计算值相比，误差在8%以下，满足精度；吴剑华[171]与常勇[172]等揭示了斜板上单个液滴的聚结原理，给出了斜板沉淀池的设计方法；戚俊清等[173]给出了斜板层膜上液滴的聚结过程，就液滴聚结的影响因素作了探讨，并指出设计斜板沉淀池应考虑液滴的有效聚结；刘振中等[174]用BP网络建立了异向流斜板沉淀池的优化设计模型，通过对实例的验证，得出设计方案既经济又合理。

戚俊清等[175]研究了斜板间距如何影响斜板沉淀池的处理负荷，得出两者之间存在着最宜设计，而该最佳设计值同操作条件、物系性质及两相比率有关；陈志军等[176]通过在斜板沉淀池的油水分离试验，得到当斜板间距为1.5cm、斜板板长范围为23～27cm、斜板间流速为4m/h左右及斜板倾角为28°～32°时，油水分离效果较好；唐洪涛等[177]对斜板沉淀池的理论板长进行了研究，给出了如何计算最小理论板长的方法；侯海瑞等[178]通过不同的实验条件，对斜板沉淀池的结构参数进行了优化，得出实验条件下不同参数的最优值是：斜板长度取50cm左右，斜板倾角取20°～30°，进料流量取0.3m^3/h。

李继震[179]对横向流翼片斜板沉淀池的除浊规律进行了研究，并对该沉淀池的设计计算方法及设计中常遇到的问题进行了探讨，为横向流翼片斜板沉淀池的推广应用奠定了基础；姚公弼[180]在斜板上安装一些翅板，得到了一种新型沉淀池，即斜翅板沉淀池，其具有投资少、占地小及处理能力高等优点；李宝仲[181]提出了悬挂式横向流翼片斜板沉淀池，并就其安装方式、设计数据及运行效果等进行了阐述；高士国等[182]对横向流波形斜板沉淀池进行了研究，相对于传统的斜板沉淀池而言，其沉淀效率很高；日本水处理专家丹保宪仁提出了迷宫斜板沉淀池，我国的邹亦俊[183]对其工作原理及设计作了很好的总结；张家哗[184]指出迷宫式斜板沉淀池的沉淀效率是普通斜板沉淀池的5倍、平流式沉淀池的40～50倍及斜管沉淀池的2.3倍；张永亮等[185]对新型同向流斜板沉淀池进行了试验研究，发现其沉淀效率远高于横向流斜板沉淀池及异向流斜板沉淀池，并且在清水收集及排泥上展现出很大的优势；方永忠等[186]将异向流斜板沉淀池的斜板由水平改为垂直排列，得到一种新型沉淀池，即立式斜板沉淀，该沉淀池具有排泥顺畅与运行维护简易特点；梁仁礼等[187]对异向流斜板沉淀池进行了改进，发现改进的斜板沉淀池表面负荷高，并且解决了出水水质不均匀、排泥困难及抗冲击负荷能力差等问题；罗岳平等[188]将斜板沉降系统放入到矩形平流沉淀池中，使出水的浊度符合规范要求；张宏媛[189]将斜板放入竖流式沉淀池中，构成改良斜板沉淀池，发现沉淀效率有所提高，并利用

Fluent 软件中的 RNG $k-\varepsilon$ 湍流模型与欧拉模型对其进行了固液两相流的流场计算；在普通矩形二沉池中加入斜板，发现沉淀效率大大提高，而且运行成本也有所降低[190]。施杰等[191] 以某焦化厂废水水处理系统物化段为研究对象，对斜板沉淀池的翻泥现象进行分析，结果表明通过改变沉淀池的配水方式及增加压缩空气搅拌等措施，有效地解决了翻泥的问题，保障了生产的稳定性；陶赟等[192] 介绍了一种新型的翼片式斜板沉淀池的工作状态，使用固液两相流方法通过 Fluent 模拟，结果表明含沙量较小时有更好的泥沙去除效率，并观测了速度模拟结果，其表明泥沙在翼片间呈环流，泥水在斜板末端呈异向流分离；田林青等[193] 给出了一种新型同向流斜板沉淀池装置，其核心为新型的斜板结构，于斜板板底增加沟槽和导泥管，该装置对一系列浊度的悬浊液都有较好的除浊效果，解决了泥水分离的难题，为同向流技术的发展提供了新方向；刘存[194] 对配水渠进行三维单相流稳态模拟、对斜板沉淀池进行二维两相流瞬态模拟，得到配水渠进口的集中主流在池内流域空间的扩散程度是出水均匀度的主要影响因素、斜板沉淀池池宽维度的流态变化较小，内部流场随时间变化的瞬态特征显著等结论；赵东旭[195] 研究了斜板沉淀池固液两相流水力学特性进行数值模拟、斜板沉淀池池体结构对沉淀池水力特性的影响、斜板沉淀池运行参数对沉淀泣水力特性的影响；研究结果对净水厂沉淀过程的调整和优化具有一定的指导意义；姚娟娟等[196] 运用 CFD 软件，采用 Realizable $k-\varepsilon$ 湍流模型对其流速场进行数值模拟，结果表明配水渠进口集中主流在池内流域空间的扩散程度是出水均匀度的主要影响因素，采用双段配水渠时，挡墙位置应设在进口侧，而不应在配水渠的中间位置。陈永强[197] 发明了一种带有底腔刮泥功能的斜板沉淀池，该装置工艺先进、污染物去除率高，末端设置硝化池，提高硝化及反硝化效率；王伊林等[198] 对计算所得到的不同位置剖面的速度矢量图、湍动能图等进行分析后，可以看出流体由进水管进入沉淀池后，在配水区、斜板之间以及斜板上方形成不同大小的漩涡，在沉淀池内部流动过程中，漩涡消失，流速降低，其湍动能等在此期间逐渐减小，水流的湍流状况减少，固液两相逐渐分离，达到沉淀的效果。王伊林[199] 基于 CFD 理论，采用标准 $k-\varepsilon$ 模型和 Mixture 混合模型等计算方法对斜板沉淀池进行两相流瞬态模拟，得出改变沉淀池的悬浮颗粒粒径时：对于沉淀池内部速度场、压强场甚至是湍流情况的影响均较小。樊书铭[200] 为研究斜板沉淀池不同工况条件下颗粒沉积特性和池内流态变化规律，对无机颗粒分析，设置三种工况条件，分别为颗粒密度、粒径以及斜板不同形状，密度设计为 $800kg/m^3$、$1000kg/m^3$ 和 $1300kg/m^3$，粒径设计为 $60\mu m$、$80\mu m$ 和 $100\mu m$，针对斜板形状尝试设计了一种 V 形斜板，得出颗粒粒径与配水区流速和湍流度成正比。董志锋等[201] 将斜管沉淀池改造为 A 形侧向流斜板沉淀池。改造并优化完成后，沉淀池空间利用率更高，运行更加平稳，对原水水质波动的抗冲击能力也有一定提升。

斜板沉淀池的设计、结构优化和改造，对分离鳃如何布置在普通沉淀池中，以及分离鳃沉淀池的中间试验研究，都起到了借鉴和参考作用。

1.6.2 斜管沉淀池

斜管的管径、沉淀池的长宽比及布水区高度等结构参数对斜管沉淀池的布水均匀性有很大影响，黄廷林等[202-203] 通过建立布水均匀性水力模型，定量分析了各因素的影响规律，即沉淀池的长宽比是影响布水均匀性的关键参数，加大布水区高度与减小斜管管径对布水均匀性都有所提高，另外通过该水力模型也定性和定量地分析了布水不均匀性对沉淀率的影响，这对斜管沉淀池的工程结构设计具有指导作用；邹品毅[204]、刘静等[205] 及段龙武[206] 也对斜管沉淀池的配水均匀性及配水方式进行了研究；黄廷林等[207] 对斜管沉淀池结构参数进行了优化，指出斜管长度应取 1.2～1.4m，斜管倾角应取 35°～60°；廖足良等[208] 对斜管长度进行了研究，指出出水浊度与斜管管长的关系呈指数分布，并提出斜管长为 60cm 时，也可满足设计要求；刘荣光等[209] 提出一个新的观点，在工程设计中，斜管长度仅需考虑固液分离段的长度，而不需要考虑过渡段的长度；陈敏生等[210] 针对斜管沉淀池合理选择配水流速与上升流速问题以及沉淀池的长宽比问题进行了探讨；廖足良等[211] 提出了评价斜管沉淀池的六项指标，并指出缺角正方形斜管的性能是最佳的。

斜管沉淀池的泥沙淤积是广大学者较为关心的问题，荆全章[212]、周平[213] 与李三中[214] 等分析了斜管积泥的原因，并提出相应的改造措施，对其他工程及设计具有借鉴作用；张建国等[215] 将倾斜的沉淀管水平放置，得到一种新型的沉淀池，即水平管沉淀分离装置，其沉淀效率得到了很大的提高（为异向流斜管沉淀池的 3～5 倍）；田德勇等[216] 将单层斜管分成上、下两层进行研究，发现沉淀效率比现行斜管沉淀池的要高。赵竞[217] 模拟了异向流斜管沉淀池在不同设计参数下的沉淀效果，结果表明斜管管径只有在一定范围内才能使沉淀池具有比较理想的沉淀效率，颗粒的沉降速度随着悬浮颗粒密度的增加而增大；涂有笑[218] 对流场、浓度场和沉淀池的出水效果三个方面进行了分析，结果表明进水悬浮物颗粒直径在一定范围内改变，对沉淀池的悬浮物去除率造成一定影响；涂有笑[219] 对不同配水区高度下斜管沉淀池的流场、悬浮物浓度场进行数值模拟计算，得出增大配水区高度有利于提高配水均匀性，从而提升悬浮物去除率；赵竞[220] 采用 RNG $k-\varepsilon$ 紊流模型以及 Mixture 两相流模型模拟了斜管沉淀池在不同斜管管径下的速度场以及悬浮物浓度场，得到了异向流斜管沉淀池的最优设计参数；叶飞等[221] 对其沉淀区进行三维数值模拟，模拟结果表明，当颗粒密度为 1050kg/m^3 时沉淀效果最好，当进水口高度为 1.2m 时，处理效果较好，在沉淀区前增设配水槽，提高了水流稳定性，使沉淀池沉淀效果得到显著改善；张明雄[222] 介绍了将V形槽穿孔管排泥系统改造成漏斗式集中排泥系统，排泥管由钢管改用阻力系数较小的PVC-U管。改造后改善了排泥效果，延长了排泥周期，增加了供水能力，而且提高了出厂水质，降低了操作强度；崔晓峰等[223] 对水流流态、断面流速分布与压强分布等水力特性进行了研究，设计了一种先进的自动清洗设备，提高了斜管沉淀池的清洗效率和质量，降低了企业生产成本；赵黎等[224] 从自来水公司斜管沉淀池现有清洗方式多年的实际使用情况出发，分析了其存在的不足，设计了一种先进的自动清洗设备，提高了斜管沉淀池的清洗效率和质量，降低了企业生产成本；涂有笑等[225] 模拟分析了沉淀池的浓度场变化及沉淀效果，结果表明悬浮物颗粒直径的差异对沉淀池内悬浮物的纵向分布影响较小，但在斜管进口、池底及出水断面处，颗粒直径的变化对悬浮物浓度的影响较大；董盛文等[226] 对穿孔旋流絮凝斜管沉淀池存在的问题进行研究分析，提出了穿孔旋流絮凝斜管沉淀池的设计要点，对农村饮水安全工程设计有一定的指导意义；李建等[227] 介绍的复合沉淀池是平流沉淀池和斜管沉淀池的优化组合，降低斜管沉淀池的泥量负荷，而且使位于复合沉淀池后部的斜管沉淀池前端不再积泥，彻底解决了沉淀池排泥不畅的问题。斜管沉淀池的研究，对分离鳃如何布置在普通沉淀池中，以及分离鳃沉淀池的中间试验研究，也起到了借鉴和参考作用。

1.7 主要研究方法、目标及内容

本书的研究目标为进一步探讨分离鳃的水沙分离效率，探明分离鳃中的水沙两相流流场，同时进一步优化分离鳃的结构；确定分离鳃在沉淀池中的布置形式及技术指标，为分离鳃应用于实际工程及设计提供依据。

本书采用物理模型试验、系列数值模拟计算及中间试验三种途径来研究分离鳃的水沙分离。

本书研究的主要内容包括以下几个方面：

(1) 物理模型试验。①通过物理模型的静水试验，研究浑水含沙量对分离鳃水沙分离效率的影响；研究鳃片间距对该装置水沙分离效率的影响，以确定最优鳃片间距，试验结果可进一步用来验证数值计算结果的准确性；②通过物理模型的动水试验，研究分离鳃在不同浑水进水流量、不同含沙量、不同鳃片间距以及不同进口位置下的水沙分离效率，探究分离鳃的最佳运行条件。

(2) 数值计算。①确定Fluent软件中适合模拟分离鳃中水沙两相流流场的数学模型；②分析分离鳃中的速度与含沙量分布特性；③研究浑水含沙量、鳃片倾斜角、鳃片间距及泥沙粒径对分离鳃速度场及水沙分离效率的影响。

（3）中间试验。分别在静水与动水条件下，研究敞开式分离鳃沉淀池与封闭式分离鳃沉淀池的水沙分离效率。

第2章

分离鳃物理模型试验及数学模型确定

浑水含沙量、进口位置和鳃片间距是影响分离鳃水沙分离效率的重要因素。本章通过物理模型试验，在静水和动水条件下探究它们对分离鳃水沙分离效率的影响，所得结果将为分离鳃的推广应用提供可靠的理论依据。基于物理试验结果，开展静水条件和动水条件下分离鳃水沙两相流场的数值模拟，结合物理试验的现象和结果验证数值模拟计算的结果，确定最佳的数学模型。

2.1 静水条件下分离鳃的水沙分离效率研究

2.1.1 浑水含沙量对分离鳃水沙分离的影响试验

2.1.1.1 试验装置、材料及仪器

分离鳃的结构示意图见图1.1。制作了1个分离鳃和1个与分离鳃外轮廓尺寸一样的矩形普通管（以下简称普通管）（无鳃片），分离鳃外轮廓尺寸为17.5cm×4cm×60cm（$a \times b \times c$），鳃片间距$d=15$cm，清水通道宽度e和泥沙通道宽f均为1cm。鳃片以$\alpha=60°$倾角固定在矩形鳃管长度方向的两侧壁上，而以$\beta=45°$倾角固定在矩形鳃管宽度方向的两侧壁上。

试验选用新疆乌鲁木齐鲤鱼山的天然黄土作为模型沙。从图2.1的颗粒级配曲线可知：颗粒粒径小于0.05mm的占84.7%，小于0.01mm的占30.3%，小于0.0053mm的占16.8%，小于0.0015mm的占8.6%，中值粒径D_{50}为0.019mm。

试验所用仪器主要包括电子天平、电热恒温箱、500mL锥形瓶、玻璃烧杯、秒表、温度计、大量筒、小量筒、刻度尺、标准检验筛及数码照相机。

2.1.1.2 试验方案与方法

为研究浑水含沙量对分离鳃水沙分离效率的影响，选取9组不同浑水含沙

量的浑水进行静水沉降试验，浑水含沙量由小到大依次为 $10kg/m^3$、$15kg/m^3$、$20kg/m^3$、$40kg/m^3$、$60kg/m^3$、$80kg/m^3$、$100kg/m^3$、$120kg/m^3$、$140kg/m^3$。将搅拌均匀的浑水同时注入至分离鳃和普通管中，然后将其置于试验台上，利用秒表记录清水层厚度每 5cm 时所需要的沉降时间。试验过程中观察并拍摄试验现象。

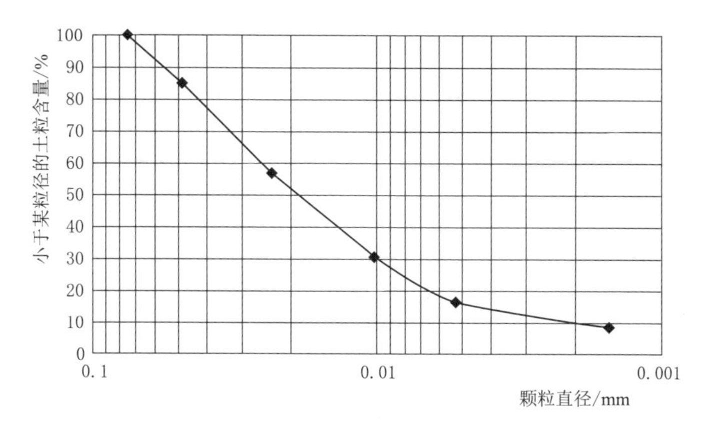

图 2.1　鲤鱼山黄土颗粒级配曲线

试验在恒温约 25℃、浑水约 20℃的试验室内进行，采用置换法原理快速、准确地获得浑水含沙量值，为克服比重瓶容积小、瓶口小、注沙误差大及无法直接采样的困难，采用口径 3.5cm、容量为 500mL 的小口硬质透明玻璃锥形瓶，其体积在试验室内进行严格率定。当实验室温度变化为 2℃左右时，采用精度 0.01g 的电子天平进行采样称重。为准确和便捷地得到浑水含沙量，本书采用置换法。首先获得锥形瓶的体积，计算公式见式（2.1），然后根据式（2.2）计算出浑水含沙量值。

$$V_{锥} = \frac{M_{锥+水} - M_{锥}}{\rho_w} \tag{2.1}$$

每次试验均取样 3 次进行称重，取平均值为试样最终的称重值，然后计算浑水含沙量，即

$$S = \frac{(m_{瓶+水} - m_{瓶} - \rho V_{瓶})\rho_s}{(\rho_s - \rho)V_{瓶}} \tag{2.2}$$

式中：S 为浑水含沙量，kg/m^3；$m_{瓶+水}$ 为锥形瓶和瓶中浑水的质量，kg；$m_{瓶}$ 为空锥形瓶的质量，kg；ρ_s 为泥沙密度，kg/m^3；$V_{瓶}$ 为瓶的体积，m^3。

为准确获得泥沙密度，采用精度为 0.01g 的电子天平 3 次称量浑水样品，取 3 次称量的平均值为试验计算值，黏性泥沙密度的计算式为

$$\rho_s = m_s \rho_w / (m_{浑} - m_{水}) \tag{2.3}$$

式中：ρ_s 为黏性泥沙密度，kg/m³；ρ_w 为清水密度，kg/m³；m_s 为黏性泥沙质量，kg；$m_{浑}$ 为比重瓶和浑水质量，kg；$m_{水}$ 为比重瓶和蒸馏水质量，kg。

2.1.1.3　试验现象

图 2.2 为试验中拍摄的部分照片。观察 9 组（10kg/m³、15kg/m³、20kg/m³、40kg/m³、60kg/m³、80kg/m³、100kg/m³、120kg/m³、140kg/m³）不同浑水含沙量的水沙分离现象可知，浑水含沙量在 40kg/m³ 以下，分离鳃和普通管都未出现明显的清浑水交界面（浑液面），如图 2.2（a）～（c）所示，且浑水含沙量越小，浑液面就越模糊或根本不存在；而当浑水含沙量大于 40kg/m³ 时，分离鳃与普通管中很快就会出现浑液面，且浑水含沙量越大，浑液面就越清晰，其出现的时间也就短，如图 2.2（d）、（e）所示。

(a) $S=10\text{kg/m}^3$

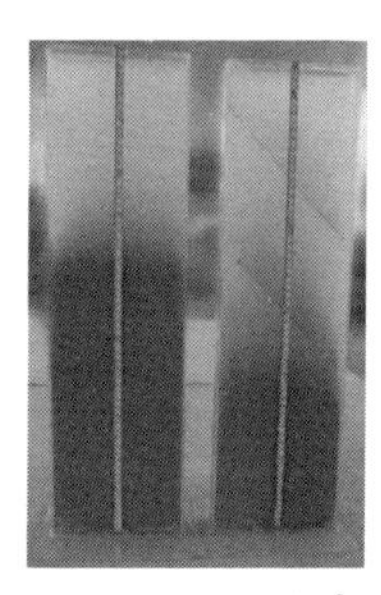
(b) $S=20\text{kg/m}^3$

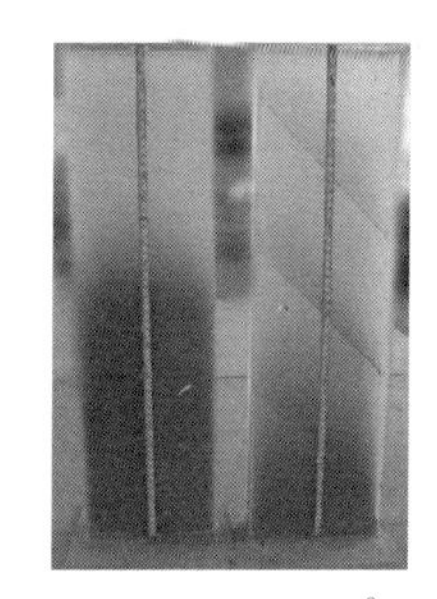
(c) $S=40\text{kg/m}^3$

(d) $S=80\text{kg/m}^3$

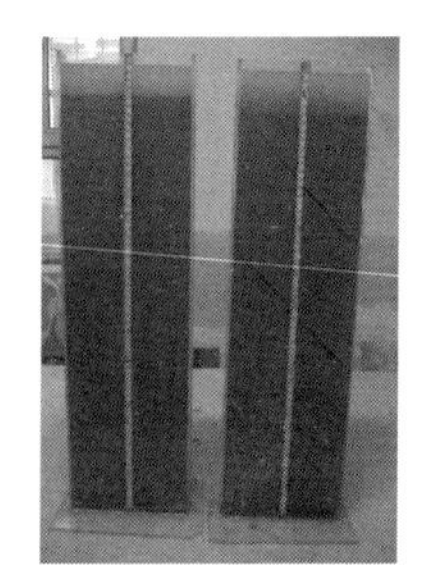
(e) $S=120\text{kg/m}^3$

图 2.2　不同浑水含沙量下的浑液面

图 2.3（a）表示浑水含沙量为 20kg/m³ 时，分离鳃与普通管的水沙分离过程。从图 2.3（a）可知，整个沉降过程中都未出现清晰的浑液面，而是上层水体逐渐由浑变淡，尤其是分离鳃。图 2.3（b）表示浑水含沙量为 80kg/m³ 时，分离鳃与普通管的水沙分离过程。从图 2.3（b）可知，初期（$t=1\text{min}$）两个装置都出现了明显的浑液面，此时两者水沙分离效率相差不大；随着时间的推移，普通管中的浑液面逐渐下降，而分离鳃中的浑液面却被鳃片阻挡，泥沙的运动

轨迹发生了改变，即泥沙在重力作用下先沉降到鳃片上，再会同其他泥沙一起沿着鳃片下滑至泥沙通道，故水体是逐渐由浑变淡，未出现明显清晰的浑液面；因分离鳃最下端呈封闭状，故沉降末期（$t=45$min）泥沙趋于同一水平面。无论浑水含沙量为多少，分离鳃的水沙分离效率都高于普通管。

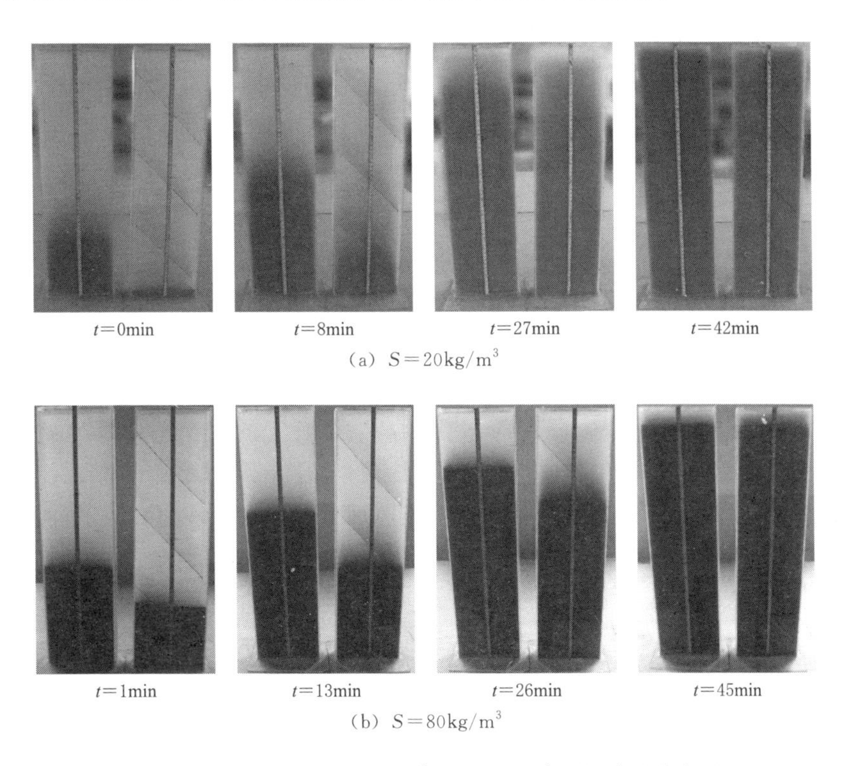

t=0min　t=8min　t=27min　t=42min

(a) $S=20$kg/m³

t=1min　t=13min　t=26min　t=45min

(b) $S=80$kg/m³

图 2.3　浑水含沙量为 20kg/m³ 和 80kg/m³ 时的水沙分离过程

2.1.1.4　试验结果与分析

分离鳃在不同浑水含沙量下清水层厚度与沉降时间的关系曲线如图 2.4 所示。由图 2.4 可看出：①0～10min 内，同一沉降时间下，不同浑水含沙量的清水层厚度差异不大，说明水沙分离初期不同浑水含沙量下水沙分离效率相差不大；②10min 后，随着时间的推移，浑水含沙量对清水层厚度的影响增大，且在同一沉降时间下，浑水含沙量越大，清水层厚度越小，水沙分离效率也就越低；③浑水含沙量为 10～80kg/m³ 下的清水层厚度随时间的变幅较缓慢，且差异不大，而浑水含沙量 100～140kg/m³ 下的清水层厚度随时间的变化很大。如清水层厚度都是 50cm 时，浑水含沙量为 10～80kg/m³，所需要的沉降时间是 30～56min，而浑水含沙量为 100～140kg/m³，则需要 115～173min。由此可知，浑水含沙量为 10～80kg/m³ 时，分离鳃的水沙分离效率更高。

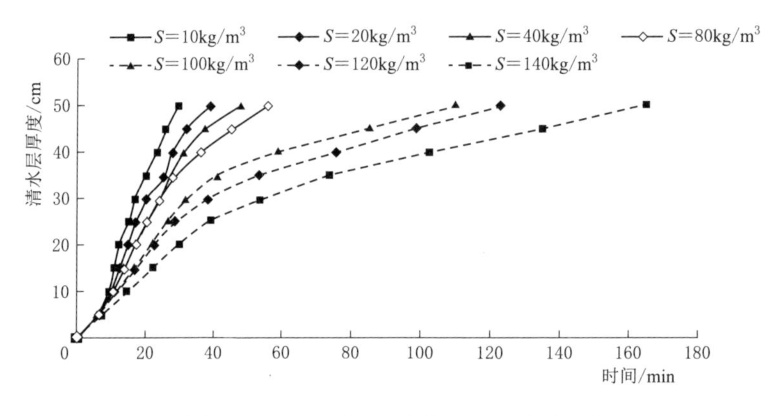

图 2.4 不同浑水含沙量下清水层厚度与沉降时间的关系

图 2.5 表示清水层厚度为 50cm 时分离鳃和普通管在不同浑水含沙量下所对应的泥沙平均沉速，其中泥沙平均沉速为清水层厚度每 5cm 对应速度所取得的均值。由图 2.5 可看出：①同一浑水含沙量下分离鳃的泥沙平均沉速始终大于普通管（泥沙平均沉速约为普通管的 1.65 倍），这是因为鳃片的存在；②浑水含沙量在 ji 段时，分离鳃中的泥沙平均沉速远大于浑水含沙量在 io 段时的，即浑水含沙量位于 10～80kg/m^3 时，分离鳃的水沙分离效率更高，如浑水含沙量为 10kg/m^3 时，分离鳃中的泥沙平均沉速是浑水含沙量为 140kg/m^3 时的 4.65 倍；③分离鳃和普通管的泥沙平均沉速随浑水含沙量的增大而减小，但减幅不同。如分离鳃，浑水含沙量在 jk 段时泥沙平均沉速由 1.80cm/min 降至 1.18cm/min，泥沙平均沉速变化 0.62cm/min；浑水含沙量在 ki 段时泥沙平均沉速由 1.18cm/min 降至 0.95cm/min，泥沙平均沉速变化 0.23cm/min；浑水含沙量在 io 段时泥沙平均沉速由 0.95cm/min 降至 0.39cm/min，泥沙平均沉速变化 0.56cm/min。

分离鳃和普通管的泥沙平均沉速随浑水含沙量的增大而减小，分析其原因是：①浑水含沙量的增加，势必导致浑水中泥沙颗粒的增多，则浑水的黏滞性也就增大；②浑水含沙量增大的同时，浑水比重也跟着增大，每个泥沙所受的浮力与绕流阻力也相对地越大，泥沙在重力作用下沉降，需要克服浑水的浮力及绕流阻力，若出现浑液面，还需克服浑液结构对它所产生的阻抗[165]；③根据水流连续定律，泥沙的沉降必将引起同体积的水体上升，故存在向上的流速。

由于本试验选取的是含量较多的黏性颗粒，浑水中的泥沙会在布朗运动、水流紊动、差速沉降等作用下引起碰撞、接触，会逐渐形成絮体或絮团，从而发生絮凝现象；浑水含沙量对絮凝作用和絮团的沉速影响很大。黏性颗粒的沉降特性和絮凝的发育有着密切的关系，其沉降特性分为离散絮团的沉降和絮网结构体的沉降两大阶段，而当黏性泥沙以絮网结构体的形式沉降时，泥沙沉速会大幅降低[166-167]。因分离鳃中布置的双向倾斜鳃片破坏了黏性泥沙沉降过程中形成的刚性絮网结构体，从而黏性泥沙仅以絮团的形式沉降，泥沙沉速会大幅提高[168]。因此，不同含沙量下分离鳃的泥沙平均沉速大于普通管，即分离鳃的水沙分离效率高于普通管。

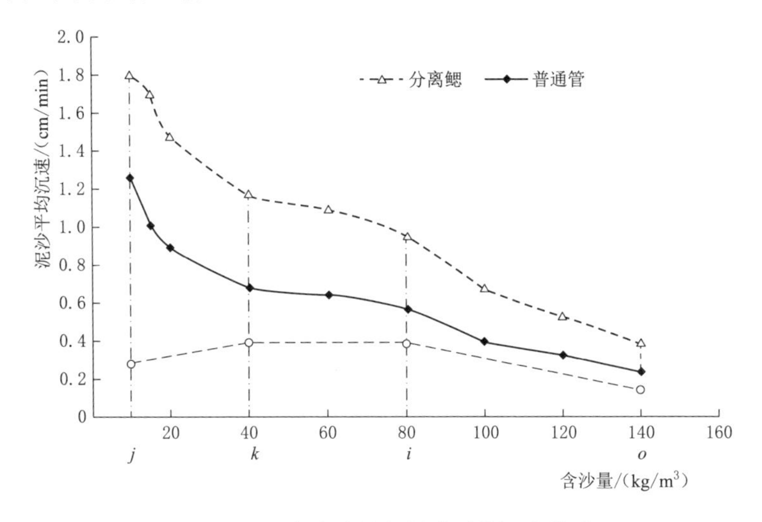

图 2.5　浑水含沙量与泥沙平均沉速关系

2.1.2　鳃片间距对分离鳃水沙分离的影响试验

2.1.2.1　分离鳃的结构参数

分别制作了 7 个不同鳃片间距的分离鳃和一个与分离鳃外轮廓尺寸一样的无鳃片普通管。分离鳃的相关尺寸如下：长 $a=17.5$cm，宽 $b=4$cm，高 $c=100$cm，间距 d 分别取 5cm、10cm、15cm、20cm、25cm、30cm、35cm，采用前期试验优化的角度：$\alpha=60°$，$\beta=45°$，鳃片与宽度方向的两侧壁之间各留 1cm 宽的通道。试验所用的材料及仪器见 2.1.1.1 节。

2.1.2.2　试验步骤

试验选取 4 组不同浑水含沙量进行试验，各组浑水含沙量分别为 80kg/m^3、40kg/m^3、20kg/m^3、10kg/m^3，按浑水含沙量由大到小的顺序分别进行试验。将一定质量的模型沙和清水倒入大量筒中，充分搅拌均匀后取样测量，并计算出初始浑水含沙量。当浑水含沙量满足试验要求时，将搅拌均匀的浑水注入置于试验台上的分离鳃和普通管中，利用秒表记录清水层厚度每增加 5cm 时所对应的沉降时间，并利用数码相机拍摄试验现象，待泥沙基本沉降完毕后停止观察和记录。

2.1.2.3　试验现象

分离鳃中存在横向和垂向异重流现象。泥沙沉降到鳃片后汇集成泥沙流，其沿着鳃片的上表面由高端流动至低端的三角形泥沙通道中，而清水流则沿着鳃片的下表面由低端流动至高端的三角形清水通道中，泥沙流与清水流在鳃片间形成了一个横向环流；当各鳃片低端的泥沙流滑落至泥沙通道时便一起垂直向下运动，而各鳃片高端的清水流流动至清水通道时便一起垂直向上运动，从而形成了垂向异重流，如图 2.6（a）、（b）所示。泥沙沉降到分离鳃底部后，能明显地看到各鳃片间泥沙的沉降呈阶梯状分布，如图 2.6（c）所示，且浑水含沙量越高，此现象越明显，但在泥沙沉降末期，泥沙会趋于同一水平面。

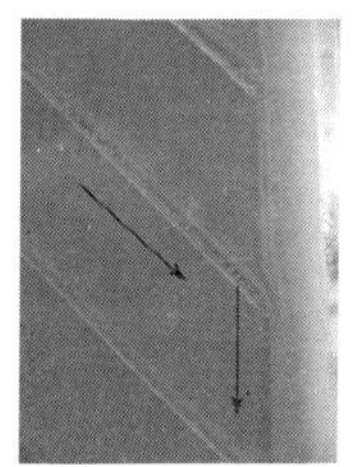

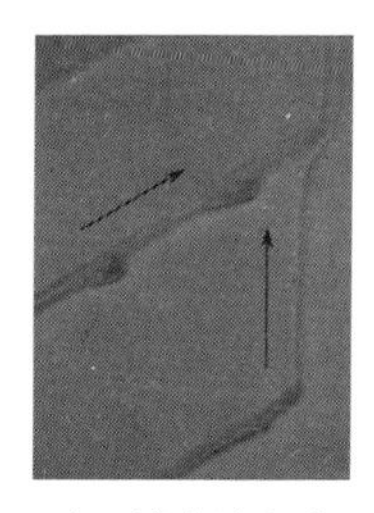

（a）泥沙流下降　　（b）清水流上升　　（c）泥沙阶梯状分布

图 2.6　泥沙沉降现象

图 2.7 表示同一时间下浑水含沙量为 80kg/m^3 时不同鳃片间距的分离鳃与普通管的泥沙沉降对比。从图 2.7 可知：①不同鳃片间距下分离鳃的清水层厚度大于普通管的；②鳃片间距越小，泥沙沉降越快，清水层厚度就越大。如 $d=5$cm 时，清水层厚度最大，这说明在该间距下分离鳃的水沙分离效率最高。

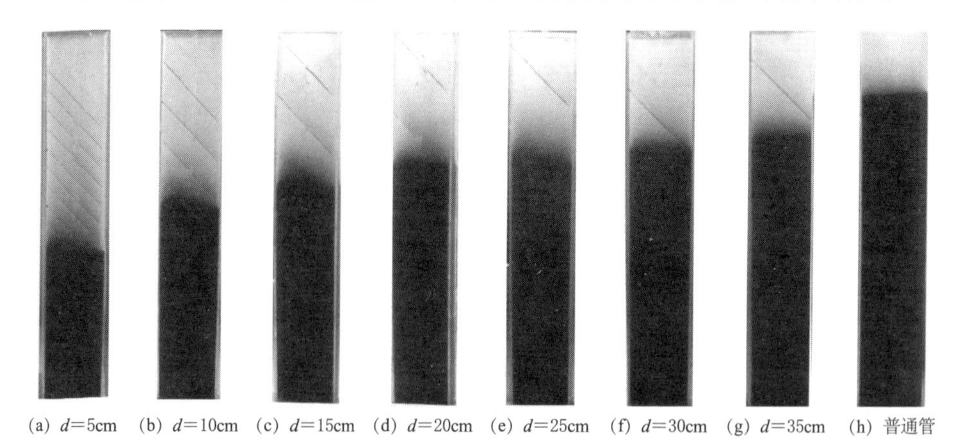

(a) d=5cm　(b) d=10cm　(c) d=15cm　(d) d=20cm　(e) d=25cm　(f) d=30cm　(g) d=35cm　(h) 普通管

图 2.7　不同鳃片间距的分离鳃与普通管的泥沙沉降对比

2.1.2.4 试验结果

表 2.1 表示浑水含沙量为 80kg/m³ 时两个装置（普通管与不同鳃片间距的分离鳃）下的清水层厚度与沉降时间的关系。由表 2.1 可看出，清水层厚度为 5cm 时，不同鳃片间距的分离鳃与普通管的泥沙沉降时间相差不大，说明此时分离鳃中的鳃片未起到作用；当清水层厚度大于 5cm 时，分离鳃的泥沙沉降时间明显比普通管的短。鳃片间距越小，沉降时间就越短。如清水层厚度为 65cm、d=5cm 时分离鳃的泥沙沉降时间仅为 61min，而 d=10～35cm 时分离鳃的泥沙沉降时间比前者多用 20～73min，这说明 d=5cm 时水沙分离效率最高。

表 2.1 浑水含沙量为 80kg/m³ 时两个装置的清水层厚度与沉降时间的关系

清水层厚度/cm	沉降时间/min							
	d=5cm	d=10cm	d=15cm	d=20cm	d=25cm	d=30cm	d=35cm	普通管
5	7	7	5	9	7	7	6	11
10	10	10	12	14	14	13	14	20
15	13	16	17	19	20	18	21	29
20	16	20	21	25	25	25	29	39
25	19	24	27	30	30	32	36	49
30	22	28	31	37	35	39	43	59
35	24	32	35	42	43	45	48	69
40	27	35	41	48	50	54	55	80
45	30	42	49	55	58	59	64	92
50	33	48	57	65	67	70	76	105
55	38	58	68	77	79	84	93	123
60	48	69	83	90	97	102	113	140
65	61	81	98	103	115	120	134	158

分离鳃中清水层厚度为 65cm 时鳃片间距与泥沙平均沉速、鳃片实际面积的关系如图 2.8 所示，其中泥沙平均沉速为清水层厚度每 5cm 对应速度所取得的均值。表 2.2 为不同鳃片间距的分离鳃与普通管的面积对比。由图 2.8 和表 2.2 可知，鳃片间距越小，则分离鳃中单位高度的鳃片个数越多，鳃片的实际面积和分离鳃的沉淀面积越大，泥沙平均沉速也就越大，鳃片间距为 5cm 时的泥沙平均沉速是鳃片间距为 10～35cm 的 1.41～2.37 倍，说明分离鳃的最优鳃片间距应取 5cm，该鳃片间距下水沙分离的效率最高。

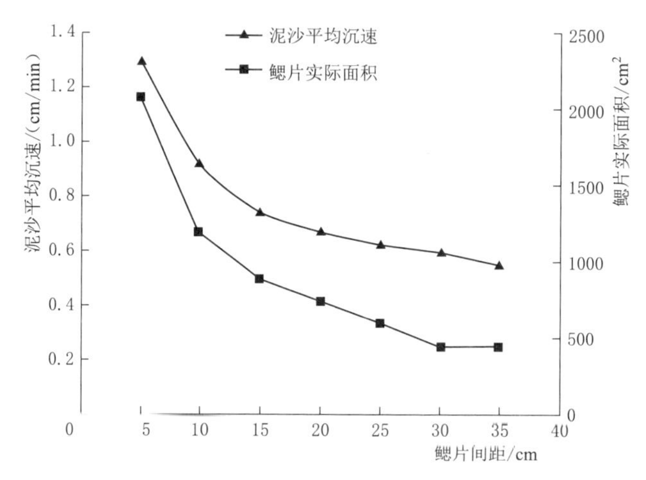

图 2.8 分离鳃中清水层厚度为 65cm 时鳃片间距与泥沙平均沉速、鳃片实际面积的关系

表 2.2 不同鳃片间距的分离鳃与普通管的面积对比

鳃片间距 d/cm	鳃片数	分离鳃的沉淀面积/cm²	鳃片的实际面积/cm²
5	14	994	2066.12
10	8	598	1180.64
15	6	466	885.48
20	5	400	737.90
25	4	334	590.32
30	3	268	442.74
35	3	268	442.74
0（普通管）	0	70	0

从图 2.8 及表 2.2 还可看出鳃片间距为 5～15cm 时，泥沙平均沉速与鳃片的实际面积都随鳃片间距的增大而迅速减小，说明此范围的鳃片间距对分离鳃水沙分离效率的影响较大，泥沙平均沉速由 1.3cm/s 降至 0.74cm/s，鳃片的实际面积也由 2066.12cm² 降至 885.48cm²；当鳃片间距为 15～30cm 时，由于分离鳃中单位高度的鳃片个数减少，因此泥沙平均沉速与鳃片的实际面积随鳃片间距的增大缓慢减小，泥沙平均沉速由 0.74cm/s 降至 0.59cm/s，鳃片的实际面积由 885.48cm² 降至 442.74cm²，说明此范围的鳃片间距对分离鳃的水沙分离效率影响较小；当间距为 30～35cm 时，因鳃片个数一样，所以鳃片的实际面积一样，随着鳃片间距的增大，泥沙平均沉速变化很小，由 0.59cm/s 降至 0.55cm/s。在相同试验条件下计算出普通管的泥沙平均沉速为 0.4cm/s，不同

鳃片间距下分离鳃的泥沙平均沉速是普通管的 1.4～3.25 倍，说明分离鳃的水沙分离效率高于普通管。

2.1.2.5 理论分析

黏性泥沙在沉降过程中，颗粒间会相互自然絮凝，形成网状泥沙群体，因此泥沙是以群体形式下沉，在沉降过程中会形成一个清水和浑水间的交界面，即浑液面。通过测量浑液面的下沉过程，可绘制出静水条件下浑液面的沉降曲线，其一般分为絮凝加速沉降阶段、等速沉降阶段、过渡阶段和压缩阶段。浑液面最初具有加速下沉的特征，因浑水中含有黏性泥沙，颗粒连接形成絮团，此时重力大于阻力，絮团会在重力作用下加速下沉，故絮团沉降速度远大于单颗粒泥沙的沉降速度。随着泥沙沉降速度的增大，浑水对泥沙群体的阻力亦随之增大，经过一段时间后，泥沙群体受到的重力和水流的阻力相等，此时泥沙沉降进入到等速沉降阶段。浑液面下沉至某一高度时，由于含沙量继续增大，絮团与絮团之间形成一个连续的刚性絮网结构体，此时已进入过渡阶段和压缩阶段，泥沙的沉降速度大幅度减小。

试验中普通管的泥沙沉降规律基本与浑液面下沉过程一致。而分离鳃中因鳃片的存在，从而泥沙沉降规律不同。分离鳃中泥沙沉降的曲线分为加速下沉和减速下沉两个阶段，无等速沉降阶段。分离鳃中泥沙的沉降区域被鳃片分割成多个独立沉降的小单元，则泥沙沉降的距离缩短，且鳃片间距越小，沉降距离就越短。泥沙沉降的初期及中期，鳃片间的泥沙在重力和阻力还未平衡时，便快速地沉降至鳃片上表面继续加速下沉，故泥沙始终处于加速沉降阶段，且相对普通管而言加速沉降阶段更长，泥沙从浑水中分离得更快，因此分离鳃的水沙分离效率高于普通管。不同鳃片间距的分离鳃遵循鳃片间距越小，则泥沙平均沉速越大、清水层厚度越大及水沙分离效率越高的特点。泥沙沉降后期，因含沙量的继续增大，从而泥沙沉速开始减小，即所谓的减速阶段，与普通管的过渡阶段和压缩阶段相似。

由浅层沉淀理论可知，沉淀效率是沉淀面积的函数，沉淀面积越大，沉淀效率越高[228-230]。分离鳃中因等间距鳃片的存在（鳃片的水平投影面积就是分离鳃的沉淀面积），从而提高了分离鳃的水沙分离效率。由表 2.2 可知普通管的沉淀面积仅为 70cm^2，而其他不同鳃片间距分离鳃的沉淀面积远大于普通管的沉淀面积，所以不同鳃片间距分离鳃的水沙分离效率高于普通管，表现为清水层厚度大于普通管，泥沙平均沉速大于普通管。分离鳃因鳃片间距不同，故沉淀面积也不同（除了 $d=30$cm、$d=35$cm），鳃片间距越小，分离鳃的沉淀面积就越大，从而清水层厚度及泥沙平均沉速也就越大，即水沙分离效率也就越高。

2.2 动水条件下分离鳃的水沙分离效率研究

2.2.1 动水条件下分离鳃的结构和循环系统

图2.9为动水条件下分离鳃三维示意图。分离鳃由普通管（内部无鳃片）和鳃片组成，分离鳃轮廓尺寸为 $a \times b \times c = 200\text{mm} \times 100\text{mm} \times 1000\text{mm}$。分离鳃内部设置的鳃片间距为 d，鳃片以 $\alpha = 60°$ 的倾斜角固定在普通管长度方向两侧壁上，与宽度方向两侧壁构成倾斜角 $\beta = 45°$，鳃片和普通管之间设置的清水上升通道宽度 e 和泥沙下降的通道宽度 f 均为10mm。该装置最顶端设置为开口状，最底端设有直径为2.5mm的排沙口通道，宽道方向两侧壁分别设有直径为20mm的浑水进口通道和直径为20mm的清水出口通道，其中清水出口位置距分离鳃底部950mm。为验证动水条件下分离鳃的水沙分离效率，同时制作了与分离鳃形状尺寸相同的普通管。

图2.10为分离鳃循环系统示意图。从图2.10可知，该循环系统由水箱、搅拌泵、抽水泵、分离鳃（或普通管）等构成。试验开始之前，利用搅拌泵将配置好的水和沙充分搅拌均匀，然后启动抽水泵将浑水注入分离鳃（或普通管）中进行水沙分离，沉降的泥沙通过分离鳃底部的排沙口进入水箱，而溢流的清水通过清水出口也进入水箱中，两者重新混合，构成一个动水循环系统。

2.2.2 试验材料和仪器

2.2.2.1 试验材料

分离鳃主要用于处理黏性细颗粒泥沙，故本试验选用乌鲁木齐市西山的天然

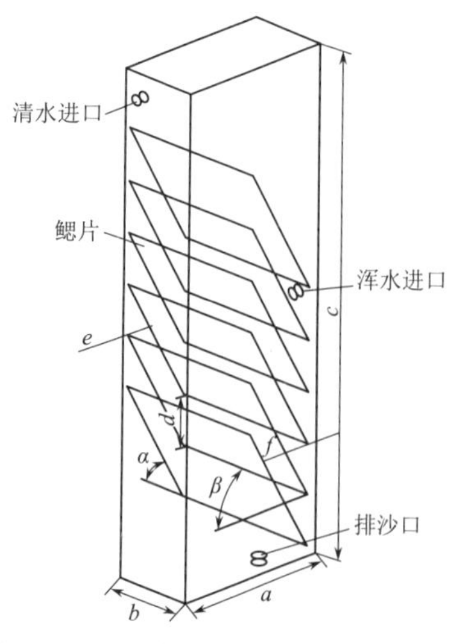

图2.9 动水条件下分离鳃三维示意图

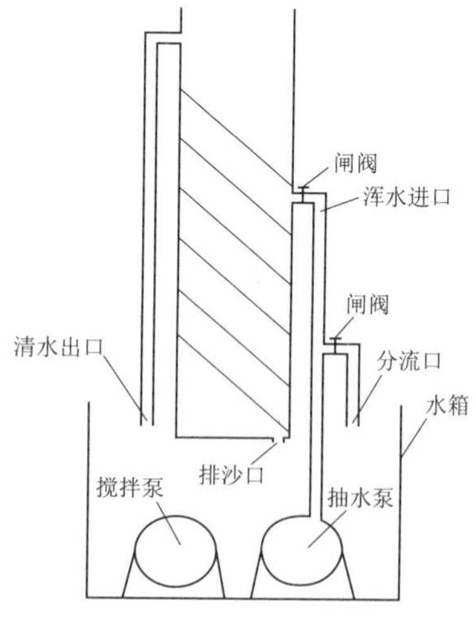

图2.10 分离鳃循环系统示意图

黄土作为试验泥沙，其试验泥沙颗分曲线如图2.11所示。由图2.11可知：颗粒粒径小于0.075mm的占100%，小于0.048mm的占80.4%，小于0.023mm的占47.8%，小于0.01mm的占26.0%，小于0.005mm的占13.5%，小于0.0015mm的占6.6%，其中值粒径 D_{50} 为0.025mm。

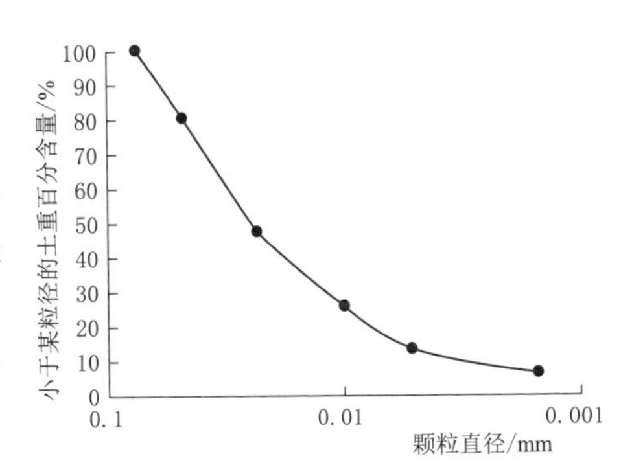

图2.11 试验泥沙颗分曲线图

2.2.2.2 试验仪器

本试验采用的主要仪器包括水泵、天平及锥形瓶等，见表2.3。

表2.3 主要试验仪器

序号	名称	量程	精度	作用
1	电子台秤	0～60kg	0.001kg	配置浑水时称量泥沙和自来水的质量
2	电子天平	0～500g	0.01g	称量锥形瓶和水样的质量
3	浑水搅拌泵	0～1400r/min		搅拌泥沙和水
4	浑水抽水泵	0～3.5m^3/h		抽取浑水
5	锥形瓶	0～300mL	0.1mL	测量水样的体积
6	量筒	0～250mL	0.1mL	
7	玻璃烧杯	0～500mL	0.1mL	采取浑水水样
8	秒表		0.01s	计量时间
9	数码照相机			记录试验现象
10	温度计	−20～100℃	0.1℃	计量浑水温度和室内温度
11	铁桶	0～10kg		称量浑水的质量
12	比重瓶	0～50mL		获得样品的体积

2.2.3 试验方案

2.2.3.1 试验步骤

准备好试验用的黏性泥沙，将黏性泥沙与水按一定比例混合配制成一定含沙量的浑水，先开启搅拌泵，将水和黏性泥沙充分搅拌均匀，然后启动抽水泵将搅拌均匀的浑水通过进水管输送至分离鲍或者普通管中，进行水沙分离试验。试验过程中观察分离鲍内不同时间段的水沙分离试验现象，并利用数码相机记录下来；同时，采集浑水进口、清水出口及排沙口的水样，并计算出浑水进口流量、清水出口流量、排沙口流量、浑水进口含沙量、清水出口含沙量、排沙口含沙量等参数，用于分析分离鳃的水沙分离效率和耗水率。

2.2.3.2 分析方法

用体积法测定流量。用玻璃烧杯在清水出口和排沙口取出一定体积的水样，并用秒表记录时间 T；然后，用量筒量出烧杯中水样的体积 V，每一个位置的水样用量筒量取三次，取平均值为水样的最终体积，代入式（2.4）进行计算，从而得出清水出口流量 $Q_{清水出口}$ 和排沙口流量 $Q_{排沙口}$；最后，把 $Q_{清水出口}$ 和 $Q_{排沙口}$ 代入式（2.5）进行计算，得出浑水进口流量 $Q_{浑水进口}$。

$$Q=\frac{V}{T} \tag{2.4}$$

$$Q_{清水出口}+Q_{排沙口}=Q_{浑水进口} \tag{2.5}$$

式中：Q 为流量，m^3/h；V 为水样的体积，m^3；T 为时间，h；$Q_{清水出口}$ 为清水出口流量，m^3/h；$Q_{排沙口}$ 为排沙口流量，m^3/h；$Q_{浑水进口}$ 为浑水进口流量，m^3/h。

2.2.3.3 考核指标

水沙分离效率是分离鳃的一项重要性能指标，水沙分离效率是指浑水进口含沙量和清水出口含沙量两者之差与浑水含沙量的比值。其表达式为

$$\eta=\frac{S_{浑水进口}-S_{清水出口}}{S_{浑水进口}}\times 100\% \tag{2.6}$$

式中：η 为水沙分离效率，%；$S_{浑水进口}$ 为浑水进口含沙量，kg/m^3；$S_{清水出口}$ 为清水出口含沙量，kg/m^3。

耗水率是反映分离鳃水量损失的一项重要指标。耗水率 W 是指排沙口的流量与浑水进口的流量之比。其表达式为

$$W_h=\frac{Q_{排沙口}}{Q_{浑水进口}}\times 100\% \tag{2.7}$$

式中：W_h 为耗水率，%；$Q_{排沙口}$ 和 $Q_{浑水进口}$ 的含义同式（2.5）。

2.2.4 浑水进口流量对分离鳃水沙分离效率影响的分析

2.2.4.1 分离鳃参数

本试验制作了一个鳃片间距 $d=50$mm 的分离鳃和一个与分离鳃尺寸相同的普通管，其浑水进口位置距分离鳃底部 760mm，清水出口位置距分离鳃底部 950mm，其他参数详见 2.2.1 节。

2.2.4.2 试验工况

为了研究动水条件下浑水进口流量对分离鳃水沙分离效率的影响，开展分离鳃和普通管的对比试验。试验条件如下：含沙量取 $10kg/m^3$，浑水进口流量分别为 $0.3m^3/h$、$0.5m^3/h$、$0.7m^3/h$、$0.9m^3/h$ 和 $1.1m^3/h$。

2.2.4.3 试验现象

分离鳃在动水和静水条件下的试验现象存在着异同点。浑水通过浑水进口进入分离鳃中，因进水流速的影响，距离浑水进口位置一定范围内不会存在横向异重流和垂向异重流现象，且流量越大影响的范围也就越大，但超过这个范围可观察到分离鳃中存在不同于静水条件下的试验现象。相邻鳃片间的黏性泥沙沉降至鳃片上表面后形成泥沙流，其沿着鳃片的高端滑落至低端，再进入三角形泥沙通道中沉降至分离鳃底部，如图 2.12 (a) 所示；而鳃片下表面的清水流则由鳃片低端流动至高端，再进入三角形清水通道中上升至清水出口处，如图 2.12 (b) 所示。将试验现象进行概化，即泥沙流和清水流在鳃片间形成了一个逆时针方向的横向异重流，如图 2.12 (c) 中带箭头的虚线所示；泥沙通道中的泥沙流和清水通道中的清水流形成了顺时针垂向异重流，如图 2.12 (c) 中带箭头的实线所示。

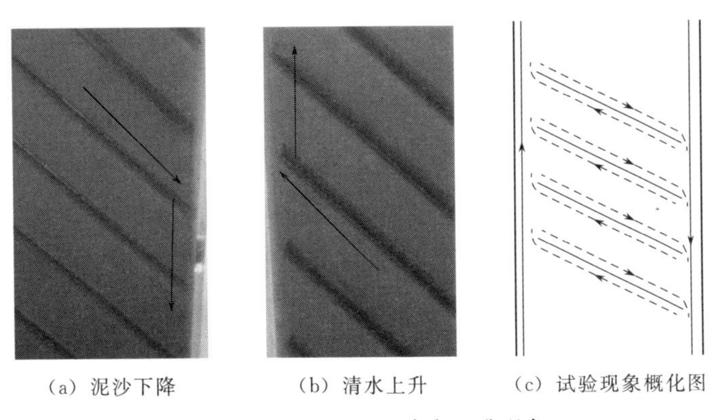

(a) 泥沙下降　　(b) 清水上升　　(c) 试验现象概化图

图 2.12 泥沙下沉和清水上升现象

2.2.4.4 试验结果分析

表 2.4 为分离鳃与普通管的水沙分离效率对比。由表 2.4 可得出以下结论：

表 2.4 分离鳃与普通管的水沙分离效率对比

Q /(m^3/h)	类型	水沙分离效率/%					耗水率/%
		5min	30min	60min	90min	120min	
0.3	分离鳃	6.96	7.95	10.51	20.41	24.88	19.21
	普通管	6.73	7.14	7.64	9.51	11.01	
0.5	分离鳃	7.05	8.28	11.15	21.59	25.82	12.27
	普通管	6.09	6.60	7.14	8.84	10.55	
0.7	分离鳃	7.18	8.75	12.03	22.18	26.36	8.46
	普通管	5.52	6.15	6.77	8.30	9.79	

续表

Q /(m^3/h)	类型	水沙分离效率/%					耗水率 /%
		5min	30min	60min	90min	120min	
0.9	分离鳃	7.65	9.35	13.87	26.29	34.12	5.78
	普通管	4.86	5.72	6.50	7.67	8.87	
1.1	分离鳃	5.24	6.14	6.95	7.84	8.87	5.36
	普通管	3.17	3.87	4.26	4.82	5.53	

(1) 浑水进口流量相同时，分离鳃和普通管的水沙分离效率随时间的增加而增大，且分离鳃的水沙分离效率高于普通管。

(2) 浑水进口流量为 0.3m^3/h、0.5m^3/h、0.7m^3/h、0.9m^3/h、1.1m^3/h 时，分离鳃的水沙分离效率分别是普通管的 1.03～2.26 倍、1.16～2.45 倍、1.30～2.70 倍、1.58～3.85 倍、1.65～1.60 倍。

(3) 浑水进口流量相同时，分离鳃和普通管的耗水率相同，且浑水进水口流量越大，耗水率越小。

无论是不同流量和不同时间下，分离鳃的水沙分离效率都高于普通管。这是由于以下几个方面的原因：

(1) 分离鳃中布置的鳃片将整个装置划分成多个独立的沉降区域，即将普通管垂直高度为 1000mm 的沉降区域缩短至两相邻鳃片间距为 50mm 的沉降范围，因此大幅缩短了泥沙沉降时间，提高了泥沙沉速，使得泥沙形成絮团快速沿鳃片上表面滚落至泥沙通道中，再同其他泥沙流沉降至分离鳃底部，而鳃片下表面的清水则快速流至清水通道中，同其他清水流上升至分离鳃顶端，沿清水出口流出。

(2) 鳃片增加了过水断面湿周，缩小了水力半径，在相同浑水进口流量下，相对于普通管而言，降低了雷诺数，从而改善了水力条件，使得大部分泥沙在稳定的环境下沉降，减少了因水流紊动而将泥沙带出分离鳃外，降低了清水出口含沙量。

(3) 分离鳃水沙分离效率是沉降面积的函数[60]。分离鳃中安装了 13 张等间距鳃片，鳃片的水平投影面积为 247000mm^2，而普通管仅有 20000mm^2，从而分离鳃增大了黏性泥沙的沉降面积，提高了分离鳃水沙分离效率。

图 2.13 为 120min 时不同浑水进口流量下分离鳃和普通管的水沙分离效率对比。从图 2.13 中可知，分离鳃随着浑水进口流量的增大，水沙分离效率呈先增大后减小的变化趋势，流量为 0.9m^3/h 时，水沙分离效率达到最大，为 34.12%，而普通管则随着浑水进口流量的增大，水沙分离效率呈下降趋势。浑水进口流量大小对黏性细颗粒泥沙的絮凝有双重影响：一方面，浑水进口流量

增大，增大了黏性泥沙颗粒之间的碰撞概率，促进颗粒之间的链接能力；另一方面，流量增大，会破坏絮团内部黏性细颗粒间结合不牢固的链结键。对于普通管而言，虽然浑水流量的增大能促进黏性泥沙颗粒形成絮团，但因为浑水进口靠近普通管顶端较近，黏性泥沙颗粒刚形成絮团还未来得及在重力作用下沉降，就被紊动的水流带到清水出口处溢出，随着浑水进口流量的增大，普通管中上部的黏性泥沙颗粒未形成絮团，便被带至清水出口处溢出，故随着浑水进口流量的增大，而清水出口的溢流含沙量增大，因此水沙分离效率呈下降趋势。对于分离鳃而言，虽然浑水进水口位置相同，但因为分离鳃中安装了鳃片，从而使得水沙分离效率随浑水进口流量的变化规律不同。当浑水进口流量为 0.3～0.9m^3/h 时，鳃片间紊动的水流增加了黏性泥沙颗粒之间的碰撞概率，促进了细颗粒之间彼此互相结合形成絮团，絮团通过鳃片上表面和泥沙通道下降至分离鳃底部的排沙口处流出，而鳃片下表面和清水通道中的清水则流至清水出口处溢出，从而使溢出的含沙量减小，提高水沙分离效率，当流量接近 0.9m^3/h 时，黏性泥沙形成絮团的直径最大，泥沙的沉降速度最大，清水上升的速度也达到最大，从而使得在该流量下水沙分离效率最高。而当浑水进口流量增加至 1.10m^3/h 时，靠近分离鳃中上部的鳃片间水流破坏了絮团内部颗粒间连接不牢固的黏性颗粒，将大直径的絮团分解成小絮团，沉降速度降低，同时已形成的小絮团在浑水进口流量的作用下被带到清水出口处溢出，使溢出清水的含沙量增大，从而降低了水沙分离效率。

图 2.14 为不同浑水进口流量和时间下的分离鳃水沙分离效率对比。从图 2.14 中可得出以下结论：

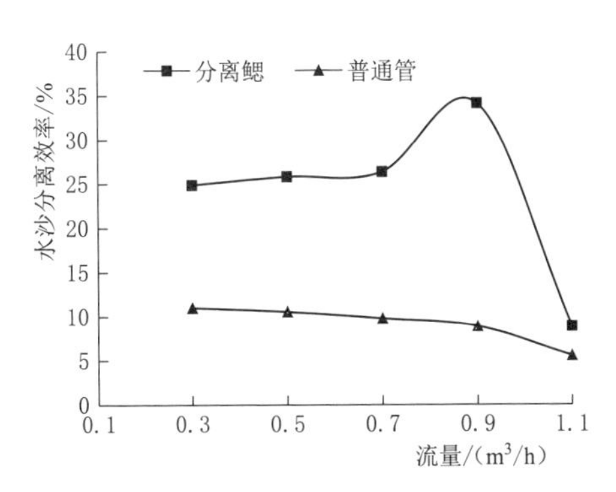

图 2.13 120min 时不同浑水进口流量下分离鳃和普通管的水沙分离效率对比

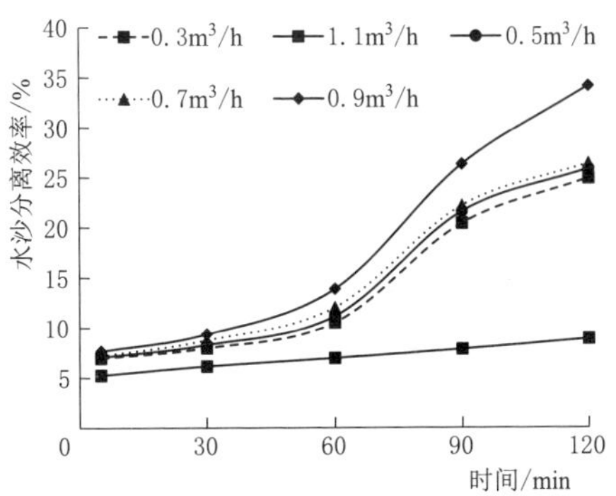

图 2.14 不同浑水进口流量和时间下的分离鳃水沙分离效率对比

(1) 不同浑水进口流量下分离鳃中的水沙分离效率随时间变化规律不同，浑水进口流量为 0.3～0.9m^3/h 时，水沙分离效率随时间的变化可分成缓慢增加、快速增加、缓慢增加三个阶段，而浑水进口流量为 1.10m³/h 时仅有缓慢增加阶段。当时间为 0～60min 时，为缓慢增加阶段，即水沙分离效率随着时间的增加而缓慢增加。黏性泥沙在布朗运动、水流紊动、双电层等作用下，黏性泥沙之间的公共吸附水膜将它们连接起来形成絮团，随着时间的推移，絮团粒径不断地增加，絮团沉降速度不断地增大，提高了水沙分离效率，从而水沙分离效率随时间的增加而缓慢增加。当时间为 60～90min 时，为快速增加阶段，即水沙分离效率随着时间的增加而快速增加。该段时间分离鳃中黏性泥沙絮团粒径快速增大，其在鳃片和黏性泥沙通道中加速下降，清水也加速流至清水出口处，从而使得水沙分离效率快速增加。当时间为 90～120min 时，为缓慢增加阶段，即水沙分离效率随着时间的增加而缓慢增加。当絮团粒径随着时间的增大，黏性泥沙之间的公共吸附水膜吸附能力减弱，使得黏性细颗粒相互分离，分离之后，黏性泥沙沉降速度和清水上升速度都下降，降低了水沙分离效率，从而水沙分离效率随时间的增加呈缓慢增加。当流量为 1.10m³/h 时，在 0～120min 内未出现其他流量下的规律，因为浑水进口距离分离鳃顶端较近，浑水流量过大，在水流的紊动作用下，阻碍了黏性细颗粒之间公共吸附水膜的吸附能力，直接将还未形成絮团的黏性细颗粒泥沙带到分离鳃清水口处溢出，使溢出清水的含沙量同进入分离鳃中的含沙量相差不大，从而水沙分离效率随着时间的增加而缓慢增加。

（2）不同时间下，浑水进口流量为 0.9m³/h 的水沙分离效率均高于其他浑水进口流量。其水沙分离效率分别是 0.3m³/h、0.5m³/h、0.7m³/h、1.1m³/h 的 1.10～1.37 倍、1.09～1.32 倍、1.07～1.29 倍、1.46～3.85 倍。

2.2.5 含沙量对分离鳃水沙分离效率的影响分析

2.2.5.1 试验工况

为了分析动水条件下浑水含沙量对分离鳃水沙分离效率的影响，开展分离鳃和普通管水沙分离效率的对比试验研究。基于静水条件下含沙量在 10～80kg/m³ 范围内，分离鳃中的泥沙沉速比较快，水沙分离效果最佳，因此本试验取 4 种不同的浑水含沙量：10kg/m³、30kg/m³、50kg/m³、80kg/m³，浑水进口流量取 0.9m³/h。

2.2.5.2 试验现象

不同浑水含沙量下分离鳃中下部存在同不同浑水进口流量下一样的横向和垂向异重流现象。

图 2.15 为 120min 时不同含沙量下靠近分离鳃与普通管顶端上半段的试验现象。从图 2.15 可知，含沙量在 10kg/m³、30kg/m³、50kg/m³、80kg/m³ 时分离鳃中形成浑液面（清水和浑水交界面），其位置在图中用黑色直线表示，随含沙量的增大，分离鳃中清水层厚度（自由液面至浑液面的距离）逐渐减小，

而在普通管中未形成浑液面现象。

(a) S=10kg/m³　(b) S=30kg/m³

(c) S=50kg/m³　(d) S=80kg/m³

图 2.15　120min 时不同含沙量下靠近分离鳃与普通管顶端上半段的试验现象

2.2.5.3　试验结果分析

分离鳃与普通管的水沙分离效率见表 2.5。由表 2.5 可得：①浑水进口含沙量相同时，分离鳃和普通管的水沙分离效率随时间的增加而增大，且分离鳃的水沙分离效率比普通管高；②浑水进口含沙量为 10kg/m³、30kg/m³、50kg/m³、80kg/m³ 时，分离鳃的水沙分离效率分别是普通管的 1.58～3.85 倍、1.56～1.81 倍、1.50～1.77 倍、1.30～1.55 倍。可见分离鳃的水沙分离效率比普通管高。

表 2.5　分离鳃与普通管的水沙分离效率

S /(kg/m³)	名称	水沙分离效率/%				
		5min	30min	60min	90min	120min
10	分离鳃	7.65	9.35	13.87	26.29	34.12
	普通管	4.83	5.72	6.50	7.67	8.87
30	分离鳃	6.80	7.41	8.39	8.79	8.96
	普通管	4.36	4.51	4.73	4.87	4.96
50	分离鳃	5.72	6.69	7.28	7.77	8.55
	普通管	3.82	4.17	4.44	4.68	4.84
80	分离鳃	4.76	5.11	5.30	5.59	5.91
	普通管	3.07	3.86	4.11	4.30	4.55

图 2.16 为 120min 时不同含沙量下分离鳃和普通管的水沙分离效率对比。

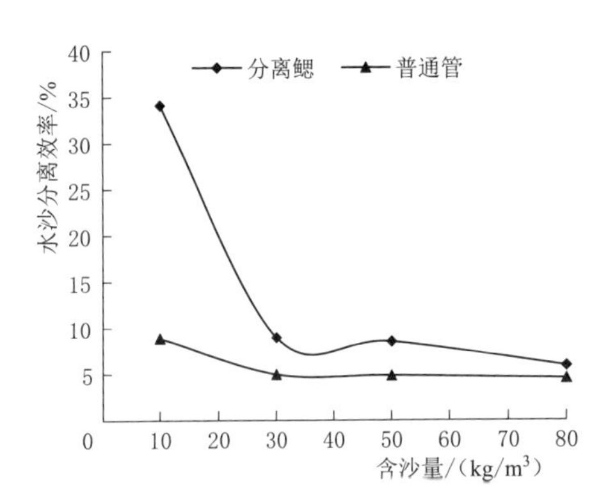

图 2.16　120min 时不同含沙量下分离鳃和普通管的水沙分离效率对比

从图 2.16 可知，分离鳃的水沙分离效率随着浑水进口含沙量的增大，包含快速减小和缓慢减小两个阶段，即含沙量为 10～30kg/m^3 是快速减小阶段，含沙量为 30～80kg/m^3 是缓慢减小阶段，而普通管在含沙量为 10～80kg/m^3 时仅有缓慢减小阶段。

产生以上结果的原因如下：

(1) 分离鳃中的鳃片将普通管中一个沉降区域分成了两个相邻间距为 50mm 的多个独立沉降区域，大大减少了黏性细颗粒泥沙沉降至分离鳃底部的时间。黏性泥沙很快沉降至鳃片上表面，相互链结形成絮团，在重力作用下，加速从鳃片上表面滑落到泥沙下降通道中，同其他鳃片上表面滑落的黏性泥沙汇集成泥沙流沉降到分离鳃底部，再通过排沙口进行排沙，而鳃片下表面的清水流则快速流到清水上升通道中，同其他鳃片下表面上升的清水汇集成清水流，通过清水出口溢出。

(2) 分离鳃水沙分离效率与水平沉降面积成函数关系，水平沉降面积越大，水沙分离效率越高。分离鳃中布置的 13 块鳃片，在水平方向上形成的投影面积即为分离鳃比普通管所增大的沉降面积，因此分离鳃水沙分离效率得到提高。

(3) 鳃片的存在增大了分离鳃内部过水断面湿周，减小了分离鳃内部水力半径，在相同进口含沙量下，相对于普通管而言，减小了分离鳃内部雷诺数，增大了弗劳德数，从而改善分离鳃内部的水力条件，减小了内部流速对水体的扰动，使黏性细颗粒泥沙在稳定的环境中沉降，促进了水沙分离，降低了清水出口溢流的含沙量。

浑水进口含沙量小时，絮凝作用有利于黏性细颗粒聚集成絮团，絮团沉降速度大于单颗粒黏性泥沙的沉速，从而加速水沙分离，提高水沙分离效率；此外，含沙量高时，大量黏性细颗粒泥沙的存在增大了浑水的密度，使黏性单颗粒泥沙受到的浮力增大，同时沉速大幅度降低，从而阻碍絮凝作用，降低黏性细颗粒泥沙的沉降速度，含沙量越高，黏性细颗粒的沉降速度越慢，水沙分离效率越低。对于普通管而言，随着浑水进口含沙量的增大，浑水中黏性单颗粒泥沙受到的浮力逐渐增大，从而减小泥沙颗粒沉速，阻碍颗粒间絮凝作用，使普通管中上部的细颗粒泥沙未聚集成絮团，便被紊动的水流带到清水出水口处溢出，故溢出的清水含沙量增加，从而使水沙分离效率呈缓慢下降趋势。对于分离鳃而言，虽然试验条件相同，但由于分离鳃内部布设了鳃片，从而使分离鳃水沙分离效率随浑水进口含沙量的变化规律与普通管不同。当浑水进口含沙量为10～30kg/m³时，含沙量越小，相邻鳃片的间距和紊动的水流有利于黏性泥沙颗粒间的絮凝10～30kg/m³作用，加速泥沙颗粒间聚集成絮团，促进泥沙沉降速度，从而降低清水出口溢流含沙量，提高了水沙分离效率，使得该含沙量范围下，水沙分离效率随含沙量的增大快速减小；当含沙量在10kg/m³时，浑水中絮凝作用最强烈，泥沙的沉速最快，清水层厚度最厚，从而使该含沙量下水沙分离效率最高。随着含沙量的增加（30～80kg/m³），浑水的密度增大，从而使泥沙颗粒受到的浮力增大，阻碍了泥沙的絮凝作用，使靠近分离鳃中上部的浑水在鳃片间还未聚集成絮团，就被内部紊动的水流带入清水出口，增大了清水出口的溢流含沙量，使得水沙分离效率缓慢减小。试验结果与静水条件下不同。这是因为两者边界条件不同，动水条件下分离鳃增设了浑水进口、清水出口及排沙口，改变了分离鳃中泥沙和清水的运动速度，造成水流紊动性增强，而静水条件水流紊动弱，随着含沙量的增大，泥沙沉速缓慢减小，使得水沙分离效率差异不大[6]，因此动水条件下的结果与静水条件有所差异。

图2.17为不同含沙量和时间下分离鳃的水沙分离效率对比。由图2.17可得出以下结论：

（1）不同浑水进口含沙量下分离鳃中的水沙分离效率随时间变化规律不同，浑水进口含沙量为10kg/m³时，水沙分离效率随时间的变化可以分为缓慢增大、快速增大、缓慢增大3个阶段，而浑水进口含沙量为30～80kg/m³时仅有缓慢增加阶段。当时间在0～60min时，为缓慢增加阶段。该时段内泥沙含量少，浑水密度小，泥沙单颗粒重力作用远大于浮力作用，加快泥沙颗粒沉降速度，促进絮凝作用，提高颗粒之间的公共吸附水膜将其聚集成絮团，随着时间的推移，絮团粒径不断增大，从而使水沙分离效率随时间的推移缓慢增加。当时间在60～90min时，为快速增加阶段。该时段内泥沙絮团粒径快速增大，絮团在鳃片上表面和泥沙通道中加速沉降到分离鳃底部排沙口处，使清水口溢出的含沙量降低，水沙分离效率随时间的推移而快速增加。当时间在90～120min时，为缓慢增加阶段。絮团粒径随时间的推移增大，泥沙颗粒之间的公共吸附能力变弱，使大絮团分离成单个的颗粒，分离后的泥沙单颗粒随着时间的推移聚集成絮团，水沙分离效率随时间的推移呈缓慢增加。含沙

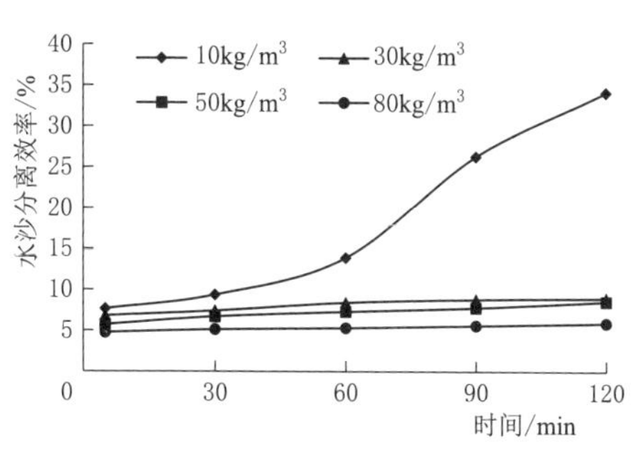

图2.17 不同含沙量和时间下分离鳃的水沙分离效率对比

量为 30～80kg/m³ 时，在 0～120min 内未出现含沙量为 10kg/m³ 的变化规律，因为黏性泥沙含量高，浑水密度大，单颗粒由于受到浑水浮力的作用，以极其缓慢的速度沉降，在进口水流的紊动作用下，将还未聚集成絮团的黏性细颗粒泥沙直接带到清水出口处溢出，使得溢出清水含沙量增加，降低水沙分离效率，从而使水沙分离效率随时间的推移呈缓慢增加。

(2) 不同时间下，浑水进口含沙量为 10kg/m³ 的水沙分离效率均高于其他含沙量。其水沙分离效率分别为 30kg/m³、50kg/m³、80kg/m³ 的 1.13～3.81 倍、1.34～3.99 倍、1.61～5.77 倍。

2.2.6 进口位置对分离鳃水沙分离效率的影响分析

2.2.6.1 试验工况

在浑水进口流量为 0.9m³/h，浑水含沙量为 10kg/m³ 条件下，对不同浑水进口位置下的分离鳃和普通管（图 2.18 和图 2.19）开展水沙分离试验，确定不同浑水进口位置（表 2.6）对水沙分离效率的影响，从而获得动水条件下的最佳浑水进口位置。

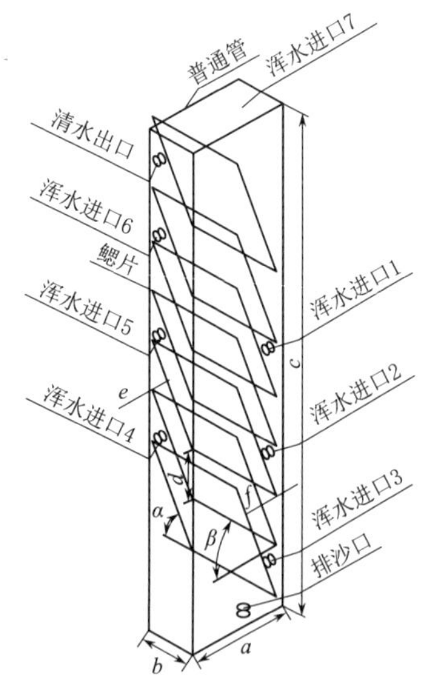

图 2.18　不同浑水进口下的分离鳃三维示意图

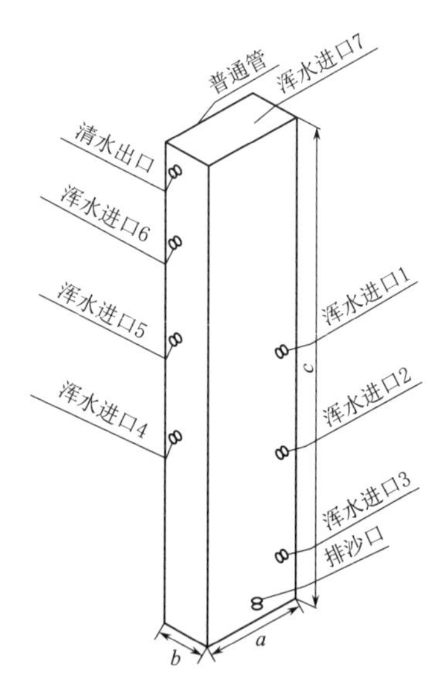

图 2.19　普通管三维示意图

表 2.6　不同浑水进口至分离鳃底部的距离

浑水进口位置	1	2	3	4	5	6	7
进口距离分离鳃底部的距离/mm	760	480	180	270	580	870	1000

2.2.6.2 试验结果分析

图 2.20 为不同浑水进口位置下分离鳃与普通管的水沙分离效率对比。由图 2.20 可得出以下结论：

(1) 浑水进口位置相同时，分离鳃和普通管的水沙分离效率随着时间的增加而增大，且分离鳃的水沙分离效率高于普通管。

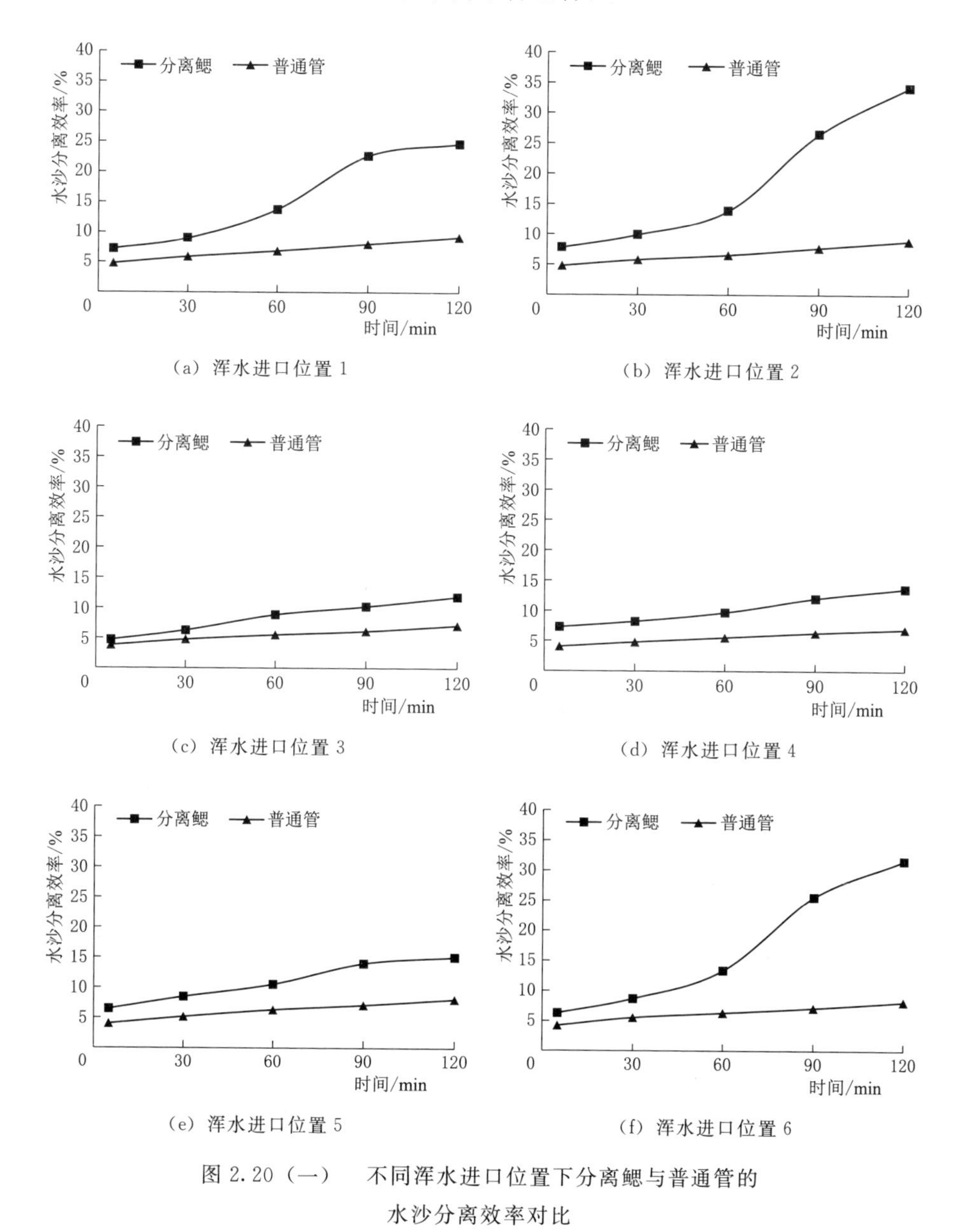

图 2.20（一） 不同浑水进口位置下分离鳃与普通管的水沙分离效率对比

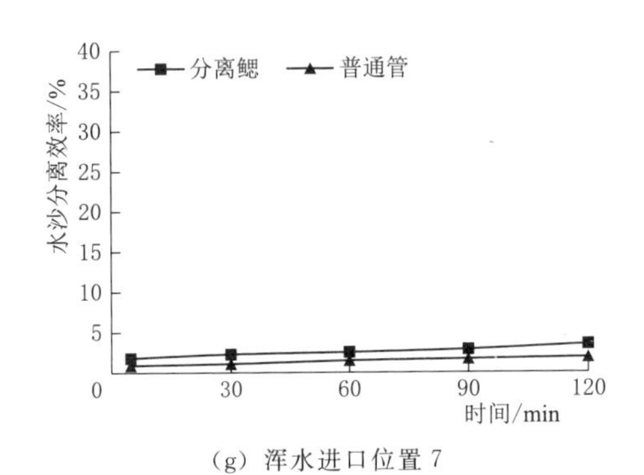

(g) 浑水进口位置 7

图 2.20（二） 不同浑水进口位置下分离鳃与普通管的水沙分离效率对比

(2) 浑水进口位置距离分离鳃底部 760mm、480mm、180mm、270mm、580mm、870mm、1000mm 时，分离鳃的水沙分离效率分别是普通管的 1.63～3.85 倍、1.51～2.70 倍、1.73～1.98 倍、1.23～1.66 倍、1.49～3.87 倍、1.61～1.97 倍、1.70～2.08 倍。

无论是不同浑水进口位置和不同时间下，普通管的水沙分离效率都低于分离鳃。这是由于以下几个方面的原因：

(1) 鳃片的设置，破坏了黏性泥沙沉降过程中形成的刚性空间结构网，促进黏性泥沙颗粒之间形成絮团，从而加速黏性泥沙沉降，提高分离鳃的水沙分离效率。

(2) 普通管中设置鳃片后，鳃片增加分离鳃内部的过水断面湿周，减小了水力半径，降低了雷诺数，从而改善了黏性细颗粒泥沙运动的水力条件，使黏性细颗粒泥沙处在稳定的水流环境下加速沉降，促进水沙分离，提高水沙分离效率。

图 2.21 为不同浑水进口位置和时间下分离鳃的水沙分离效率对比。从图 2.21 中可得出，不同浑水进口位置下分离鳃中的水沙分离效率随时间的变化规律不同。在浑水进口位置距离分离鳃底部 760mm（浑水进口位置 1）、480mm（浑水进口位置 2）、580mm（浑水进口位置 5）时，分离鳃的水沙分离效率随时间的增加包含缓慢增大、快速增大及缓慢增大三个变化过程。当时间在 0～60min 时，分离鳃内部的水流在双电层结构、布朗运动、水流紊动、范德华引力等作用下处于相对稳定的水力环境中，有利于通过吸附水膜将相邻的黏性泥沙聚集在一起形成絮团，同时形成促进水沙分离的横向异重流和垂向异重流；随时间的增加，絮团粒径逐渐地增加（即黏性泥沙受到的双电层斥力小于范德华引力，使黏性泥沙继续发生絮凝），使黏性泥沙的沉降速度增大，清水出

口的含沙量缓慢减小，从而水沙分离效率随时间的增加而呈现缓慢增大趋势。当时间在60～90min时，随着时间的增加，分离鳃内部黏性泥沙受到的双电层斥力快速接近于范德华引力，黏性泥沙之间形成的絮团粒径快速增大，时间为90min时絮团粒径达到最大，从而使得水沙分离效率随着时间的增加而呈现快速增大趋势。当时间在90～120min时，黏性泥沙之间的双电层斥力大于范德华引力，使得黏性泥沙絮团分散，分散之后，黏性泥沙又在公共吸附水膜的作用下，随时间增加逐渐絮凝成团，从而水沙分离效率随着时间的增加呈现缓慢增大趋势。

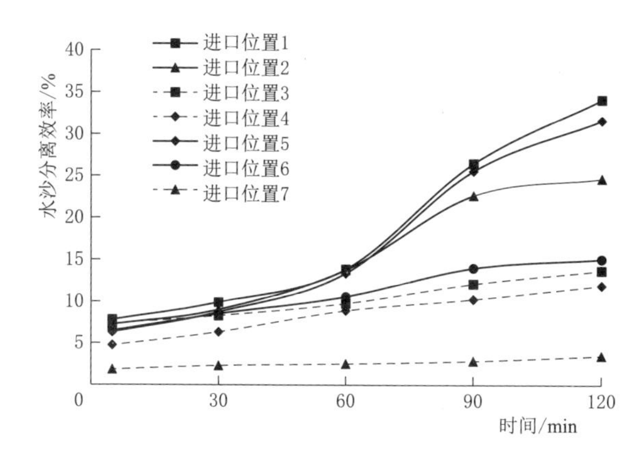

图2.21 不同浑水进口位置和时间下分离鳃的水沙分离效率对比

在浑水进口位置距离分离鳃底部180mm（浑水进口位置3）、270mm（浑水进口位置4）、870mm（浑水进口位置6）时，水沙分离效率随时间的增加仅有缓慢增大过程。当浑水进口位置距离分离鳃底部180mm、270mm、870mm时，分离鳃内部大部分区域未形成促进水沙分离的横向和垂向异重流。当浑水进口位置距离分离鳃底部180mm、270mm时，浑水进口位置距离排沙口位置很近，使未沉降到分离鳃底部的黏性泥沙絮团在水流紊动作用下被分散，并带入清水上升通道中，通过清水出口溢出。而浑水进口位置距离分离鳃底部870mm时，浑水进口位置距离清水出口位置比较近，进口水流阻碍了清水流的上升，使得清水出口溢流的含沙量增加。因此，在0～120min内分离鳃的水沙分离效率随时间的增加呈现缓慢增大的趋势。

在浑水进口位置距离分离鳃底部1000mm（浑水进口位置7）时，水沙分离效率随时间的变化几乎无明显变化。这是因为浑水进口位置距离分离鳃底部1000mm时，黏性泥沙直接通过清水出口溢流出，使得清水出口溢流出的含沙量与浑水进口处的含沙量相差不大，因此，分离鳃的水沙分离效率随时间增加几乎无明显变化。

2.2.7　动水条件下分离鳃的均匀正交试验

2.2.7.1　试验优化设计

正交试验设计是一种用来分析多因素多水平的试验方法，它依据正交性准则从全试验中挑选出能反映实验范围内各因素和试验指标间关系的部分代表性点，然后对这些代表性点进行试验研究，而这些代表性的点具有正交性、均匀分散性、整齐可比性的特点。

均匀试验设计对那些试验范围较大、因素水平较多的复杂试验发挥着重要作用，而在设计试验方案时，仅考虑试验点在试验范围内的均匀分散性，而不用考虑整齐可比性。

在数学术语中，正交试验设计的一维和二维边缘都要符合投影均匀性，正交试验设计对所选试验点在高维空间内的均匀性没有要求。均匀试验设计和正交试验设计的思路不同，但它符合试验设计的 S 维空间的整体均匀性与一维边缘的投影均匀性。而两种试验设计都源于均匀性，因此两者之间存在着众多相同点和各自的优点。

由均匀试验设计得到的正交表称为均匀正交试验表，它不仅有正交性，而且还有均匀性。均匀正交试验设计能预测到因素的主效应和线性交互效应，但正交试验设计无法预测到。大量的试验表明，均匀正交试验设计能减少试验重复和试验次数，节约试验投入的人力和费用。因此，在进行多因素多水平试验时，优先使用均匀正交试验表。

2.2.7.2　分离鳃均匀正交试验

1. 均匀正交试验设计方案

本次试验采用均匀正交试验设计方案。根据已有研究成果分析，确定分离鳃的浑水进口流量 x_1、含沙量 x_2 及鳃片间距 x_3 为本次试验的 3 个试验因素，其他因素作为固定试验参数处理。每个试验因素分别取三个水平，即浑水进口流量为 0.3m^3/h、0.7m^3/h 及 1.1m^3/h，含沙量为 2kg/m^3、7kg/m^3 及 12kg/m^3；鳃片间距为 5cm、8cm 及 11cm，见表 2.7。

表 2.7　均匀正交试验的因素与水平

水　平	因　素		
	浑水进口流量 x_1/(m^3/h)	含沙量 x_2/(kg/m^3)	鳃片间距 x_3/cm
1	0.3	2	5
2	0.7	7	8
3	1.1	12	11

本次试验选用 $UL_9(3^4)$ 来进行试验方案设计，见表 2.8。UL 代表均匀正交试验设计表，其中 U、L 分别为 Uniform 和 Latin 两个英文单词的首写字母，3 表示每个因素的水平数为 3 个，4 表示均匀正交表最多可以观察 4 个因素，9 表示总共需要进行 9 次试验。

表 2.8　　$UL_9(3^4)$ 均匀正交试验设计方案

试验序号	因素与水平		
	浑水进口流量 $x_1/(m^3/h)$	含沙量 $x_2/(kg/m^3)$	鳃片间距 x_3/cm
1	0.3	2	5
2	0.3	7	11
3	0.3	12	8
4	0.7	2	11
5	0.7	7	8
6	0.7	12	5
7	1.1	2	8
8	1.1	7	5
9	1.1	12	11

2. 均匀正交设计的试验分析

(1) 极差分析。在浑水进口位置、清水出口位置和排沙口位置固定时，根据均匀正交试验设计表进行试验，测定水沙分离效率 y，并根据均匀正交试验结果进行极差分析，见表 2.9。由表 2.9 可知，在 9 次均匀正交试验结果中以试验序号 4 的因素组合水沙分离效率最高，为 44.05%，且各因素对应的水平为浑水进口流量 $x_1=0.7m^3/h$，含沙量 $x_2=2kg/m^3$，鳃片间距 x_3。浑水进口流量 x_1、含沙量 x_2 及鳃片间距 x_3 对应的水沙分离效率极差 R 分别是 15.63%、7.75% 和 10.74%，有 $x_1>x_2>x_3$，可列出影响水沙分离效率的主次因素顺序为：浑水进口流量、鳃片间距、含沙量。

表 2.9　　均匀正交试验及极差分析结果

试验结果及分析	试验序号	因素和水平			考核指标
		浑水进口流量 $x_1/(m^3/h)$	含沙量 $x_2/(kg/m^3)$	鳃片间距 x_3/cm	水沙分离效率 $y/\%$
试验结果	1	0.3	2	5	33.00
	2	0.3	7	11	36.50
	3	0.3	12	8	34.35
	4	0.7	2	11	44.05

续表

试验结果及分析	试验序号	因素和水平			考核指标
		浑水进口流量 $x_1/(m^3/h)$	含沙量 $x_2/(kg/m^3)$	鳃片间距 x_3/cm	水沙分离效率 $y/\%$
试验结果	5	0.7	7	8	27.30
	6	0.7	12	5	19.90
	7	1.1	2	8	20.80
	8	1.1	7	5	15.80
	9	1.1	12	11	20.36
极差分析	T_1	103.85	97.85	68.70	252.06
	T_2	91.25	79.60	82.45	
	T_3	56.96	74.61	100.91	
	m_1	34.62	32.62	22.90	
	m_2	30.42	26.53	27.48	
	m_3	18.99	24.87	33.64	
	R	15.63%	7.75%	10.74%	

（2）方差分析和 P 值检验。在试验中所选的因素，不一定对水沙分离效率都有显著性的影响，因此采用 DPS 统计软件对均匀正交试验结果进行方差分析和 P 值检测。

表 2.10 为水沙分离效率的方差分析表。由表 2.10 可知，因素 x_1 的 P 值为 0.00647，因素 x_2 的 P 值为 0.07669，因素 x_3 的 P 值为 0.02737，根据 P 值可判断因素对水沙分离效率的显著性，若 $P<0.05$ 时，则差异显著，$P<0.01$ 时，则差异极显著。因此，因素 x_1 对水沙分离效率的影响为差异极显著，因素 x_3 对水沙分离效率的影响为差异显著，而因素 x_2 对水沙分离效率的影响为无差异显著，故对水沙分离效率的影响主次为浑水进口流量 x_1、鳃片间距 x_3、含沙量 x_2，该结论与极差分析结果一致。

表 2.10　　水沙分离效率的方差分析表

方差来源	平方和 SS	自由度 df	均方 MS	F 值	P 值
x_1	392.933	2	196.467	7.52	0.00647
x_2	100.145	2	50.073	1.85	0.07669
x_3	174.510	2	87.255	3.24	0.02737
误差	53.812	2	26.906		
总和	721.400	8			

2.2.7.3 投影寻踪回归分析

1. 投影寻踪回归发展简介

投影寻踪（projection pursuit，PP）是国际统计界在20世纪70年代中期发展起来的一种新型、有价值的新技术交叉方法[70]。PP对研究和解决高维观测数据等问题，特别对处理非正态非线性高维数据具有显著作用。即通过把高维数据投影到低维子空间上，找出能反映原高维数据结构或者特征的投影，因而达到研究分析高维数据的目的。因此，在许多科学研究领域得到了广泛应用。然而PP的不足之处在于计算量比较大，并且可以解决的问题是有限的。

从1985年起，我国学者郑祖国和杨力行等人通过多年的专注研究和探索，成功编写了投影寻踪回归（projection pursuit regression，PPR）和投影寻踪时序（projection pursuit time series，PPTS）软件程序，并通过大量实例进行了正确性验证计算。PPR不用假设试验数据的分布类型，能够避免试验过程中人为因素对回归模型的不合理约束，同时有效解决实际当中回归分析法本身的局限性，从而大大地提升回归方程的精度。

2. 投影寻踪回归模型

设 p 维自变量为 x，因变量为 y，PPR模型表示如下：

$$\hat{y}=E(y\mid x_1,x_2,\cdots,x_p)=\bar{y}+\sum_{i=1}^{M}\beta_i f_i\left(\sum_{n=1}^{p}\alpha_{in}x_n\right) \tag{2.8}$$

其中 f_i 为第 i 个岭函数，$Ef_i=0$，$Ef_i^2=1$，$\sum_{n=1}^{p}\alpha_{in}^2=1$。

投影寻踪回归模型利用岭函数式之和来靠近回归函数，根据降维和逐步寻优来概算 f_i，以确定 α_{in} 和 β_i 等数据，最终决定回归函数，从而使 L_2 满足下列极小化规则：

$$L_2=\sum_{i=1}^{Q\sum}W_iE\left[Y_i-EY_i-\sum_{i=1}^{M_u}\beta_i f_i\left(\sum_{n=1}^{p}\alpha_{in}X_n\right)^2\right]=\min \tag{2.9}$$

模型的求解步骤如下：

（1）选择初始投影方向 α。

（2）对 $\{X_i\}_j^n$ 进行线性投影得到 $\alpha^{\mathrm{T}}X_i$，对（$\alpha^{\mathrm{T}}X_i$，Y_i）用平滑方式确定岭函数 $f_a(\alpha^{\mathrm{T}})X$，$i=1$，$\cdots$，$n$。

（3）以使式 $\sum_{i=1}^{n}[y_i-f_a(\alpha^{\mathrm{T}}X_i)]^2$ 最小的 α 为 α_1，重复步骤（2），直到两次误差不再改变，即可确定出 α_1 和 $f_1(\alpha_1^{\mathrm{T}}X)$。

（4）使初次的拟合残差 $r_1(X)=Y-f_1(\alpha_1^{\mathrm{T}}X)$ 代替 Y，重复上述步骤（1）～步骤（3），即可得到 α_2 和 $f_2(\alpha_2^{\mathrm{T}}X)$。

（5）重复步骤（4），计算 $r_2(X)=r_1(X)-f_2(\alpha_2^{T}X)$ 代替 $r_1(X)$，直到获得第 M 个 α_M 和 $f_M(\alpha_M^{T}X)$，使 $\sum_{i=1}^{n} r_i^2$ 直至满足某精度。

（6）根据线性拟合，得到 m 个 α 、f。

（7）计算 $f(x)=\sum_{m=1}^{M} f_m(\alpha_m X)$ 。

3. 分离鳃均匀正交试验的 PPR 分析

对9组分离鳃的水沙分离效率进行 PPR 模型计算。为更精确得出预测值，反映投影灵敏度指标的光滑系数设置为 $Span=0.5$，投影方向的初始值设置为 $M=3$，最终的投影方向为 $MU=3$，PPR 模型计算参数为：$N_m=9$，$P=3$，$Q=1$，$M-5$，$MU-3$。通过计算 PPR 模型数值函数值为：$\gamma=(1.099768, 0.276116, 0.285926)$，$\varphi_1=(-0.99605, -0.02558, 0.085002)$，$\varphi_2=(-0.71178, -0.53415, 0.456119)$，$\varphi_3=(0.991148, -0.12661, -0.03994)$。

表2.11为 PPR 模型计算结果。从表2.11可以得出，分离鳃水沙分离效率的实测值与预报值两者拟合比较好，水沙分离效率的绝对误差值不大于±2.83%，相对误差不大于±10.46%，9组试验数据的预报值都合格。因此，PPR 模型计算结果能比较好地反映实测值，且 PPR 模型对本次试验具有可靠性。

表2.11　　PPR 模型计算结果

序号	水沙分离效率			
	实测值/%	预报值/%	绝对误差值/%	相对误差/%
1	33.00	33.85	0.83	2.52
2	36.50	38.49	1.99	5.46
3	34.35	32.69	−1.66	−4.85
4	44.05	41.22	−2.83	−6.43
5	27.30	26.58	−0.72	−2.62
6	19.90	21.24	1.34	6.71
7	20.80	22.98	2.18	10.46
8	15.80	14.79	−1.01	−6.40
9	20.36	20.25	−0.11	−0.56

表2.12为各因素的相对权重。影响因素的相对权重值越大，说明该因素对试验结果影响越大。由表2.12可知，对于分离鳃水沙分离效率而言，浑水进口流量 x_1 相对权重值为1.000，含沙量 x_2 相对权重值为0.522，鳃片间距 x_3 相对权重值为0.635，即 $x_1>x_3>x_2$，因此得到因素主次序为浑水进口流量、鳃片间距、含沙量，同极差和方差分析结果一致。

表 2.12 各因素的相对权重

权序	影响因素	相对权重值	权序	影响因素	相对权重值
1	x_1	1.000	3	x_3	0.635
2	x_2	0.522			

4. 进口流量、含沙量和鳃片间距对分离鳃水沙分离效率的影响

图 2.22 为不同进口流量、含沙量和鳃片间距下分离鳃水沙分离效率的等值线图。由图 2.22 可知，在浑水进口流量一定的情况下，随着鳃片间距的增大，水沙分离效率呈现逐渐增大的趋势，当水沙分离效率达到最大值时，其浑水进口流量的取值范围为 0.5～0.8m^3/h，鳃片间距的取值大于 10.0cm，如图 2.22 (a) 所示。随着含沙量的增大，分离鳃水沙分离效率呈现逐渐减小的趋势，当水沙分离效率为最大值时，其浑水进口流量的取值范围为 0.5～0.8m^3/h，含沙量的取值范围

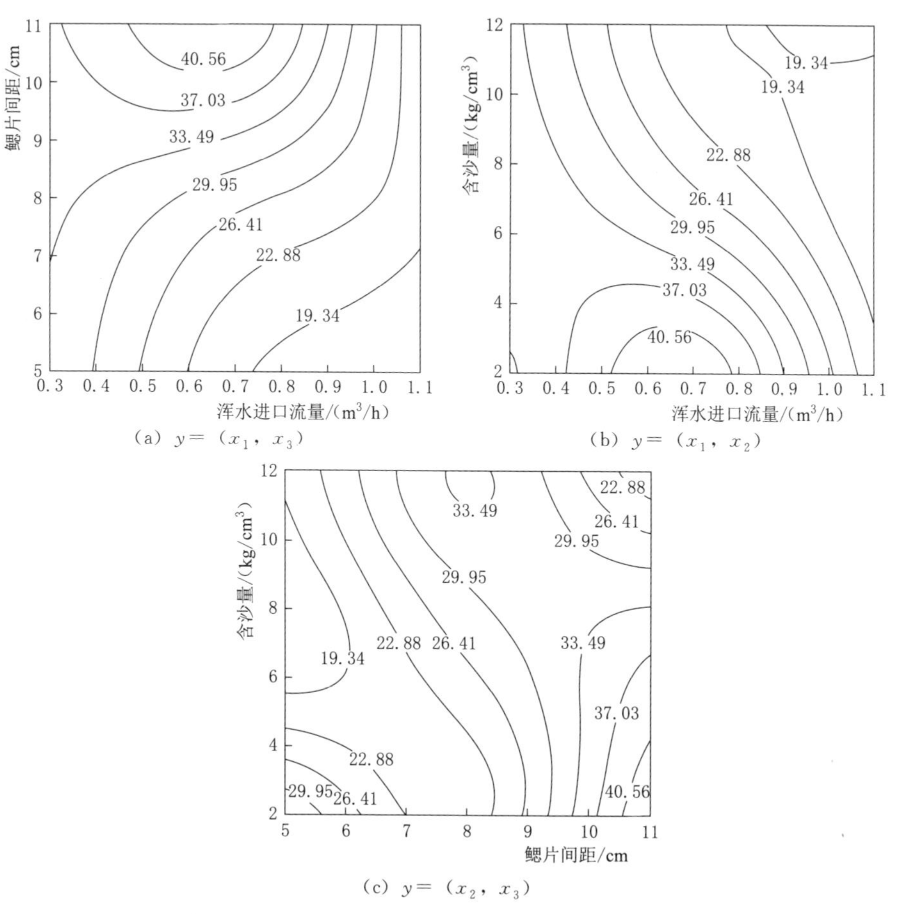

图 2.22 不同进口流量、含沙量和鳃片间距下分离鳃水沙分离效率的等值线图（%）

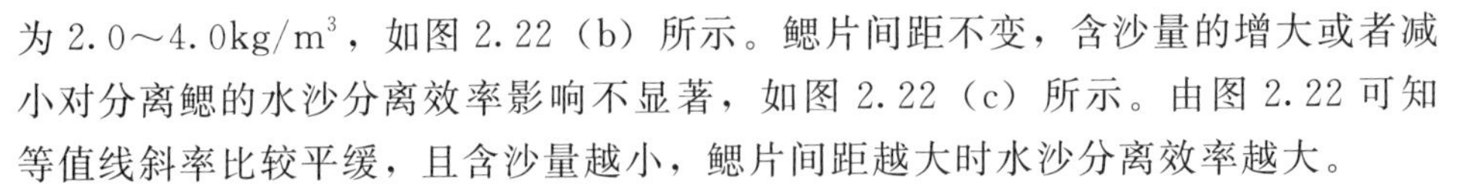

为 2.0～4.0kg/m^3，如图 2.22（b）所示。鳃片间距不变，含沙量的增大或者减小对分离鳃的水沙分离效率影响不显著，如图 2.22（c）所示。由图 2.22 可知等值线斜率比较平缓，且含沙量越小，鳃片间距越大时水沙分离效率越大。

5. PPR 多因素优化仿真

根据 $y=(x_1,x_2)$、$y=(x_1,x_3)$、$y=(x_2,x_3)$ 水沙分离效率的等值线图，综合考虑浑水进口流量 x_1、含沙量 x_2、鳃片间距 x_3 同水沙分离效率的关系，对三因素、三水平进行 PPR 优化仿真，其仿真结果见表 2.13。由表 2.13 可知，当浑水进口流量为 0.5m^3/h、含沙量为 2.0kg/m^3、鳃片间距为 11.0cm 时，水沙分离效率最大，可达 45.13%。

表 2.13 PPR 优化仿真分析表

序号	因素水平			考核指标	序号	因素水平			考核指标
	x_1 /(m^3/h)	x_2 /(kg/m^3)	x_3 /cm	y /%		x_1 /(m^3/h)	x_2 /(kg/m^3)	x_3 /cm	y /%
1	0.5	2.0	10.4	43.91	21	0.6	2.5	10.4	41.01
2	0.5	2.0	10.6	44.40	22	0.6	2.5	10.6	41.52
3	0.5	2.0	10.8	44.80	23	0.6	2.5	10.8	42.04
4	0.5	2.0	11.0	45.13	24	0.6	2.5	11.0	42.53
5	0.5	2.5	10.4	42.87	25	0.6	3.0	10.4	40.03
6	0.5	2.5	10.6	43.35	26	0.6	3.0	10.6	40.51
7	0.5	2.5	10.8	43.84	27	0.6	3.0	10.8	41.00
8	0.5	2.5	11.0	44.32	28	0.6	3.0	11.0	41.48
9	0.5	3.0	10.4	41.82	29	0.6	3.5	10.4	38.98
10	0.5	3.0	10.6	42.30	30	0.6	3.5	10.6	39.46
11	0.5	3.0	10.8	42.79	31	0.6	3.5	10.8	39.95
12	0.5	3.0	11.0	43.27	32	0.6	3.5	11.0	40.43
13	0.5	3.5	10.4	40.77	33	0.7	2.0	10.4	39.68
14	0.5	3.5	10.6	41.25	34	0.7	2.0	10.6	40.19
15	0.5	3.5	10.8	41.74	35	0.7	2.0	10.8	40.17
16	0.5	3.5	11.0	42.22	36	0.7	2.0	11.0	41.22
17	0.6	2.0	10.4	41.83	37	0.7	2.5	10.4	38.36
18	0.6	2.0	10.6	42.34	38	0.7	2.5	10.6	39.37
19	0.6	2.0	10.8	42.85	39	0.7	2.5	10.8	39.88
20	0.6	2.0	11.0	43.25	40	0.7	2.5	11.0	40.40

续表

序号	因素水平			考核指标	序号	因素水平			考核指标
	x_1 /(m^3/h)	x_2 /(kg/m^3)	x_3 /cm	y /%		x_1 /(m^3/h)	x_2 /(kg/m^3)	x_3 /cm	y /%
41	0.7	3.0	10.4	38.04	53	0.8	2.5	10.4	36.84
42	0.7	3.0	10.6	38.55	54	0.8	2.5	10.6	37.43
43	0.7	3.0	10.8	39.06	55	0.8	2.5	10.8	38.01
44	0.7	3.0	11.0	39.58	56	0.8	2.5	11.0	38.58
45	0.7	3.5	10.4	37.18	57	0.8	3.0	10.4	35.95
46	0.7	3.5	10.6	37.67	58	0.8	3.0	10.6	36.53
47	0.7	3.5	10.8	38.15	59	0.8	3.0	10.8	37.12
48	0.7	3.5	11.0	38.64	60	0.8	3.0	11.0	37.70
49	0.8	2.0	10.4	37.74	61	0.8	3.5	10.4	35.08
50	0.8	2.0	10.6	38.32	62	0.8	3.5	10.6	35.66
51	0.8	2.0	10.8	38.91	63	0.8	3.5	10.8	36.25
52	0.8	2.0	11.0	39.10	64	0.8	3.5	11.0	36.83

2.2.7.4 不同鳃片间距下分离鳃水沙分离效率的分析

1. 试验工况

考虑到试验时长，本次物理试验根据前人所得的成果，在最佳浑水进口流量为 0.9m³/h 和含沙量为 10kg/m³ 条件下进行，在鳃片间距为 5cm、8cm、11cm 工况下分别开展分离鳃水沙分离试验和普通管的水沙分离试验。

2. 试验现象

图 2.23 为在 125min 时，不同鳃片间距的分离鳃和普通管中间部位的试验及概化图。黏性泥沙沉落在鳃片的上表面并汇聚形成泥沙流，通过三棱柱型泥沙通道沉降到底部，鳃片下表面则汇聚形成清水流并沿着三棱柱型清水通道上升到顶部清水出口处；随着鳃片间距的减小，分离鳃中横向异重流的个数增加，如图 2.23（a）～（c）所示。上下两鳃片间的泥沙流和清水流形成逆时针方向的横向异重流，如图 2.23（e）中实线所示；三棱柱型泥沙通道和清水通道中的泥沙流和清水流则形成了顺时针方向的垂向异重流，如图 2.23（e）中虚线所示。而普通管则无此现象，如图 2.23（d）所示。

3. 试验结果分析

表 2.14 为不同鳃片间距的分离鳃和普通管的水沙分离效率对比。从表 2.14 可知，①相同条件时，分离鳃与普通管的水沙分离效率伴随着时间的增加而增

加，普通管的水沙分离效率均比不同鳃片间距的分离鳃低；②当分离鳃的鳃片间距为 5cm、8cm、11cm 时，分离鳃中的水沙分离效率分别为普通管的 1.71～3.76 倍、1.38～2.63 倍、1.25～2.13 倍。鳃片间距为 5cm 时，水沙分离效率达到最高，为 35.12%。

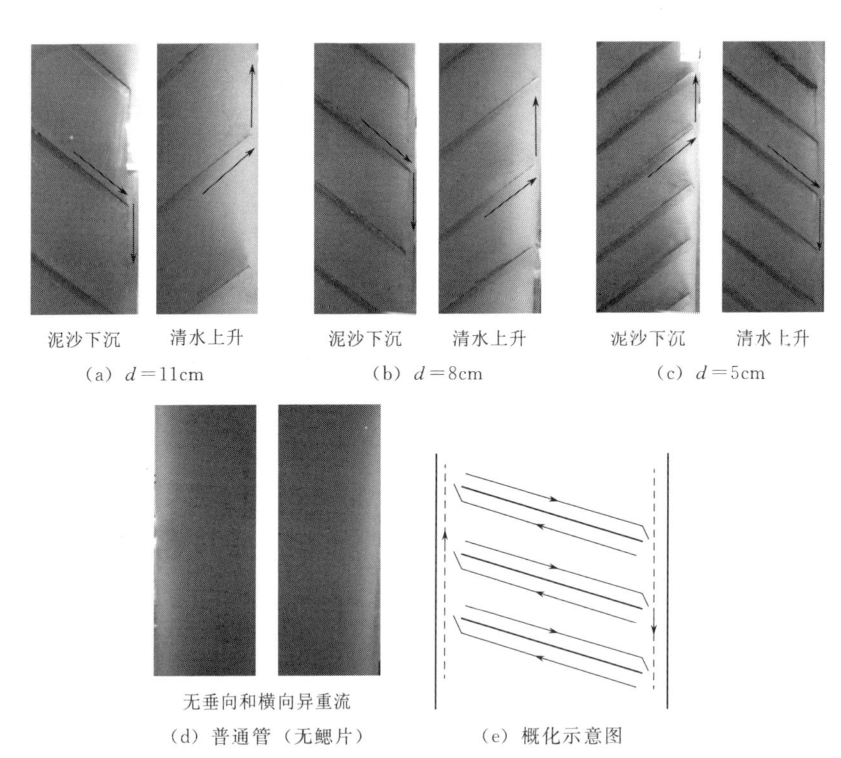

图 2.23 不同鳃片间距的分离鳃和普通管在 125min 时中间部位的试验及概化图

表 2.14 不同鳃片间距分离鳃与普通管的水沙分离效率对比

间距/cm	名称	水沙分离效率/%				
		10min	35min	65min	95min	125min
—	普通管	4.59	5.57	7.19	8.03	9.33
5	分离鳃	7.87	9.55	14.32	26.76	35.12
8	分离鳃	6.32	8.9	11.29	19.99	24.56
11	分离鳃	5.76	7.51	9.01	16.08	19.87

分析出现这样试验结果的原因，有以下几个方面：

(1) 鳃片的存在，使普通管被分割为多个不同的泥沙沉降和清水上升区域。黏性泥沙在下沉过程中产生的刚性空间结构被鳃片破坏，泥沙滑落在每个区域的鳃片上，促使黏性泥沙颗粒之间更快地形成絮团，通过水流及自身重力作用沿着鳃片与矩形管壁组成的泥沙通道滑落聚集至排沙口，因此加剧了黏性泥沙的沉淀，提升了分离鳃中的水沙分离效率。

(2) 普通管中设置鳃片后，鳃片增加了分离鳃内部的过水断面湿周，鳃片间距越小，过水断面湿周越大，从而水力半径越小，雷诺数也就越小，而雷诺数反映了泥沙运动的水力条件，该值越小说明黏性泥沙在沉降时的水流环境越稳定，其泥沙的絮凝效果越好，且更有利于系统中的横向及垂向双异重流的形成，更加促进水沙分离，因而水沙分离效率更高。

(3) 沉淀池中水沙分离效率与沉淀的水平面积成正比例函数关系，即沉淀水平面积越小，水沙分离的效率越低。当鳃片间距 d 为 5cm、8cm、11cm 时，沉淀的水平投影面积分别为 26.6cm^2、17.1cm^2、13.3cm^2，可知，鳃片间距越小，水沙分离的效率越高，同静水条件下试验结论一致，而普通管的沉淀面积仅为 2cm^2，故含有鳃片的分离鳃水沙分离效率均比普通管高。

图 2.24 为不同鳃片间距下分离鳃和普通管中的水沙分离效率随时间变化规律。从图 2.24 可知，不同鳃片间距下，分离鳃中水沙分离效率随时间改变规律与普通管不同，普通管仅有缓慢增长阶段，而分离鳃则包含缓慢增加、急速增加和缓慢增加阶段。当 0～65min 时，随着时间的递增水沙分离效率缓慢地增加。黏性泥沙通过带电基团吸附和布朗运动等影响使得浑水中大小颗粒黏结形成絮团。伴随着时间的推进和水流紊动的增强，絮团直径缓缓增加，同时浑水的密度相对较小，絮团及大颗粒泥沙上升阻力远小于重力作用，从而黏性泥沙絮团下降，因此随着时间的推进水沙分离效率缓慢地增加。当 60～95min 时，随着时间的递增水沙分离效率急速地增加。此段时间内泥沙微粒间的斥力急速下降，使得泥沙微粒中的物理稳定性降低，反之双电层引力增强，絮团的直径急速增大，泥沙絮团沿着鳃片上表面急速滚落至泥沙通道，而清水则沿鳃片下表面急速上升至清水通道，再通过清水口溢出。因此随着时间的推进水沙分离效率急速地增加。当 95～125min 时，随时间的推移，絮凝达到动态平衡，因泥沙沉降处在动水环境下，水流紊动对絮团发育有影响，水流紊动将会打破平衡，使得聚集的絮团被破坏，此时黏性泥沙颗粒之间的吸引强度变小，单个黏性细颗粒从大块絮团中分离脱落，随着时间的推进，分离后的黏性泥沙逐渐会聚形成絮团，因此随着时间的推进水沙分离效率呈缓慢地增加。鳃片间距为 5cm、8cm、11cm 的水沙分离效率随时间变化规律相似，但随着鳃片间距的增加水沙分离效率的变化幅度明显逐渐减小，其原因为鳃片间距增大则相邻两鳃片的垂直高度增加，在浑水进口处的水流紊动影响下，黏性泥沙形成絮团下落的难度相对增大，因此延迟了泥沙絮凝沉淀的时间，减小了泥沙的沉淀速率，同时鳃片间距的增加使得分离鳃内泥沙下沉和清水上升过程的水流循环环境更加不稳

定，更不利于系统内的横向及垂向异重流的形成。故鳃片间距为 8cm 和 11cm 的变化幅度不如鳃片间距为 5cm 的，从而后者的水沙分离效率变化幅度大。

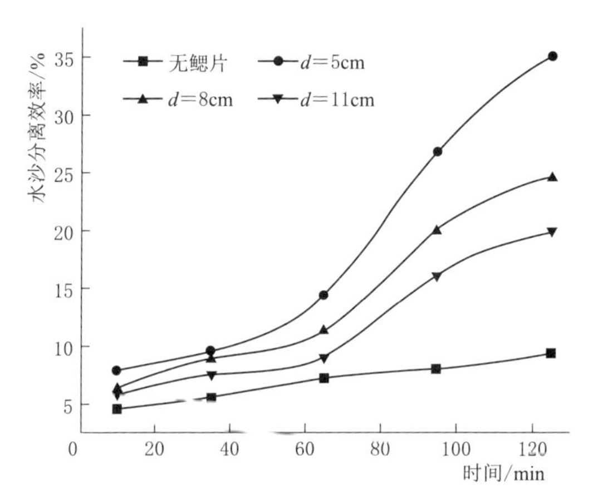

图 2.24　不同鳃片间距下分离鳃和普通管中水沙分离效率随时间变化规律

不同时间下，鳃间距为 5cm 的水沙分离效率均高于其他鳃片间距，分别是鳃片间距为 8cm 和 11cm 的 1.25～1.43 倍和 1.37～1.77 倍。

2.3　数学模型的确定

2.3.1　静水条件数学模型的确定

2.3.1.1　物理模型

分离鳃的物理模型如图 2.25 所示。分离鳃顶端为开口状，有自由表面，而其底部为封闭状，不排沙，分离鳃内布置有 4 个鳃片，从分离鳃上端至底端依次为鳃片 1、2、3、4。其长、宽、高和鳃片间距分别为 $a=10$cm、$b=4$cm、$c=45$cm、$d=6$cm，清水流上升通道宽度 e 和泥沙流下降通道宽度 f 都为 1cm，鳃片以 α 倾斜角固定在鳃管的短边，以 β 倾斜角固定在鳃管的长边，采用室内物理模型试验优化后的倾斜角（$\alpha=60°$，$\beta=45°$）。

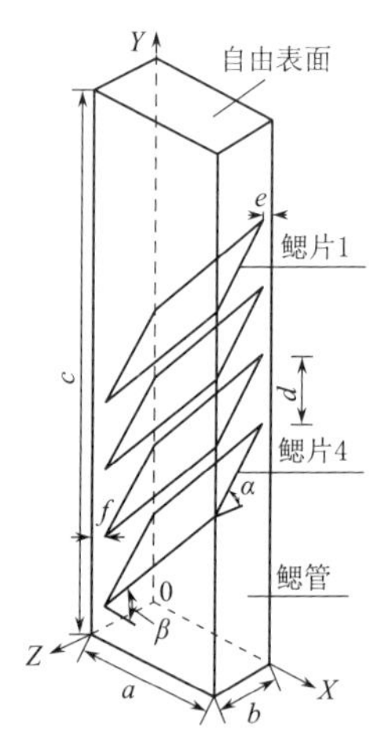

图 2.25　分离鳃的物理模型

2.3.1.2　数学模型

混合相的质量守恒方程、动量方程、相对速度、漂移速度及第二相的体积分数方程构成了 Mixture 模型的求解方程。

Mixture 模型的质量守恒方程为

$$\frac{\partial \rho_{\mathrm{m}}}{\partial t}+\nabla \cdot (\rho_{\mathrm{m}}\vec{U}_{\mathrm{m}})=0 \tag{2.10}$$

式中：ρ_{m} 为混合相（水沙混合物）的密度，$\rho_{\mathrm{m}}=\sum_{k=1}^{n}\alpha_k\rho_k$ ，α_k 为第 k 相的体积分数；$\vec{U}_{\mathrm{m}}$ 为质量平均速度，$\vec{U}_{\mathrm{m}}=\sum_{k=1}^{n}\alpha_k\rho_k\vec{U}_k/\rho_{\mathrm{m}}$ 。

Mixture 模型动量方程可以通过对所有相各自的动量方程求和来获得。它表示为

$$\frac{\partial}{\partial t}(\rho_{\mathrm{m}}\vec{U}_{\mathrm{m}})+\nabla \cdot (\rho_{\mathrm{m}}\vec{U}_{\mathrm{m}}\vec{U}_{\mathrm{m}})=-\nabla p+\nabla \cdot [\mu_{\mathrm{m}}(\nabla\vec{U}_{\mathrm{m}}+\nabla\vec{U}_{\mathrm{m}}{}^{\mathrm{T}})]$$
$$+\rho_{\mathrm{m}}\vec{g}+\vec{F}+\nabla \cdot \left[\sum_{k=1}^{n}\alpha_k\rho_k\vec{U}_{\mathrm{dr},k}\vec{U}_{\mathrm{dr},k}\right] \tag{2.11}$$

式中：∇ 为哈密顿算子；μ_{m} 为混合黏性，$\mu_{\mathrm{m}}=\sum_{k=1}^{n}\alpha_k\mu_k$ ；$\vec{g}$ 为重力加速度；$\vec{F}$ 为体积力；n 为相数，本书取 2；$\vec{U}_{\mathrm{dr},k}$ 为第二相 k 的漂移速度，$\vec{U}_{\mathrm{dr},k}=\vec{U}_k-\vec{U}_{\mathrm{m}}$ 。

把相对速度定义为第二相（p）的速度相对于主相（q）的速度：$\vec{U}_{qp}=\vec{U}_p-\vec{U}_q$ 。漂移速度与相对速度的关系用式（2.12）表示，即

$$\vec{U}_{\mathrm{dr},p}=\vec{U}_{pq}-\sum_{k=1}^{n}\frac{\alpha_k\rho_k}{\rho_{\mathrm{m}}}\vec{U}_{qk} \tag{2.12}$$

曳力函数 f_{drag} 采用 Naumann 与 Schiller 的研究，公式见式（2.13）：

$$f_{\mathrm{drag}}=\begin{cases}1+0.15Re^{1.28}, Re\leqslant 1000\\ 0.0183, Re>1000\end{cases} \tag{2.13}$$

第 p 相的体积分数方程为

$$\frac{\partial}{\partial t}(\alpha_p\rho_p)+\nabla \cdot (\alpha_p\rho_p\vec{U}_{\mathrm{m}})=-\nabla \cdot (\alpha_p\rho_p\vec{U}_{\mathrm{dr},p})+\sum_{q=1}^{n}(\dot{m}_{pq}-\dot{m}_{qp}) \tag{2.14}$$

式中：$\dot{m}_{pq}$ 为第 p 相到 q 相的质量传递；$\dot{m}_{qp}$ 为第 q 相到 p 相的质量传递，$\dot{m}_{pq}=-\dot{m}_{qp}$ 。

欧拉模型的守恒方程也是由质量守恒方程与动量守恒方程组成，考虑本书源项 S_q 为 0，$\dot{m}_{pq}=-\dot{m}_{qp}$ ，故质量守恒方程为

$$\frac{\partial}{\partial t}(\alpha_q\rho_q)+\nabla \cdot (\alpha_q\rho_q v_q)=0 \tag{2.15}$$

式中：v_q 为 q 相的速度；α_q 为 q 相的体积分数；ρ_q 为 q 相的物理密度。

本书中升力相对于曳力是不重要的，因此动量守恒方程中不包含 F_{lift} 这一

项；泥沙（第二相）的密度远大于水（主相）的密度，虚拟质量力可忽略不计，则动量方程为

$$\frac{\partial}{\partial t}(\alpha_q\rho_q\overrightarrow{v}_q)+\nabla\cdot(\alpha_q\rho_q\overrightarrow{v}_q\overrightarrow{v}_q)=-\alpha_q\nabla p'+\nabla\cdot\overline{\overline{\tau}}_q+\sum_{p=1}^{n}\overrightarrow{R}_{pq}+\alpha_q\rho_q\overrightarrow{F}_q \tag{2.16}$$

其中

$$\overline{\overline{\tau}}_q=\alpha_q\mu_q(\nabla\overrightarrow{v}_q+\nabla\overrightarrow{v}_q^{\mathrm{T}})+\alpha_q\left(\lambda_q-\frac{2}{3}\mu_q\right)\nabla\cdot\overrightarrow{v}_q\overline{\overline{I}} \tag{2.17}$$

$$\sum_{p=1}^{n}\overrightarrow{R}_{pq}=\sum_{p=1}^{n}K_{pq}(\overrightarrow{v}_p-\overrightarrow{v}_q) \tag{2.18}$$

$$K_{pq}=\frac{\alpha_p\rho_p(1+0.15)Re^{0.687}}{\tau_p} \tag{2.19}$$

式中：p'为水与沙共享的压力；$\overline{\overline{\tau}}_q$ 为第 q 相的压力应变张量；λ_q 与 μ_q 分别为 q 相的体积黏度和剪切黏度；$\overrightarrow{R}_{pq}$ 为水与沙之间的作用力，此力依赖于压力、摩擦、内聚力等的影响，并服从 $\overrightarrow{R}_{pp}=0$ 及 $\overrightarrow{R}_{pq}=-\overrightarrow{R}_{qp}$；$K_{pq}$ 为水与沙的动量交换系数；$\overrightarrow{F}_q$ 为外部体积力。

q 相的体积分数 V_q 可用式（2.20）表示，即

$$V_q=\int_V\alpha_q\mathrm{d}V \tag{2.20}$$

式中：α_q 可由 $\sum_{q=1}^{n}\alpha_q=1$ 确定；q 相的有效密度为 $\hat{\rho}_q=\alpha_q\rho_q$，$\rho_q$ 为 q 相的物理密度。

罗菲等[231] 利用埃施（Esch - R. E.）理论说明，泥沙颗粒在分离鳃静水沉降过程中其流动状态为层流，故湍流模型选择层流模型，其方程式为

$$\begin{aligned}&\nabla\cdot\overrightarrow{V}=0\\&\rho\left[\frac{\partial\overrightarrow{V}}{\partial t}+(\overrightarrow{V}\cdot\nabla)\overrightarrow{V}\right]=-\overrightarrow{V}p''+\mu\nabla^2\overrightarrow{V}\end{aligned} \tag{2.21}$$

式中：$\overrightarrow{V}$ 为流体速度；p''为流体静压；μ 为流体的动力黏滞系数。

2.3.1.3　计算方法

分离鳃的计算区域和基本控制方程的离散采用有限体积法，流相的离散格式采用一阶迎风格式。对于混合多相流计算，离散后的线性代数方程组采用 SIMPLEC 算法进行求解；对于欧拉多相流计算，采用 Phase Coupled SIMPLE（PC-SIMPLE）算法来计算离散后的线性代数方程组，各方程计算精度均为 1×10^{-3}。为减小数值模拟的计算工作量和保证计算精度，采用优化后的四面体非结构性网格，网格数共计 84569 个。计算时间步长设置为 0.0001s，在迭代收敛后，可将时间步长调大。

2.3.1.4 边界条件

边界条件包含以下两个：

(1) 分离鳃上端（自由液面）边界：分离鳃中泥沙颗粒作静水沉降运动，分离鳃上端为一水平面，其内的水头大小不变，且水面沿 Y 轴负方向无波动现象，可以认为流速沿 Y 方向及其他各个变量沿 Y 方向的梯度都为 0，故可采用“刚盖假定”。在自由液面上采用对称（symmetry）边界条件处理，即 $\partial\Omega/\partial y=0$（其中 $\Omega=U,V,W,P$ 等）。

(2) 壁面（wall）边界条件：分离鳃的固体边壁包括鳃片、鳃管下端和鳃管外围边壁，其边界条件采用无滑移边界条件，即 $U=V=W=0$。

2.3.1.5 初始条件

计算区域包括水和沙两种介质，将水定义为主相，密度 $\rho_w=998.2\text{kg/m}^3$，泥沙颗粒定义为第二相，考虑重力作用，平均粒径为 0.045mm，密度为 2650kg/m^3。初始化时，假定分离鳃内水沙混合均匀，浑水含沙量为 $S=10\text{kg/m}^3$。

2.3.1.6 监测面

为得到分离鳃中的泥沙分布特性及速度分布特性，监测了鳃片上表面、鳃片下表面及不同高度方向（Y 方向）的平均含沙量与时间关系，同时还监测了鳃片上表面的泥沙平均速度、鳃片下表面的清水平均速度、清水通道中（$X=0.095\text{m}$）清水平均速度和泥沙通道中（$X=0.005\text{m}$）泥沙平均速度与时间关系，从而对计算结果进行分析和对比；具体的断面位置如图 2.26 所示。

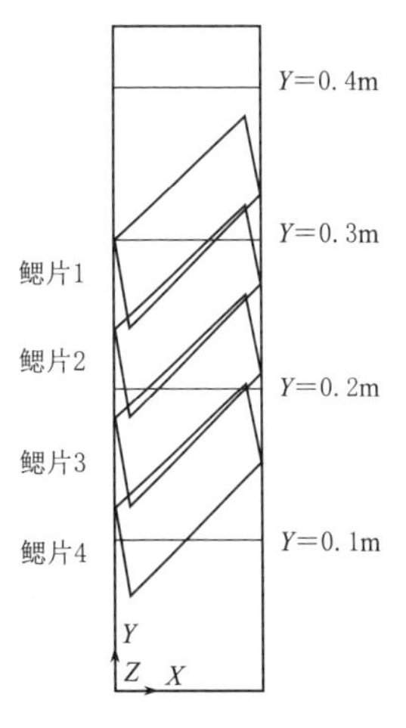

图 2.26 不同位置的监测面

2.3.1.7 计算结果及验证

1. PIV 测试

PIV 技术具有非接触、多点测量及对流场无干扰等特点，故广泛地应用于实际工程中的各个领域。许多专家学者[232-239] 采用该项技术对两相流的运动情况进行了测试，得到了两相流的流场分布规律，往往这些 PIV 测试结果是数值计算结果可靠和准确性的有力验证。赵丽娜等[240] 采用长沙理工大学湖南省水沙科学及水灾害防治重点实验室的 PIV 粒子成像测速系统对分离鳃内部流场进行了测试，为全面了解分离鳃在浑水含沙量为 10kg/m^3 与 20kg/m^3 下的泥沙颗粒运动情况，在宽度方向上（Z 方向）测试了 7 个不同的断面，在长度方向上（X 方向）测试了 13 个不同的断面。PIV 测试结果为验证采用的数学模型是否可靠提供了依据。

2. 数值模拟结果与 PIV 测试结果比较

已知浑水含沙量 10kg/m^3 下欧拉计算、混合计算与 PIV 测试结果中典型断面（Z=0.035m、Z=0.005m、Z=0.02m、X=0.005m 及 X=0.095m）的速度矢量分布图及速度云图，通过对结果的定性和定量对比分析，最终确定用于分离鳃水沙两相流的数值模型。

（1）宽度方向（Z=0.035m，Z=0.005m）的速度矢量分布对比。图 2.27 表示宽度方向的不同断面速度矢量分布图对比。由于 PIV 测试区域比数值模拟区域要小，为比较计算结果与试验结果的速度矢量分布规律，此处将数值模拟区域调整成与试验区域一致。从图 2.27（a）可知，Z=0.035m 断面的流动主要为泥沙流下降运动，泥沙颗粒在自身重力作用下沉降到鳃片上，先沿鳃片斜面的最大倾斜角在鳃片短边上向下滑动，当滑动至鳃片长边时同其他泥沙颗粒一起沿 β 倾斜角向下涌向泥沙通道；从图 2.27（b）可知，Z=0.005m 断面的流动主要为清水流向上运动，根据连续性原理可知，泥沙的下降必定造成清水的上升，此时少量泥沙颗粒在上升水流的作用下，先沿鳃片斜面的最大倾斜角在鳃片短边上向上滑动，当流动至鳃片长边时沿 β 倾斜角向上流入清水通道。欧拉计算、混合计算的速度矢量分布规律同试验所得分离鳃中泥沙颗粒速度矢量分布规律较为一致。

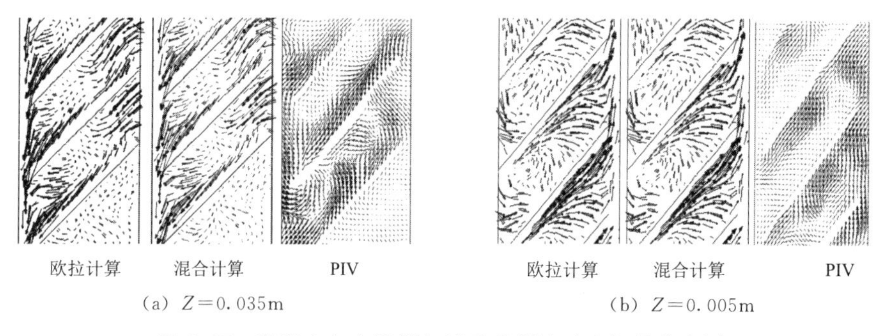

（a）Z=0.035m　　（b）Z=0.005m

图 2.27　宽度方向上计算与试验的泥沙速度矢量分布图

（2）宽度方向（Z=0.035m，Z=0.005m）的速度云图对比。图 2.28 为同一时间下宽度方向不同断面的计算结果与试验结果对比，图中数值代表泥沙颗粒速度的大小，单位为 m/s，PIV 测试结果中只能给出部分区域的速度云图，而欧拉计算与混合计算则可以给出整个宽度方向断面的速度云图。从图 2.28（a）可知，分离鳃上部左上角及下部右下角区域的速度大约为 0.002m/s，远小于分离鳃其他区域；泥沙通道的速度比鳃片上表面的速度大，此时欧拉计算结果中泥沙通道的最大速度为 0.024m/s，混合计算结果为 0.032m/s，PIV 测试结果为 0.026m/s，则欧拉计算、混合计算的结果与 PIV 测试结果的相对误差分别为 7.69%、23.08%；从图 2.28（b）可知，此时最大速度发生在清水通道或鳃片最高端，分离鳃其他区域的速度都较小，其中欧拉计算的结果中最大速度为 0.022m/s，混合计算结果为 0.032m/s，PIV 测试结果为 0.024m/s，则欧拉计算、混合计算的结果与 PIV 测试结果的相对误差分别为 8.33%、33.33%，从而说明欧拉计算更适合模拟分离鳃中的水沙两相流流场。从图 2.28 中可以看出局部区域的速度大小上有一定差别，分析其原因有以下三方面：①采用的数值模拟方法存在一定的误差；②试验是通过测试示踪粒子的速度得到流场各质点的速度，具有一定的随机性；③加工制造的各分离鳃之间存在偏差。

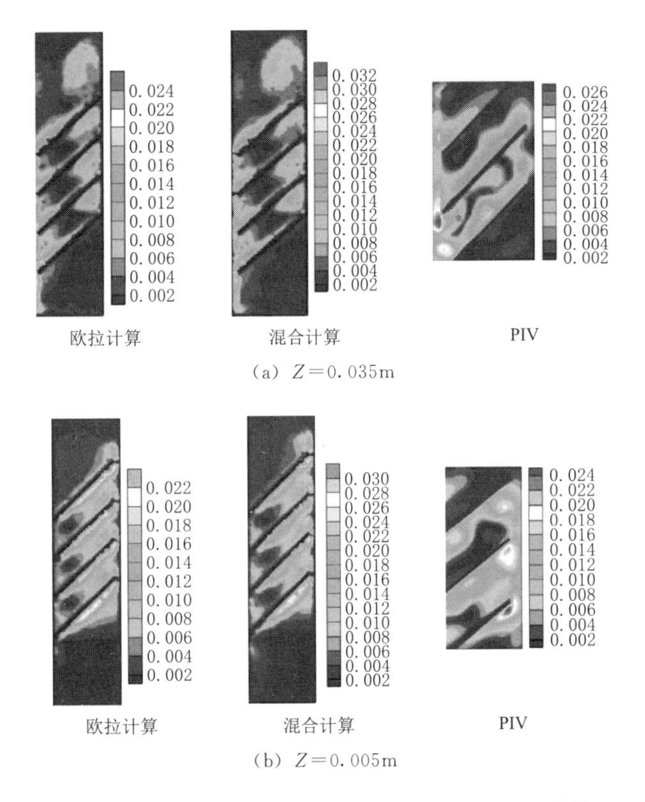

图 2.28 宽度方向上计算与试验结果的泥沙速度云图（单位：m/s）

（3）宽度方向（$Z=0.02$m）的结果对比。图 2.29 为 $Z=0.02$m 时欧拉计算的泥沙速度矢量分布图及速度云图，从图 2.29 中可以看出，泥沙颗粒既有向下的速度也有向上的速度，为了全面地描述分离鳃中泥沙颗粒的运动情况，现将分离鳃中的数值模拟流场概化与试验测得流场进行对比，如图 2.30 所示。从图 2.29 和图 2.30 可以看出，泥沙颗粒沉降到鳃片上表面后便聚集到鳃片的长边，然后沿 β 倾斜角由高端流动至低端的三角形泥沙通道里，而清水流带着少量泥沙沿着鳃片的下表面由低端流至高端的三角形清水通道里，鳃片上表面的泥沙流运动与鳃片下表面的清水流运动在鳃片间形成一个顺时针方向的横向环流；当各鳃片低端的泥沙滑落至泥沙通道时便一起垂直向下运动，而各鳃片的高端清水则在清水通道中以清水流的形式垂直向上运动，从而形成逆时针的垂向异重流。从总体上看，计算结果与PIV测试结果比较吻合，说明选用的数学模型能够很好地模拟分离鳃中的两相流流场。

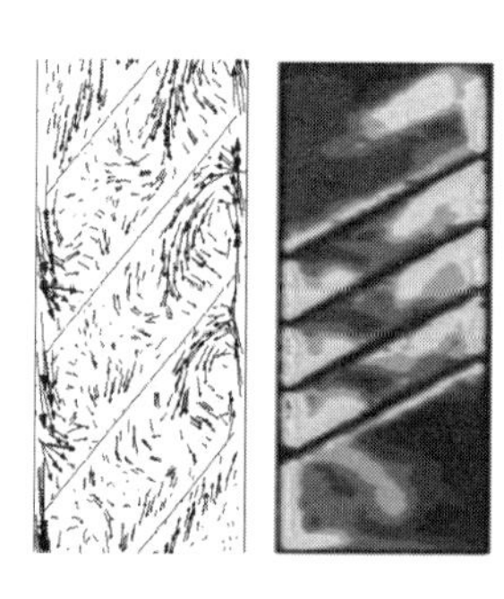

图2.29　欧拉计算的泥沙速度矢量分布图及速度云图（$Z=0.02$m）

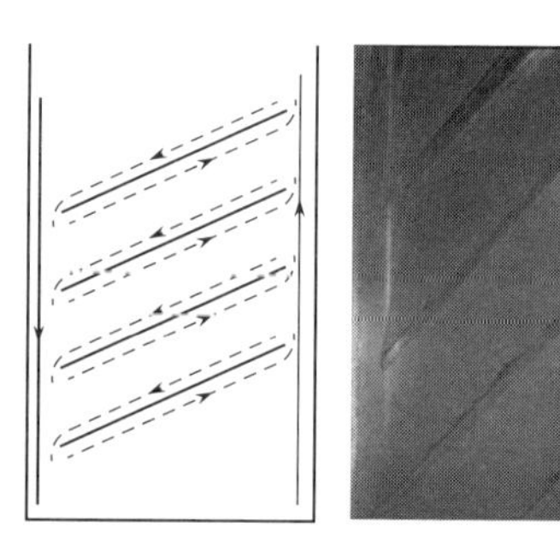

图2.30　数值模拟流场概化与试验流场对比图

（4）长度方向（$X=0.005$m，$X=0.095$m）的速度矢量分布对比。图2.31为长度方向不同断面的速度矢量分布图。从图2.31（a）可看出，此断面为泥沙通道，泥沙均以最大倾斜角在鳃片的短边上向下运动，后聚集成泥沙流以β倾斜角向下流入泥沙通道里，但泥沙颗粒运动的规律不如宽度方向上的断面（$Z=0.035$m）那么明显。从图2.31（b）可看出，此断面为清水通道，清水（携带少量泥沙颗粒）以最大倾斜角在鳃片短边上向上流动，后聚集成清水流一起以β倾斜角向上运动，计算结果的长度方向速度矢量分布规律与PIV测试结果较为相似。

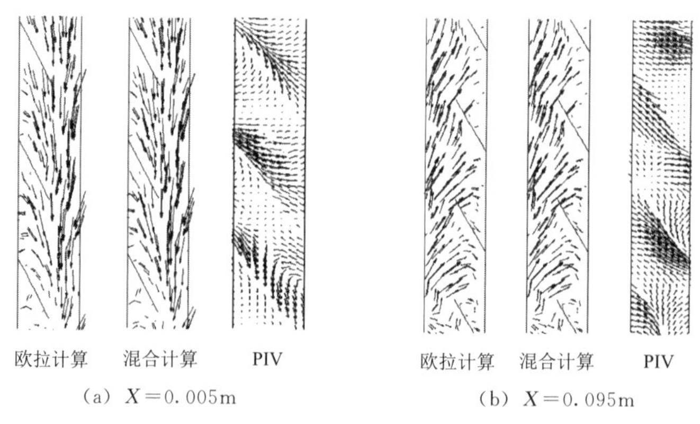

图2.31　长度方向不同断面计算与试验的泥沙速度矢量分布图

（5）长度方向（$X=0.005$m，$X=0.095$m）的速度云图对比。图 2.32 为同一时间下长度方向不同断面的速度云图，图中数值代表泥沙颗粒速度的大小，单位为 m/s，PIV 测试结果中只能给出部分区域的速度云图，而欧拉计算与混合计算则可以给出整个宽度方向断面的速度云图。从图 2.32 可知，鳃片上的流速较大，其他区域的速度较小。从图 2.32（a）可知，欧拉计算结果的最大速度与 PIV 测试结果的最大速度相等，都为 0.024m/s，而混合计算的最大速度为 0.032m/s，则混合计算的结果与 PIV 测试结果的相对误差为 33.33%；从图 2.32（b）可得到欧拉计算、混合计算、PIV 测试的最大速度分别为 0.024m/s、0.030m/s、0.022m/s，欧拉计算、混合计算的计算结果与 PIV 测试结果相对误差分别为 9.09%和 36.36%。通过计算结果与试验结果的对比，发现欧拉计算更准确可靠，故应采用欧拉计算来模拟分离鳃中的水沙两相流。

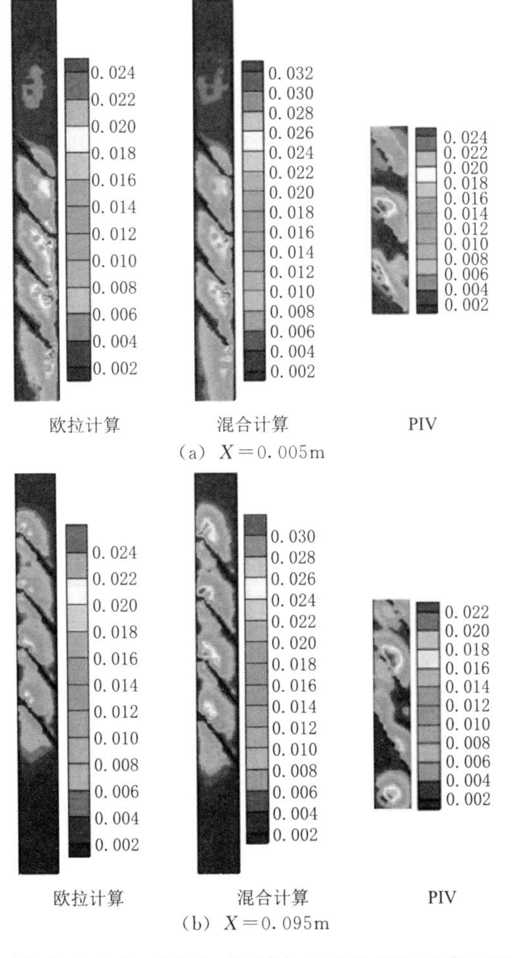

图 2.32　同一时间长度方向不同断面计算与试验的泥沙速度云图（单位：m/s）

2.3.2 动水条件数学模型的确定

通过分离鳃的物理模型试验，已获得静水和动水条件下的宏观试验现象和结果，通过数值模拟方法揭示了静水条件下分离鳃的水沙两相流流场。在此基础上开展动水条件下分离鳃水沙两相流场的数值模拟，并用本章动水条件下的试验现象和结果来验证数值计算的结果，从而确定最佳的数学模型，并进行网格无关性检查，提出分离鳃适宜的网格数。

2.3.2.1 物理模型、数学模型及网格选择介绍

1. 物理模型和数学模型

采用2.3.1节物埋模型试验中所用的分离鳃尺寸构建三维几何模型，如图2.33所示，其长度a、宽度b、高度h、清水通道e、泥沙通道f、鳃片间距d、长度方向倾斜角α、宽度方向倾斜角β、浑水进口直径、清水出口直径、排沙口直径分别为20cm、10cm、100cm、1cm、1cm、5cm、60°、45°、2cm、2cm、0.25cm。

采用多相流模型中的混合模型（mixture），分别与CFX中的四种湍流模型（RNG $k-\varepsilon$、SST、BSL、SSG）进行耦合计算。

2. 网格类型

在CFD计算模拟中，选择合适的网格类型十分重要，良好匹配的网格有助于提高数值模拟计算结果的精度和效率。在Ansys18.0的mesh创建单元里，网格作为两种类型出现，即结构性网格和非结构性网格。

结构性网格自身的形状比较规则，其相邻的单元之间共用同一个节点，经常以三角形及四边形和四面体及六面体的形状存在于二维和三维的数值模拟中，但由于自身规则的形状，在对试验模型进行划分时会产生利弊，其优点是运用该网格计算的最终结果精确度更高，缺点在于要求目标的几何形状也必须为类似的规则几何体。

非结构性网格与结构性网格相反，在区域网格中节点之间位置的排列并不规则，因此对于目标模型中的不规则结构具有了更加优良的适应性和贴合度，可以更有利于几何模型内部的流场计算，但同时也降低了网格划分的精确度与易控性。

对于本试验装置——分离鳃，其内部结构相对复杂，尤其是在鳃片与矩形管内围壁面所成夹角处的空间规则性差，划分难度高，因而优先考虑采用非结构性网格进行划分和调试，如图2.34所示。

2.3.2.2 数值计算方法的选择

1. 基本控制方程和计算区域的离散

分离鳃的基本控制方程和计算区域的离散采用有限体积法（finite volume

method，FVM)，又称为控制体积法（control volume method，CVM)，其基本思路为：把计算区域划分成为网格，并使每个网格点的附近存在一个互相不重叠的控制体积；用待解微分方程（控制方程）对每一个控制体积进行积分，进而得到一组离散方程。有限体积法的优点是：在整个计算域内，任何一组的控制体积内的结果（如动量、能量和质量）可以被精确地满足，同时对于粗网格的解也同样显示出准确的积分平衡。

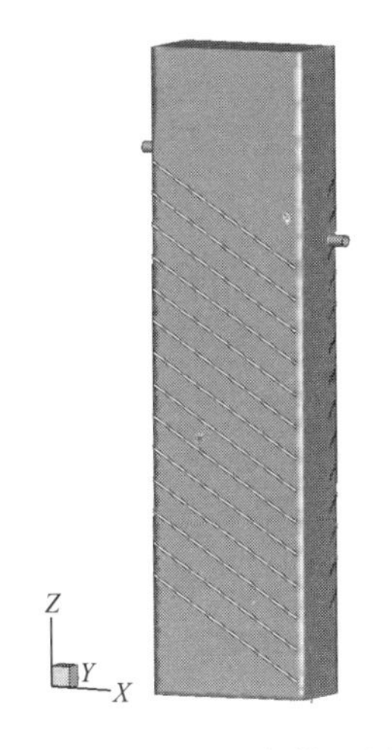

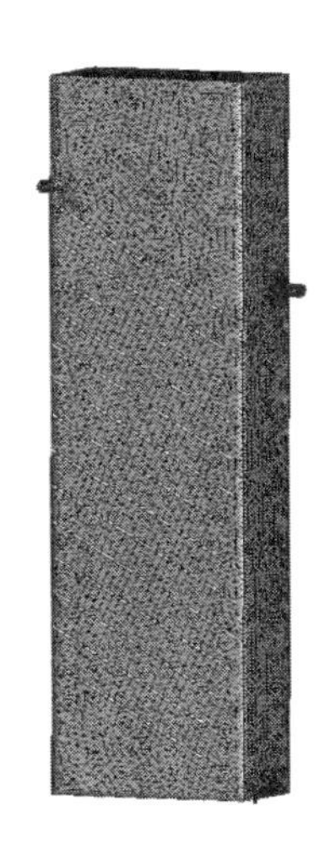

图 2.33　三维几何模型图　　　图 2.34　计算网格

2. 对流项的离散

采用高分辨率（high resolution）方法，以此获得较高的计算精度，同时由于在分离鰓中流场的变量梯度较大，使用二阶格式，即设置分离鰓数值模拟的对流项离散格式为二阶 high resolution 格式。

2.3.2.3　边界条件和初始条件的设置

1. 初始条件

分离鰓中的两种介质分别为水和沙，因而在 CFX 处理器中，水设为第一相（主相)，设置水的相对体积分数为 0.996；第二相（次相）设为沙，根据 2.3.1 节的物理模型试验可知，浑水进口的含沙量为 10kg/m^3，则设定泥沙的相对体积分数为 0.004，并假定沙粒为球形，设置其平均粒径为 0.025mm，密度 ρ_s 为 2650kg/m^3。

2. 边界条件

分离鰓中所设置的边界条件如图 2.35 所示。

(1) 浑水进水口边界：进口浑水看作不可压缩均匀流，设为速度进口（velocity-inlet)，根据 2.3.1 节的物理模型试验可知，浑水进口的流量为 0.9m^3/h 。

（2）出水口与排沙口边界：清水出水口和排沙口均与外界大气相接，则均设置为平均静压力出口（average static pressure-outlet）。

（3）固体壁面：分离鳃中的固体壁面（鳃片、浑水进口、清水出口、排沙口和内外边壁）全部实体设置为固壁边界（wall）。

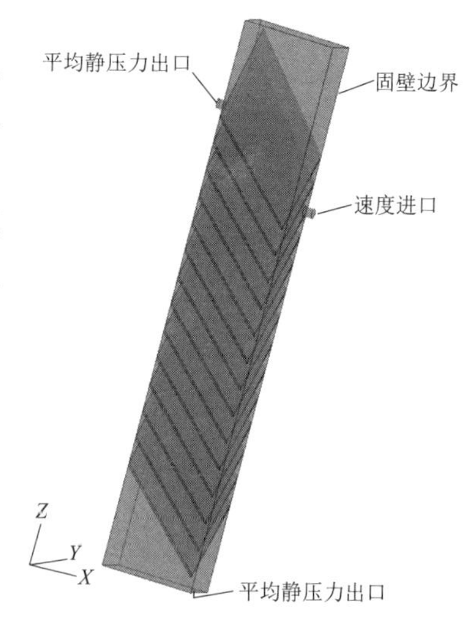

图 2.35　动水条件下分离鳃的边界条件

2.3.2.4　数值计算结果分析

1. 不同耦合模型在宽度方向的速度矢量分布对比

图 2.36 为迭代终止时不同耦合模型在分离鳃的中间部位沿宽度方向（$Y=0.4$dm）断面的速度矢量分布图与物理试验现象。

从图 2.36（a）中可知，鳃片上表面向下的速度流线较为密集，即泥沙颗粒沿着鳃片上表面聚集成泥沙流从左上角向右下角移动，各层区域的泥沙流在分离鳃的

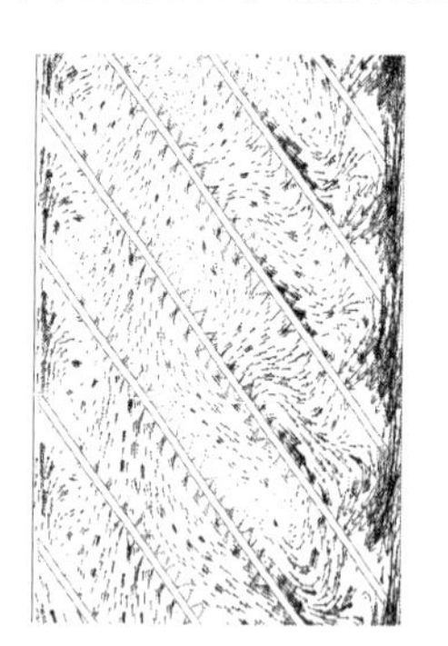

(a) Mixture - RNG $k-\varepsilon$

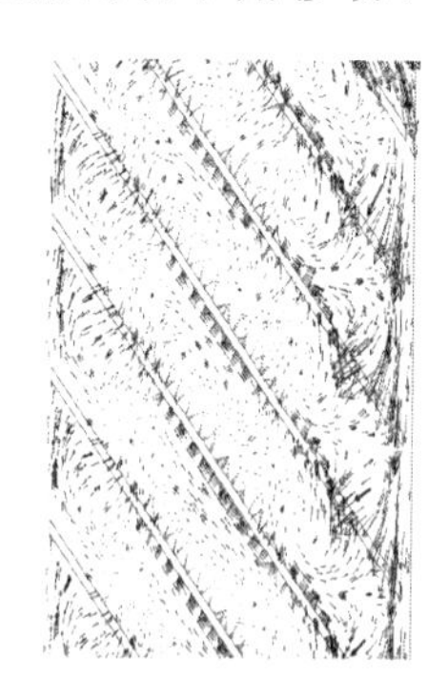

(b) Mixture - SST

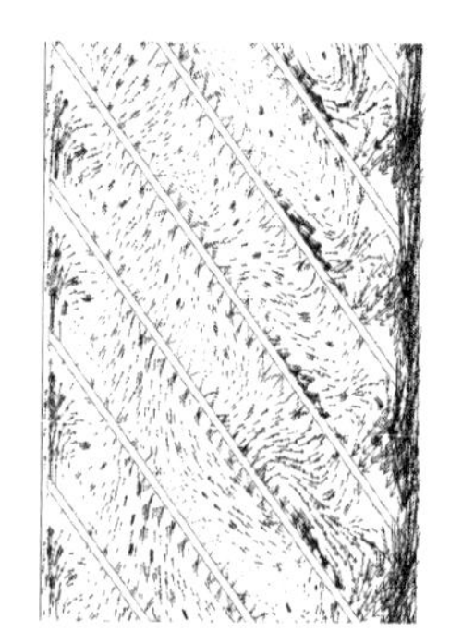

(c) Mixture - BSL

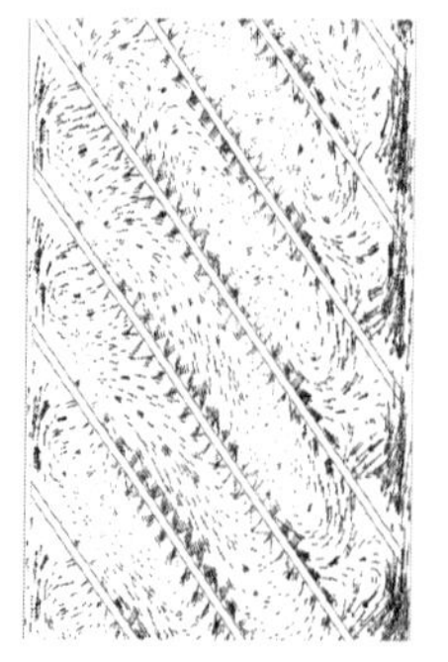

(d) Mixture - SSG

(e) 物理试验现象

图 2.36　$Y=0.4$dm 断面的速度矢量分布图与物理试验现象

最右侧聚集并在泥沙通道中共同竖直向下运动；紧贴着鳃片下表面密集向上的速度流线，为清水流的上升运动，即清水沿着鳃片下表面聚集成清水流从右下角向左下角运动，并在分离鳃的最左侧汇聚，共同向上流动；该耦合模型的速度矢量分布图与图 2.36（e）中物理试验现象相同。图 2.36（b）和图 2.36（c）中两者的流线运动规律较为相似，在靠近鳃片通道（上下两个鳃片之间）高端的区域，部分泥沙在鳃片上表面竖直向上发散，两鳃片间流体的紊动性较大，双异重流现象不明显。由图 2.36（d）可知，靠近分离鳃左上角的鳃片下表面附近，大部分流线沿着下表面斜向下发散，即清水流向下运动，这与物理试验中清水运动的规律不符合。综上所述，Mixture - RNG $k-\varepsilon$ 耦合模型模拟的结果更符合物理试验现象的规律。

2. 不同耦合模型的水沙分离效率及相对误差

（1）不同模型的水沙分离效率。通过数值模拟计算，提取出浑水进口和清水出口两个断面处泥沙颗粒的平均体积比，由式（2.22）计算出两断面处的平均含沙量，再根据式（2.23）得到不同耦合模型下的水沙分离效率。

$$\eta_s = \rho_s S_{\overline{V}} \tag{2.22}$$

$$\eta_s = \frac{S_{\overline{HJ}} - S_{\overline{HC}}}{S_{\overline{HJ}}} \times 100\% \tag{2.23}$$

式中：ρ_s 为泥沙的密度，取 $\rho_s = 2650\text{kg/m}^3$；$S_{\overline{V}}$ 为目标断面的平均体积比；η_s 为水沙分离效率（数值模拟），%；$S_{\overline{HJ}}$ 为浑水进口断面的平均含沙量，kg/m^3；$S_{\overline{HC}}$ 为清水出口断面的平均含沙量，kg/m^3。

表 2.15 为迭代终止时四种耦合模型在进出口断面的平均含沙量和数值模拟计算的水沙分离效率。从表 2.15 中可知，因浑水进口所设含沙量不变，四种耦合模型在浑水进口断面上的平均含沙量相同，均为 kg/m^3，但各模型清水出口断面的平均含沙量却不相同，从而水沙分离效率也各不一致。

表 2.15　不同数学模型在进出口断面的平均含沙量及水沙分离效率

耦合模型	进口断面平均含沙量 /(kg/m^3)	出口断面平均含沙量 /(kg/m^3)	水沙分离效率 /%
Mixture - RNG $k-\varepsilon$	10.00	6.55	34.50
Mixture - SST	10.00	7.92	20.79
Mixture - BSL	10.00	7.97	20.34
Mixture - SSG	10.00	7.73	22.71

（2）不同模型的相对误差。为了确定各耦合模型的计算精度，将四种计算结果与物理试验进行对比，用相对误差表征可靠度，由式（2.24）表示，即

$$\sigma=\left|\frac{\eta-\eta_s}{\eta}\right|\times 100\% \tag{2.24}$$

式中：σ 为相对误差；η_s 为数值模拟的水沙分离效率；η 为物理试验的水沙分离效率。

表 2.16 为不同数学模型与物理试验的相对误差对比，可以发现 Mixture - RNG $k-\varepsilon$ 模型的相对误差最小，低于 5%，其主要原因为物理试验环境的温度浮动影响，而其他三个模型的相对误差大，均高于 30%，说明 Mixture - RNG $k-\varepsilon$ 模型的可靠性更高。

表 2.16　不同数学模型与物理试验的相对误差对比

耦合湍流模型	水沙分离效率/%		相对误差/%
	数值模拟	物理试验	
Mixture - RNG $k-\varepsilon$	34.50	35.12	1.77
Mixture - SST	20.79		40.80
Mixture - BSL	20.34		42.08
Mixture - SSG	22.71		35.33

综上所述，通过定性和定量的对比可知，Mixture 与 RNG $k-\varepsilon$ 耦合模型为动水条件下模拟分离鳃水沙两相流场的最佳数学模型。

2.3.2.5　网格无关性分析

1. 不同网格数量的速度矢量分布对比

网格数量是网格划分中需要重点关注的对象，其数量的多少，对于后处理效果的好坏、计算精度及计算耗时等都有影响。为此进行了三种不同网格数量的划分方案：方案一网格总数为 16.18 万个；方案二网格总数为 30.37 万个；方案三网格总数为 60.89 万个。将计算结果在 Tecplot 中进行后处理，设置相同的 line thickness（线粗细）、vector type grid（向量型网格）和 units/Magnitud（单位/量级）数值。

图 2.37 为三个不同网格数方案在 $Y=0.34$dm 断面上的速度矢量图。从图 2.37 中可知，方案三中的速度矢量流线密度过高，使得整体观察起来十分混杂；而方案一中的速度矢量流线密度又过低，无法表现出完整的流体运动轨迹；方案二中的速度矢量流线则显示得比较清晰，更便于观察。

2. 不同网格数量的鳃片上表面泥沙最大速度对比

图 2.38 为三个不同网格数方案下七个鳃片上表面泥沙的最大运动速度对比图。从图 2.38 可知，三个网格数方案下的泥沙最大速度随鳃片号增加的变化规律一致，且相同鳃片的泥沙运动最大速度相近。三个网格数方案都可行。从提高数值计算结果的精度来说，宜采用较密的网格，然而随着网格的加密，计算

耗时加长，对计算机的内存、主频等也都提出了更高要求，故可采用方案二。

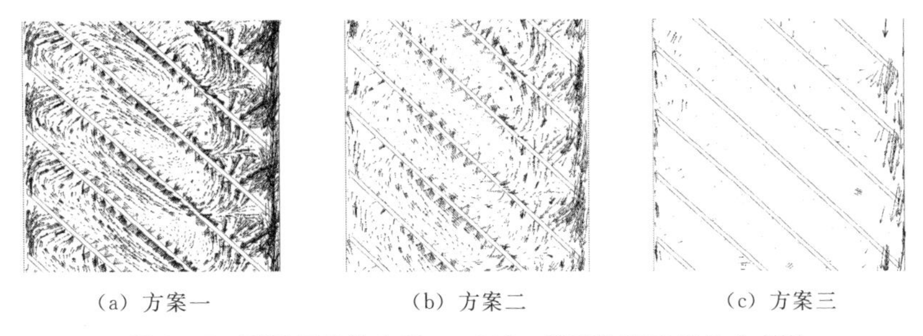

(a) 方案一　　(b) 方案二　　(c) 方案三

图 2.37　不同网格数在 $Y=0.34\mathrm{dm}$ 断面的速度矢量分布图

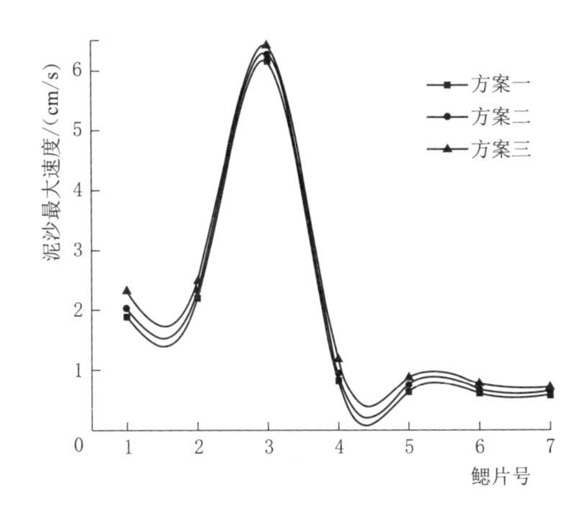

图 2.38　不同方案下七个鳃片上表面泥沙的最大运动速度

综上所述，考虑可视化质量、计算精度及计算耗时，采用方案二作为最终的网格划分方案，即采用非结构性网格，最大面尺寸（目标面上划分单元的最大特征长度）和最大体尺寸（目标体上划分单元的最大特征长度）为 0.0115，网格数量为 30.37 万个。

2.4　本章小结

1. 静水条件下分离鳃水沙分离效率物理试验

(1) 对分离鳃和普通管进行 9 组不同浑水含沙量（$10\sim140\mathrm{kg/m^3}$）的静水沉降试验。

1）随着浑水含沙量的增大，泥沙平均沉速减小，获得同一清水层厚度所需的沉降时间就越长，但泥沙平均沉速减幅不同。

2）同一浑水含沙量下分离鳃中的泥沙平均沉速为普通管的 1.65 倍左右。

3）浑水含沙量为10～80kg/m³ 时，分离鳃的水沙分离效率更高。

（2）对不同鳃片间距（5～35cm）的分离鳃与普通管进行了静水沉降试验。

1）分离鳃的水沙分离效率高于普通管，不同鳃片间距的分离鳃泥沙平均沉速是普通管的1.4～3.25倍。

2）鳃片间距越小，分离鳃的清水层厚度及泥沙平均沉速就越大，说明水沙分离效率就越高。

3）分离鳃的最优鳃片间距为5cm，该鳃片间距下的泥沙平均沉速是鳃片间距为10～35cm的1.41～2.37倍。

2. 动水条件下分离鳃水沙分离效率物理试验

（1）浑水进口流量对分离鳃水沙分离效率的影响。

1）浑水进口流量相同时，分离鳃和普通管的水沙分离效率随时间的增加而增大，且分离鳃的水沙分离效率高于普通管。

2）浑水进口流量为0.3m³/h、0.5m³/h、0.7m³/h、0.9m³/h、1.1m³/h时，分离鳃的水沙分离效率分别是普通管的1.03～2.26倍、1.16～2.45倍、1.30～2.70倍、1.58～3.85倍、1.65～1.60倍。

3）浑水进口流量相同时，分离鳃和普通管的耗水率相同，且浑水进水口流量越大，耗水率越小。

4）分离鳃随着浑水进口流量的增大，水沙分离效率呈先增大后减小的变化趋势，流量为0.9m³/h时，水沙分离效率达到最大，为34.12%，而普通管则随着浑水进口流量的增大，水沙分离效率呈下降趋势。

5）不同浑水进口流量下分离鳃中的水沙分离效率随时间变化规律不同，浑水进口流量为0.3～0.9m³/h时，水沙分离效率随时间的变化可分成缓慢增加、快速增加、缓慢增加三个阶段，而浑水进口流量为1.10m³/h时仅有缓慢增加阶段。

6）不同时间下，浑水进口含沙量为10kg/m³ 的水沙分离效率均高于其他含沙量。

（2）含沙量对分离鳃水沙分离效率的影响。

1）浑水进口含沙量相同时，分离鳃和普通管的水沙分离效率随时间的增加而增大，且分离鳃的水沙分离效率比普通管高。

2）浑水进口含沙量为10kg/m³、30kg/m³、50kg/m³、80kg/m³ 时，分离鳃的水沙分离效率分别是普通管的1.58～3.85倍、1.56～1.81倍、1.50～1.77倍、1.30～1.55倍。可见分离鳃的水沙分离效率比普通管高。

3）分离鳃的水沙分离效率随着浑水进口含沙量的增大，包含快速减小和缓慢减小两个阶段，即含沙量为10～30kg/m³ 是快速减小阶段，含沙量为30～80kg/m³ 是缓慢减小阶段，而普通管在含沙量为10～80kg/m³ 时仅有缓慢减小阶段。

4）不同浑水进口含沙量下分离鳃中的水沙分离效率随时间变化规律不同，浑水进口含沙量为 10kg/m³ 时，水沙分离效率随时间的变化可以分为缓慢增大、快速增大、缓慢增大 3 个阶段，而浑水进口含沙量为 30～80kg/m³ 时仅有缓慢增加阶段。

5）不同时间下，浑水进口含沙量为 10kg/m³ 的水沙分离效率均高于其他含沙量。其水沙分离效率分别为 30kg/m³、50kg/m³、80kg/m³ 的 1.13～3.81 倍、1.34～3.99 倍、1.61～5.77 倍。

（3）进口位置对分离鳃水沙分离效率的影响。

1）浑水进口位置相同时，分离鳃和普通管的水沙分离效率随着时间的增加而增大，且分离鳃的水沙分离效率高于普通管。

2）浑水进口位置距离分离鳃底部 760mm、480mm、180mm、270mm、580mm、870mm、1000mm 时，分离鳃的水沙分离效率分别是普通管的 1.63～3.85 倍、1.51～2.70 倍、1.73～1.98 倍、1.23～1.66 倍、1.49～3.87 倍、1.61～1.97 倍、1.70～2.08 倍。

3）极差分析结果与方差和 PPR 分析结果一致，影响水沙分离效率的主次因素顺序为：浑水进口流量、鳃片间距、含沙量。

（4）不同鳃片间距的分离鳃和普通管的水沙分离效率。

1）相同条件时，分离鳃与普通管的水沙分离效率伴随着时间的增加而增加，普通管的水沙分离效率均比不同鳃片间距的分离鳃低。

2）当分离鳃的鳃片间距为 5cm、8cm、11cm 时，分离鳃中的水沙分离效率分别为普通管的 1.71～3.76 倍、1.38～2.63 倍、1.25～2.13 倍。鳃片间距为 5cm 时，水沙分离效率达到最高，为 35.12%。

3. 静水条件下分离鳃水沙分离效率数学模型确定

（1）数学模型：分别采用欧拉多相流模型和混合多相流模型，混合多相流模型采用 SIMPLEC 算法进行求解，欧拉多相流模型采用 PC-SIMPLE 算法来计算离散后的线性代数方程。

（2）模型验证：通过定量对比数值计算的速度矢量图和物理试验现象，以及定量对比四种耦合模型和物理试验获得的水沙分离效率，欧拉多相流模型的模拟精度较高，相对误差为 7.69%。可知欧拉多相流模型耦合层流模型可作为静水条件下模拟水沙两相流场的数学耦合模型，数值计算精度高，结果可靠。

4. 动水条件下分离鳃水沙分离效率数学模型确定

（1）数学模型：用 CFX 中的 Mixture 模型分别与 RNG $k-\varepsilon$、SST、BSL、SSG 湍流模型耦合模拟了动水环境下分离鳃中的水沙两相流场。

（2）模型验证：通过定量对比数值计算的速度矢量图和物理试验现象，以及定量对比四种耦合模型和物理试验获得的水沙分离效率，其两者相对误差为 1.77%，可知 Mixture 模型与 RNG $k-\varepsilon$ 湍流模型可作为动水条件下模拟水沙两相流场的数学耦合模型，数值计算精度高，结果可靠。

（3）网格无关性验证：根据不同网格数的速度矢量图和鳃片上表面的泥沙最大运动速度对比，并考虑计算耗时，提出动水条件下分离鳃的网格数量宜为 30 万个左右。

第3章

静水条件下主要参数对分离鳃水沙两相流场的影响

静水条件下分离鳃的物理模型试验表明，浑水含沙量、鳃片倾斜角、鳃片间距及泥沙粒径是影响分离鳃水沙分离的主要因素，这四个物理量也是将分离鳃应用于实际工程需要确定的主要参数。本章将通过数值模拟的方法研究它们对分离鳃的影响。

3.1 不同浑水含沙量下分离鳃内部流场的数值模拟

采用欧拉模型模拟静水中不同浑水含沙量下分离鳃内部的水沙两相流流场，根据计算结果，详细比较和分析不同浑水含沙量下的速度场及泥沙分布特性，从而研究浑水含沙量对分离鳃速度场及水沙分离效率的影响。

3.1.1 物理模型、计算方法及边界条件

分离鳃的结构参数见2.1.2节，分离鳃中布置了三个鳃片，从分离鳃最上端至最下端为鳃片1至鳃片3；计算方法见2.3.1.3节，为减小数值模拟的计算工作量和保证计算精度，最终采用优化后的四面体非结构性网格，网格数共计83807个。分离鳃中泥沙颗粒作静水沉降运动，其内的水头大小不变，故按照刚盖假定处理分离鳃顶端（自由表面）；固体边壁（鳃片、鳃管底部和外围边壁）的边界条件按固壁定律处理。

3.1.2 监测面

为得到不同浑水含沙量下分离鳃中的速度与泥沙分布特性，在数值模拟计算过程中监测鳃片上表面与长度方向断面（$X=17$cm）的泥沙平均速度与时间的关系、鳃片下表面与长度方向断面（$X=0.5$cm）的清水平均速度与时间关系，同时还监测了鳃片上表面与高度方向（Y方向）的平均含沙量与时间的关

系，以便对数值计算结果进行分析和对比，具体的断面位置如图3.1所示。

3.1.3 工况设置

计算区域包括水和沙两种介质。将水定义为主相，密度$\rho_w=998.2\text{kg/m}^3$，泥沙颗粒定义为次相，假定泥沙颗粒为球形，其平均粒径$D=0.019\text{mm}$，密度$\rho_s=2650\text{kg/m}^3$。初始化时，分离鳃内水沙混合均匀，浑水含沙量的工况设置见表3.1。

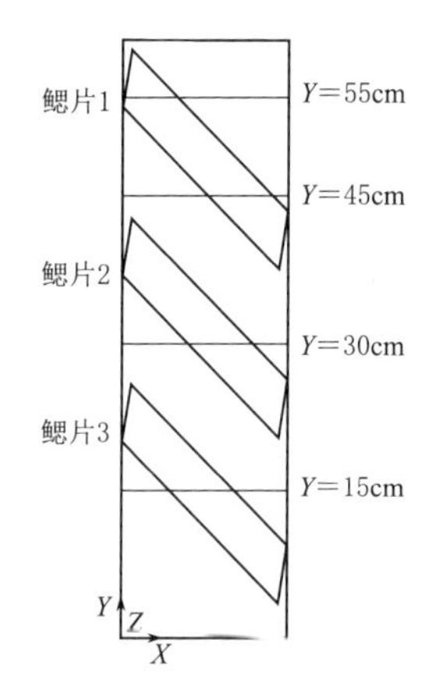

图3.1 分离鳃具体监测断面位置

3.1.4 不同浑水含沙量下的速度场

本书只给出工况1、工况4、工况6条件下数值模拟结果中鳃片和长度方向（X方向）断面的速度矢量分布图，通过对比分析确定浑水含沙量对分离鳃速度场及水沙分离效率的影响。

表3.1 **浑水含沙量的工况设置**

工　况	1	2	3	4	5	6
浑水含沙量/(kg/m³)	2	5	10	20	30	40

3.1.4.1 鳃片上、下表面的速度场分析

图3.2为时间（计算步长为1×10^{-4}s）为200s时，不同浑水含沙量下3个鳃片上、下表面的速度矢量分布图。从图中可知，同一鳃片在不同浑水含沙量下，鳃片上表面的速度分布规律一致，同样鳃片下表面的速度分布规律也一致。鳃片1、鳃片2和鳃片3上表面的流动主要为泥沙流，泥沙颗粒在自身重力作用下沉降到鳃片上，先沿鳃片斜面的最大倾斜角在鳃片短边上向下滑动，当滑至鳃片长边时同其他泥沙颗粒一起沿β倾斜角向下运动；鳃片1、鳃片2和鳃片3下表面的流动主要为清水流，清水先沿鳃片斜面的最大倾斜角在鳃片短边上向上滑动，当流至鳃片长边时同其他清水沿β倾斜角一起向上流动。

从图3.2(a)～(c)可知，相同浑水含沙量下不同鳃片的上表面的速度分布规律不同。对鳃片上表面，鳃片2与鳃片3的速度分布规律相同；鳃片2与鳃片3上表面的泥沙流受α倾斜角、β倾斜角和各自鳃片上泥沙通道中下沉的泥沙流影响，使得这两个鳃片上表面右上角的速度呈向内放射状，而鳃片1靠近分离鳃上端，其上表面的泥沙流仅受α倾斜角与β倾斜角的影响，则无此特征，故鳃片1上表面的速度分布规律与其他两个鳃片上表面不同。从图3.2(d)～(f)可知相同浑水含沙量下不同鳃片的下表面的速度分布规律不同。对鳃片下表面，鳃片1与鳃片2的速度分布规律相同；鳃片1与鳃片2下表面的清水流受α倾斜

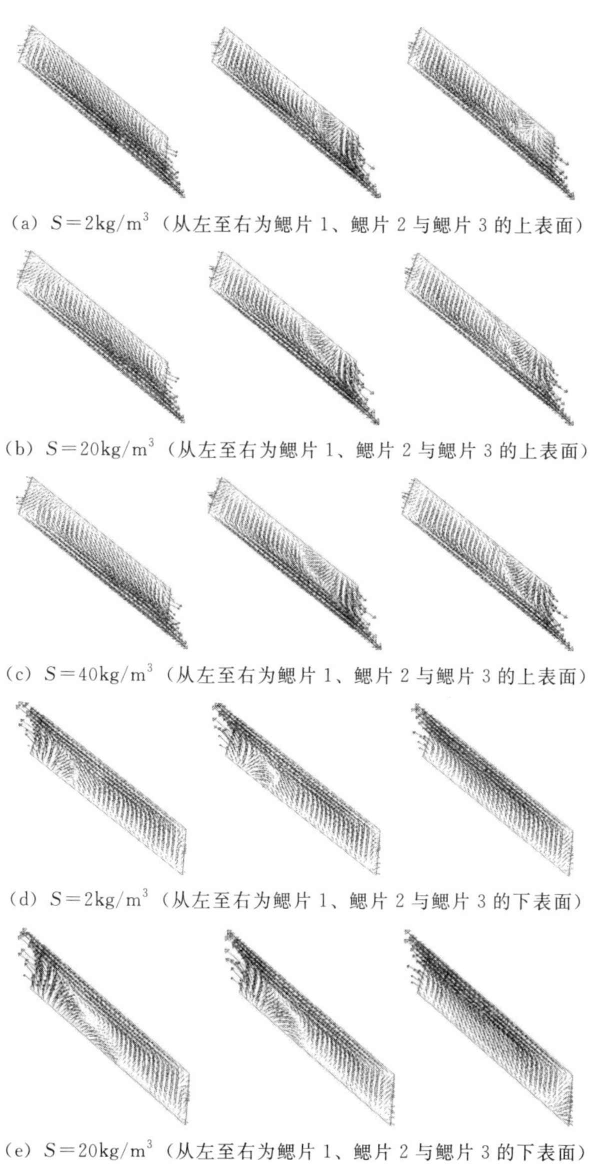

(a) $S=2\text{kg/m}^3$（从左至右为鳃片 1、鳃片 2 与鳃片 3 的上表面）

(b) $S=20\text{kg/m}^3$（从左至右为鳃片 1、鳃片 2 与鳃片 3 的上表面）

(c) $S=40\text{kg/m}^3$（从左至右为鳃片 1、鳃片 2 与鳃片 3 的上表面）

(d) $S=2\text{kg/m}^3$（从左至右为鳃片 1、鳃片 2 与鳃片 3 的下表面）

(e) $S=20\text{kg/m}^3$（从左至右为鳃片 1、鳃片 2 与鳃片 3 的下表面）

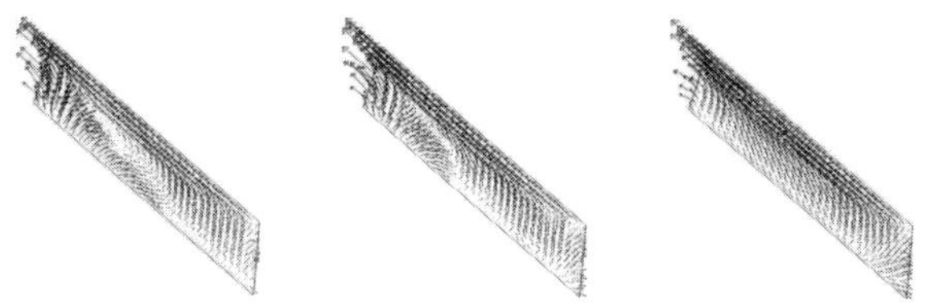

(f) $S=40\text{kg/m}^3$（从左至右为鳃片 1、鳃片 2 与鳃片 3 的下表面）

图 3.2 不同浑水含沙量下 3 个鳃片上、下表面的速度矢量分布图

角、β 倾斜角和各自鳃片下清水通道中上升的清水流的影响，使得鳃片 1 与鳃片 2 下表面左下角的速度呈向内放射状，而鳃片 3 靠近分离鳃下端，其仅受 α 倾斜角与 β 倾斜角的影响，则无此特征，故鳃片 3 下表面的速度分布规律与其他两个鳃片下表面不同。

3.1.4.2 鳃片上、下表面的平均速度随时间变化的分析

图 3.3（a）～（c）的横坐标表示时间，纵坐标表示鳃片上表面的泥沙平均速度，图 3.3（d）～（f）的横坐标表示时间，纵坐标则表示鳃片下表面的清水平均速度。由图 4.3 可以看出以下 3 个特点：

（1）在同一鳃片上，浑水的含沙量越大，无论是鳃片上表面的泥沙平均速度还是鳃片下表面的清水平均速度也就越大。这是因为浑水含沙量越大，单位时间内泥沙自由无碰撞的运动距离及颗粒平均距离就越小，泥沙颗粒间的碰撞机会大大地增加，泥沙颗粒沉降的强度也就变大，从而泥沙颗粒的速度增大，相应清水的速度也增大。

（2）不同浑水含沙量时鳃片上表面的泥沙平均速度与鳃片下表面的清水平均速度随时间的变化规律基本一致，都呈现先增大后减小的趋势。但从图 3.3（a）～（c）中可看出，时间为 500s 时不同含沙量下鳃片 3 上表面的泥沙平均速度都突然增大，这是因为鳃片 3 靠近分离鳃底端，此时受到来自泥沙通道下沉的泥沙流影响最大。

（3）不同鳃片的上表面泥沙平均速度和下表面的清水平均速度随时间变化的幅度不同。鳃片 1 的变化幅度大于鳃片 2 的变化幅度，而鳃片 2 的变化幅度大于鳃片 3 的变化幅度，这主要与鳃片所在分离鳃中的位置有关。鳃片 1 靠近分离鳃的上端，其右上角泥沙颗粒沉降的距离相对于鳃片间距 $d=15$cm 要小很多，故泥沙颗粒能快速地下沉到鳃片的上表面，继而涌入泥沙通道中，同时鳃片 1 下表面的清水流也快速地滑至清水通道，故鳃片 1 上表面的泥沙平均速度与鳃片 1 下表面的清水平均速度随时间增大而减小的幅度相对于其他两个鳃片要大。

3.1.4.3 长度方向的速度场分析

图 3.4 为时间（计算步长为 1×10^{-4}s）为 200s 时，不同浑水含沙量下 X 方向的速度矢量分布图。从图中可知，在不同浑水含沙量下，$X=0.5$cm（清水上升通道）的速度分布规律相同，同样 $X=17$cm（泥沙下沉通道）的速度分布规律也相同。$X=0.5$cm 断面的流动主要为清水流向右上角倾斜运动，而 $X=17$cm 断面的流动主要为泥沙流向左下角倾斜运动，$X=0.5$cm 断面与 $X=17$cm 断面的倾斜运动主要是因为分离鳃中布置了双向倾斜的鳃片所致。这与物理模型试验所观察到的现象一致。

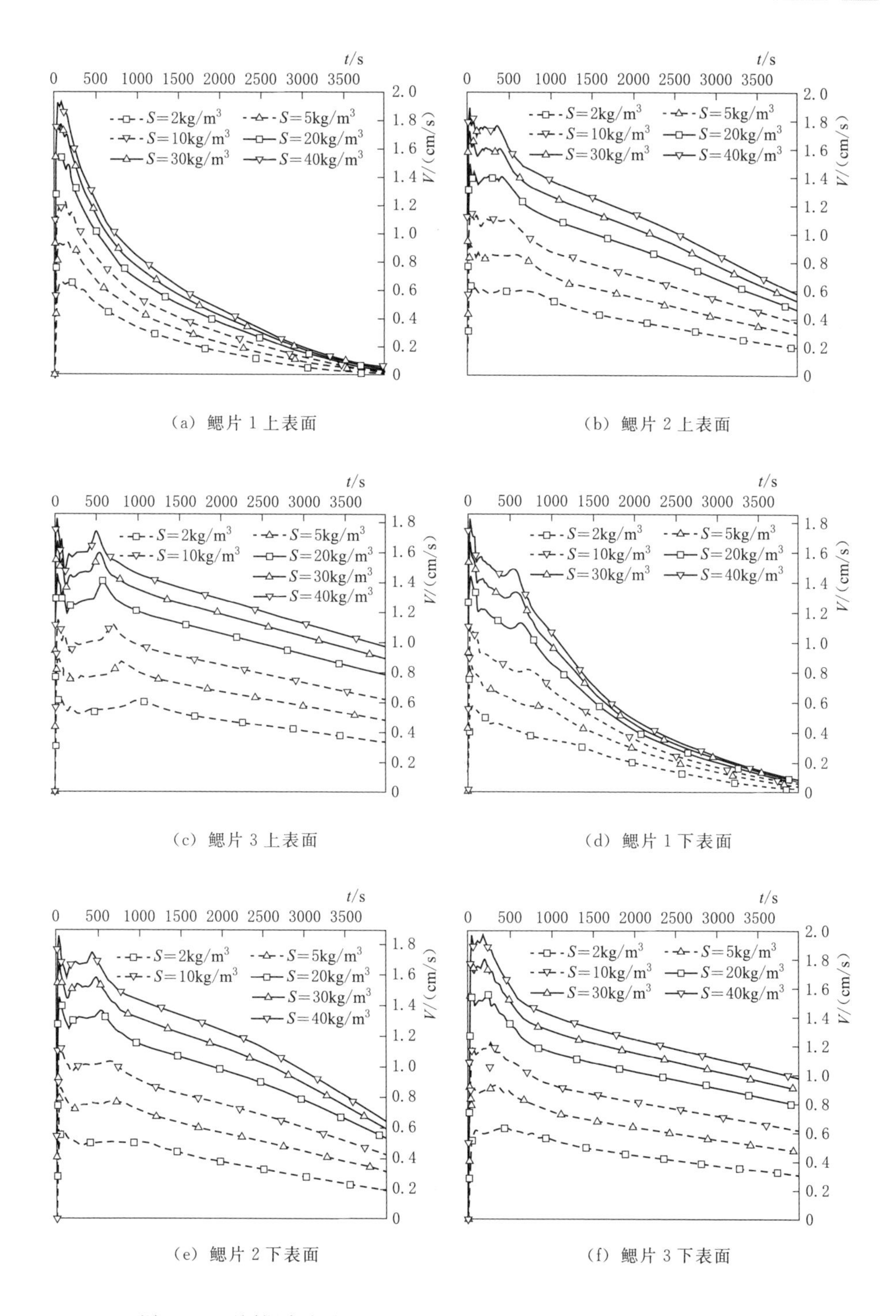

(a) 鳃片 1 上表面

(b) 鳃片 2 上表面

(c) 鳃片 3 上表面

(d) 鳃片 1 下表面

(e) 鳃片 2 下表面

(f) 鳃片 3 下表面

图 3.3 不同浑水含沙量下鳃片上、下表面的平均速度与时间的关系

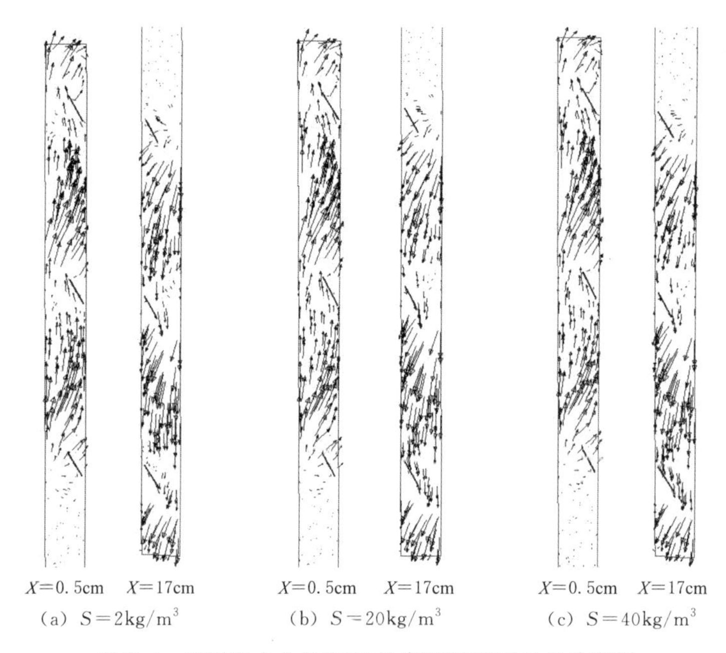

图 3.4 不同浑水含沙量下 X 断面的速度矢量分布图

3.1.4.4 长度方向的平均速度随时间变化的分析

图 3.5 (a) 为不同浑水含沙量下 $X=0.5\text{cm}$ 断面上清水平均速度与时间的关系，图 3.5 (b) 为不同浑水含沙量下 $X=17\text{cm}$ 断面上泥沙平均速度与时间的关系。从图 3.5 可知，不同浑水含沙量下 X 方向上两个断面的平均速度随时间的变化规律基本一致，平均速度随时间的变化可分为 3 个阶段：①在 0～150s 时段内，平均速度随时间的增加而迅速增大，$t=150\text{s}$ 时平均速度达到峰值，即加

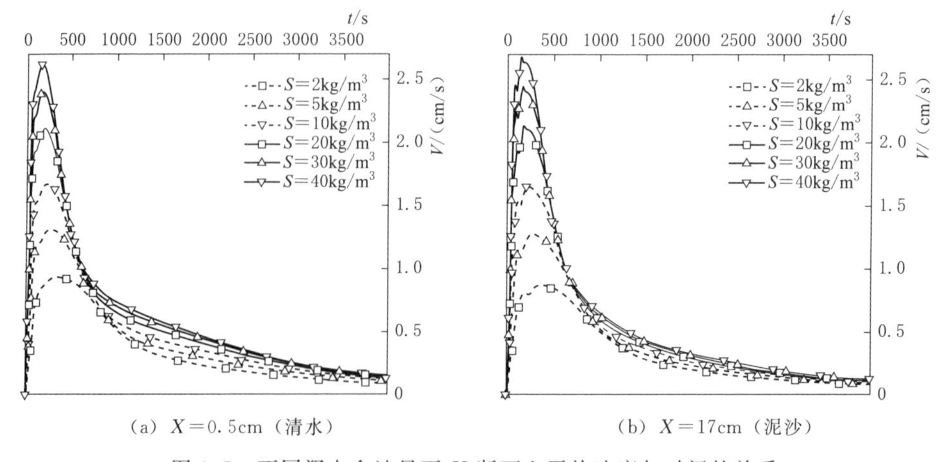

图 3.5 不同浑水含沙量下 X 断面上平均速度与时间的关系

速阶段；②在 150～1000s 内平均速度随时间的增加而迅速减小，即减速阶段；③当 $t>1000$s 后，平均速度随时间的增加变化很小，即匀速阶段。但对不同的浑水含沙量，在加速与减速阶段，同一时间下浑水含沙量越大泥沙平均速度与清水平均速度也就越大，特别是时间 $t=150$s 时更明显。

3.1.5 不同浑水含沙量下的泥沙分布特性

3.1.5.1 鳃片上表面的平均含沙量分布特性

图 3.6 为不同浑水含沙量下鳃片上表面的平均含沙量与时间的变化关系。从图 3.6 可以看出，不同浑水含沙量下鳃片上表面的平均含沙量随时间变化规律基本一致，即平均含沙量先随时间的增大而增大后随时间的增大而减小；在同一鳃片上，浑水含沙量越大，鳃片上表面的平均含沙量越大。但不同鳃片上表面的平均含沙量减小的幅度不同，鳃片 1 上表面的变化幅度大于鳃片 2 上表面的变化幅度，而鳃片 2 上表面的变化幅度大于鳃片 3 上表面的变化幅度，这与鳃片

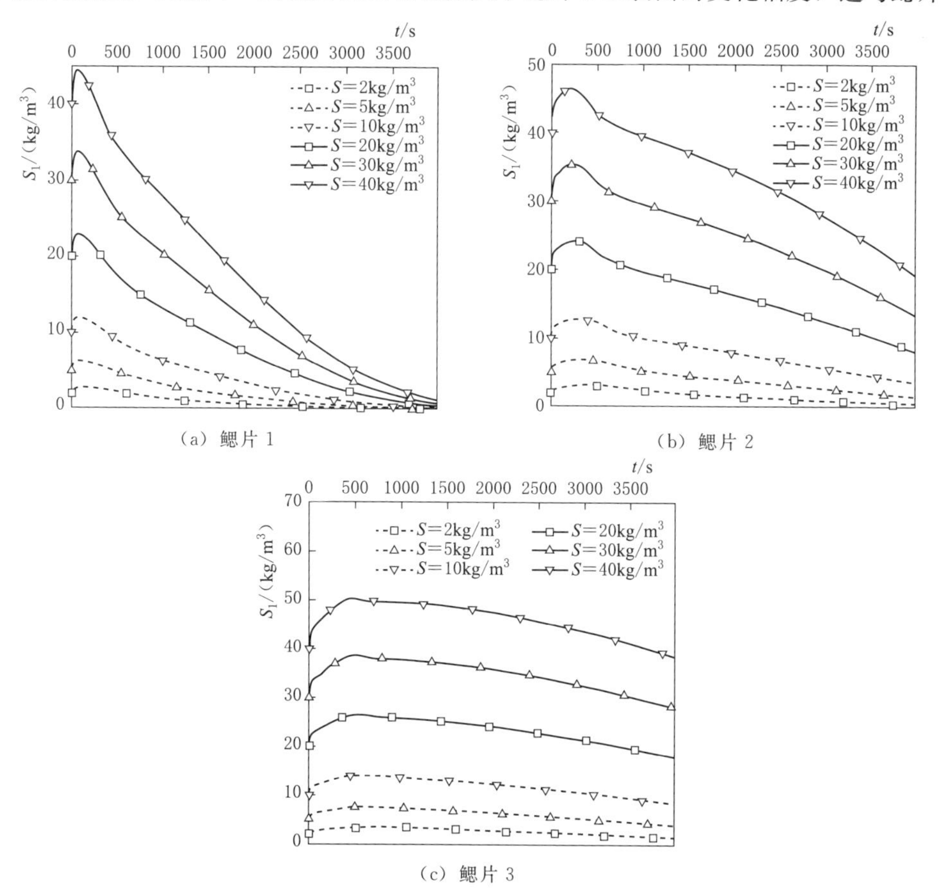

图 3.6 不同浑水含沙量下鳃片上表面的平均含沙量与时间的变化关系

在分离鳃中的位置有关，越靠近分离鳃上端，平均含沙量减小的幅度就越大，如图 3.6（a）所示。

图 3.7 为不同鳃片上表面的平均含沙量随时间的变化关系。由图可以看出，相同浑水含沙量下不同鳃片上表面的平均含沙量随时间变化规律基本一致，即初始阶段鳃片上的平均含沙量随时间的延长而增大，之后随时间的延长而减小；但不同鳃片上表面的平均含沙量大小是不同的，鳃片 3 上表面的平均含沙量大于鳃片 2 上表面的平均含沙量，而鳃片 2 上表面的平均含沙量大于鳃片 1 上表面的平均含沙量，这与鳃片在分离鳃中的位置有关。鳃片 3 靠近分离鳃下端，在同一时间下其平均含沙量最大；鳃片 1 靠近分离鳃上端，其平均含沙量最小；鳃片 2 位于分离鳃中间，其平均含沙量在其他两个鳃片上表面的平均含沙量之间。

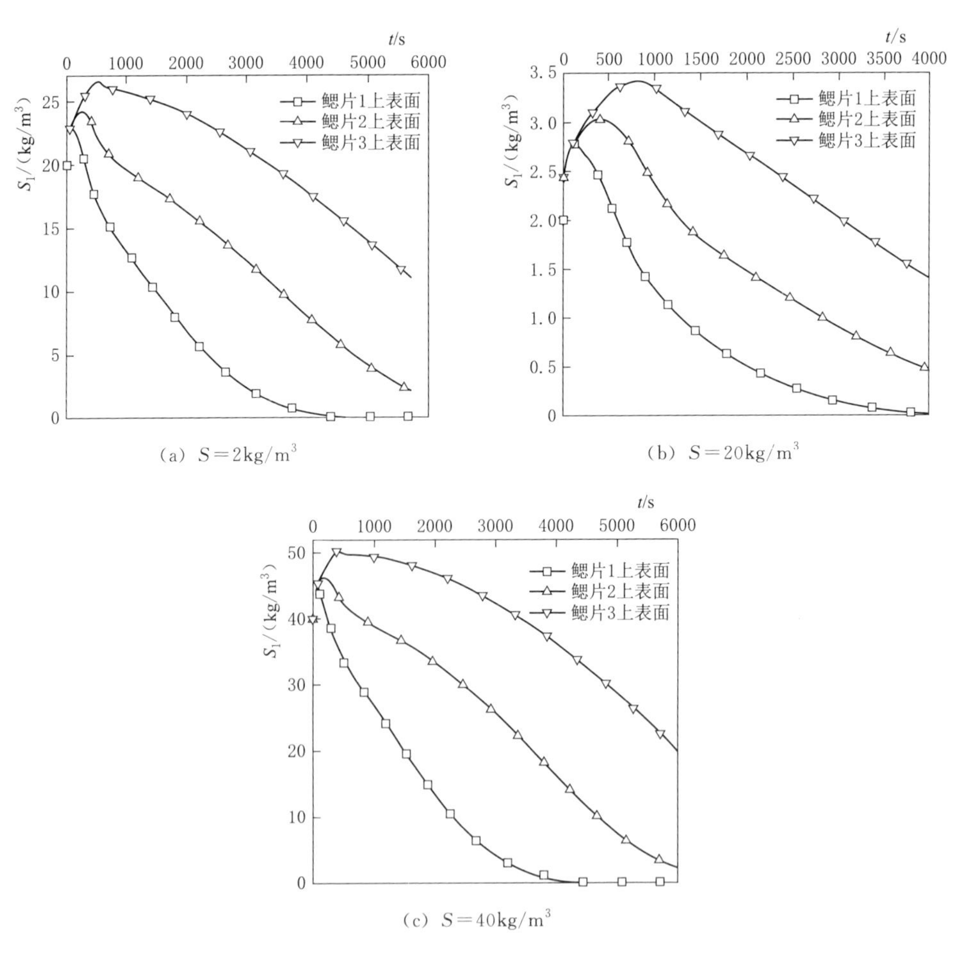

(a) $S=2\text{kg/m}^3$

(b) $S=20\text{kg/m}^3$

(c) $S=40\text{kg/m}^3$

图 3.7 不同鳃片上表面的平均含沙量随时间的变化关系

3.1.5.2 高度方向的平均含沙量分布特性

图 3.8 为不同浑水含沙量下分离鳃 Y 方向（高度方向）截面的平均含沙量随时间变化关系。由图 3.8 可知：

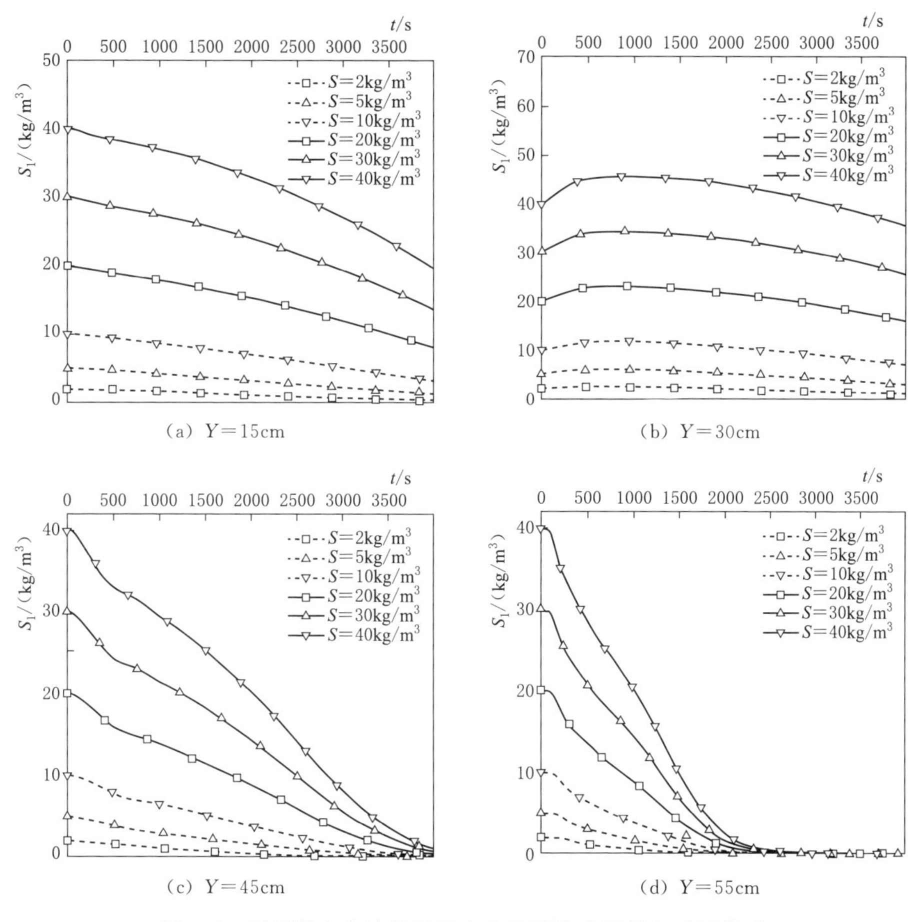

图 3.8 不同浑水含沙量下 Y 方向的平均含沙量与时间关系

(1) 分离鳃同一高度截面上的平均含沙量与初始浑水含沙量有关。初始浑水含沙量越大，分离鳃的同一高度截面上的平均含沙量越大。

(2) 除 Y=15cm 截面外，分离鳃不同高度截面上的平均含沙量随时间变化规律相同，均随着时间的延长而减小，但减小的幅度不同。由图可见，高度越高的截面（越靠近分离鳃上端）平均含沙量减小得越快。如浑水含沙量为 40kg/m^3，当 t=0s 时，Y=30cm 和 Y=55cm 处的平均含沙量均为 40kg/m^3，当 t=2500s 时，Y=30cm 处的平均含沙量为 35kg/m^3，Y=55cm 处的平均含沙量几

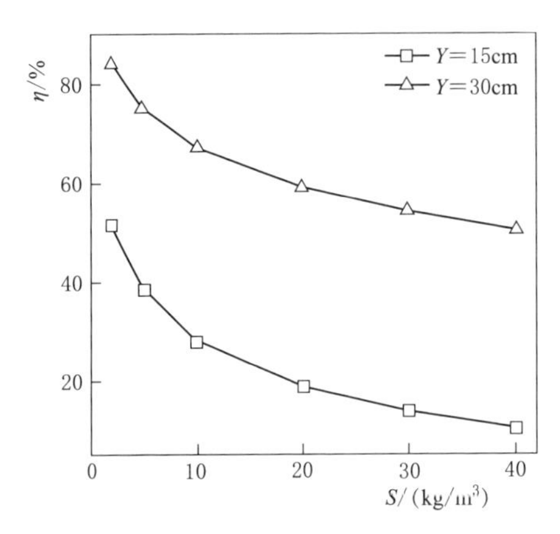

图 3.9　同一时间不同 Y 截面上的浑水含沙量与水沙分离效率的关系

乎为零。

(3) Y=15cm 截面的平均含沙量先随时间的增大而增大后随时间的增大而减小，这是因为上面的泥沙沉降到底部所引起的。

图 3.9 表示同一时间（3982s 时）Y=15cm 与 Y=30cm 截面的浑水含沙量 S 与水沙分离效率 η 的关系，水沙分离效率是判断分离鳃水沙分离效率好坏的一个重要参数。从图 3.9 中可知，当浑水含沙量为 2～40kg/m^3 时水沙分离效率随着浑水含沙量的减小而增大，同时与 Y 方向不同截面位置有关，Y 值越大水沙分离效率就越高，即越靠近分离鳃的上端，其水沙分离效率就越高，就越容易获得清水。

3.2　不同鳃片倾斜角下分离鳃内部流场的数值模拟

鳃片倾斜角对分离鳃水沙分离效率的影响不容忽视。采用 Fluent 软件中的欧拉模型模拟静水中不同鳃片倾斜角下的分离鳃内部流场是一种非常有效的方法，为减少计算次数，采用均匀试验设计理论进行数值模拟方案设计，运用投影寻踪回归（PPR）的方法对数值计算结果进行分析与讨论。从力学角度探讨泥沙在不同鳃片倾斜角下的泥沙沉速，并根据几何关系推导泥沙在鳃片上表面的运动轨迹，分析鳃片倾斜角对分离鳃内的速度场影响。

3.2.1　均匀试验设计

分离鳃的物理模型、计算方法、边界条件及初始条件见 2.3 节，但鳃片的倾斜角不同，而是采用均匀试验设计理论进行不同鳃片倾斜角的数值模拟方案设计。均匀设计是一种只考虑试验点在试验范围内均匀散布的一种试验设计方法，该方法因只考虑试验点的“均匀散布”，所以可以大大减少试验次数，同时均匀设计也是计算机仿真试验设计的重要方法之一，从而可用较少的试验次数获得比较满意的结果[241]。鳃片倾斜角 α 与鳃片倾斜角 β 对分离鳃的水沙分离效率影响很大，根据这两个影响因素的特征，每个因素对应取 6 个水平，见表 3.2。

表 3.2 因素与水平

因素	水平					
	1	2	3	4	5	6
$\alpha/(°)$	15	25	35	45	55	65
$\beta/(°)$	15	25	35	45	55	65

鳃片上表面的泥沙最大速度代表泥沙从浑水中分离出来的快慢，值越大，说明泥沙从浑水中脱离得越快，水沙分离效率越高，反之效率越差。各鳃片上表面的泥沙最大速度相差不大，可取鳃片 3 上的泥沙最大速度作为分离鳃水沙分离效率的考核指标。进行数值计算前，在 Fluent 软件中设置监测鳃片 3 上表面的泥沙最大速度与时间的关系，以获得不同时刻的泥沙最大速度。

因选取的是 2 因素 6 水平，故数值模拟的均匀试验可选用 U×6（64）均匀设计表。每个均匀设计表都附有一个使用表，从 U×6（64）的使用表可知，2 个因素时，应选用 1、3 两列来安排试验，则均匀度的偏差为 0.1875，该值表示均匀分散性较好。均匀试验的数值计算方案及数值计算结果见表 3.3，其中 V_m 表示时间 $t=110s$ 时鳃片 3 上表面的泥沙最大速度。

表 3.3 均匀试验方案及计算结果

因素	试验号					
	1	2	3	4	5	6
$\alpha/(°)$	15	25	35	45	55	65
$\beta/(°)$	35	65	25	55	15	45
$V_m/(cm/s)$	2.14	7.48	0.07	6.97	0.03	6.04

3.2.2 受力分析

泥沙颗粒在重力作用下，沉降并汇集到鳃片的长边，由于泥沙颗粒很细，颗粒之间相互作用便会形成絮团，此时泥沙则以絮团形式在鳃片上表面运动。据文献［242］可知浑水含沙量 $S=100kg/m^3$ 时泥沙通道发生淤堵的临界宽度为 1mm，此时鳃片上表面的泥沙粒径 D 应大于 1mm，但数值计算中浑水含沙量为 $S=60kg/m^3$，泥沙通道处未发生淤堵现象，故可假设鳃片上表面的泥沙粒径 $D=1mm$，对该泥沙絮团在不同 β 倾斜角下进行力学机理分析。为计算方便，做如下假设：泥沙絮团当作球体处理，此时泥沙颗粒所受的黏结力与薄膜水附加压力影响很小，这两种力可忽略不计；忽略斜面碰撞力、渗透压力、上举力及附加质量力等。根据固液两相流进行动力分析[243]，泥沙絮团沉降到鳃片长边时，其受到的力有：水流阻力 F_D 与摩阻力 F_f，与泥沙絮团运动方向相反；斜

面支撑力 F_Z，与斜面垂直；泥沙絮团的有效重力 W，竖直向下（图 3.10）。

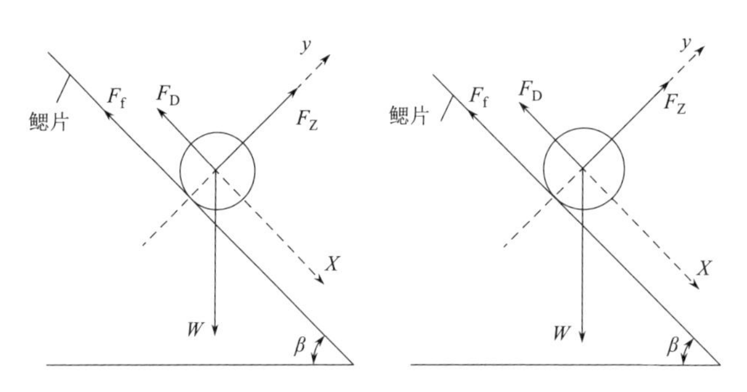

图 3.10　泥沙絮团受力

$$F_D = C_D \lambda_D D^2 \frac{\rho_w u^2}{2} \tag{3.1}$$

$$C_D = \frac{10}{\sqrt{uD/\upsilon}} \tag{3.2}$$

$$F_f = \xi F_Z \tag{3.3}$$

$$F_Z = W\cos\beta \tag{3.4}$$

对于含沙量为 S 的浑水，其重度增加，导致泥沙絮团的浮力增加，则其有效重力为

$$W = \lambda_W (1 - S/\rho_f)(\rho_f - \rho_w) g D^3 \tag{3.5}$$

$$T_下 = W\sin\beta \tag{3.6}$$

$$\sum F_x = T_下 - F_D - F_f \tag{3.7}$$

式中：C_D 为水流阻力系数；λ_D、λ_W 分别为水流阻力及有效重力对应的面积系数；u 为鳃片斜面上的泥沙絮团速度；υ 为浑水的运动黏滞系数；ρ_w、ρ_f 分别为清水的密度与泥沙絮团的密度；g 为重力加速度；ξ 为泥沙絮团与鳃片斜面的摩擦系数，$\xi=\tan\psi$；ψ 为泥沙絮团的水下休止角；$T_下$ 为下滑力；$\sum F_x$ 为泥沙絮团在 x 方向上的合力。

数值计算采用的泥沙颗粒密度 $\rho_s=2650\text{kg/m}^3$，泥沙絮团的空隙率为 0.4，孔隙由水填充，则 $\rho_f=1990\text{kg/m}^3$；$\rho_w=998.2\text{kg/m}^3$；$\upsilon=1.01\times10^{-6}\text{m}^2/\text{s}$；$\psi=30°$；因泥沙絮团为球形状，故 $\lambda_D=\pi/4$，$\lambda_W=\pi/6$。联立式（3.1）～式（3.7），采用试算法确定泥沙絮团在不同 β 倾斜角下的速度，同时与数值计算结果作对比，见表 3.4。从表 3.4 中可看出，不同的鳃片 β 倾斜角则速度不同，鳃片 β 倾斜角越大，则速度也就越大；力学计算结果与数值计算结果的绝对误差不大于±1.36，两者吻合较好，从而再次证明采用层流模型与欧拉模型作为分离鳃的计算数学模型是准确和可靠的。存在误差，分析其主要原因为数值计算

结果中的 V_m 是鳃片倾斜角 α 与鳃片倾斜角 β 共同作用的结果（为了做对比，而将该速度视为仅是鳃片倾斜角 β 作用的结果），而力学计算结果中的速度 u 仅为鳃片倾斜角 β 作用的结果。

表 3.4　　**β 倾斜角与速度关系**

力学计算结果						数值计算结果	绝对误差
$\beta/(°)$	T_{F}/N	F_f/N	F_D/N	C_D	u/(cm/s)	V_m/(cm/s)	—
65	4.48×10^{-6}	1.21×10^{-6}	3.27×10^{-6}	1.07	8.84	7.48	−1.36
55	4.05×10^{-6}	1.64×10^{-6}	2.41×10^{-6}	1.18	7.21	6.97	−0.24
45	3.49×10^{-6}	2.02×10^{-6}	1.48×10^{-6}	1.39	5.20	6.04	0.84
35	2.83×10^{-6}	2.34×10^{-6}	4.97×10^{-7}	2.00	2.52	2.14	−0.38
25	2.09×10^{-6}	2.58×10^{-6}	1.39×10^{-9}	14.21	0.05	0.07	0.02
15	1.28×10^{-6}	2.75×10^{-6}	1.25×10^{-10}	31.78	0.01	0.03	0.02

3.2.3 PPR 分析

PPR 是用于处理和分析非正态非线性总体高维数据的一种方法，其不需要对试验数据作任何人为假定、分割或变量处理，是统计学、应用数学及计算机技术三者交叉的前沿领域，已成功运用到众多学科和相关部门，正日益受到人们的重视。该方法具有以下 3 个特点：①能有效克服“维数灾难”；②客观充分地挖掘数据的各种非正态非线性规律，用数值函数加以记忆；③模型具有稳定性。

设 y 是因变量，x 是 p 维自变量，PPR 模型如式（3.8）所示，即

$$\hat{y}=E(y|x)=\bar{y}+\sum_{i=1}^{MU}\delta_i f_i(\xi_i^{\mathrm{T}}x) \tag{3.8}$$

式中：MU 为数值函数最优个数；δ_i 为第 i 个数值函数的相应权重；f_i 为数值函数；$\boldsymbol{\xi}_i^{\mathrm{T}}x$ 为 i 方向的投影值，其中 $\|\boldsymbol{\xi}_i^{\mathrm{T}}\|=1$，$i=1, 2, \cdots, MU$；$\xi_i^{\mathrm{T}}=(\xi_{i1}, \xi_{i2}, \cdots, \xi_{ip})$。

运用 PPR 方法将 α 倾斜角与 β 倾斜角这两个影响因素综合在一起考虑，对表 3.4 中的 6 组数值计算结果进行 PPR 分析，PPR 的算法及操作程序见文献。反映投影灵敏度指标的光滑系数取 0.90，投影数值函数个数初始值 $M=3$，最终投影数值函数个数取 $MU=2$。模型参数 N（要求数据大于 9）、P、Q、M、MU 分别为 $=6\times2$、2、1、3、2。PPR 建模结果为 $\delta_1=1.0013$，$\boldsymbol{\xi}_1^{\mathrm{T}}=(0.2773, 0.9608)$；$\delta_2=0.0290$，$\boldsymbol{\xi}_2^{\mathrm{T}}=(-0.9742, -0.2254)$。不同倾斜角下鳃片 3 上表面的拟合值、计算值以及两者的绝对误差见表 3.5。由表 3.5 可知数值模拟的计算值与拟合值两者吻合较好，泥沙最大速度的绝对误差不大于 ±0.639cm/s，表明 PPR 模型能够较好地反映 α 倾斜角与 β 倾斜角对分离鳃水

沙分离效率的影响。

表 3.5　　PPR 模型计算结果分析表

序号	1	2	3	4	5	6	7	8	9	10	11	12
计算值 V_m /(cm/s)	2.14	7.48	0.07	6.97	0.03	6.04	2.14	7.48	0.07	6.97	0.03	6.04
拟合值 H /(cm/s)	1.62	7.72	0.71	6.83	0.01	5.94	1.62	7.72	0.71	6.83	0.01	5.94
绝对误差	−0.523	0.241	0.639	−0.143	−0.02	−0.097	−0.523	0.241	0.639	−0.143	−0.02	−0.097

3.2.4　单因子分析

利用鳃片3上表面泥沙速度的PPR模型可以进行各种类型仿真。把各因子按其变幅分成11级水平，每次考虑变动一个因子，其他因子保持在中水平，即将α倾斜角与β倾斜角都分成如下的11级水平：15°、20°、25°、30°、35°、40°、45°、50°、55°、60°、65°，每次变动α倾斜角（或β倾斜角），而$\beta=40°$（或$\alpha=40°$），可知单因子α倾斜角（或β倾斜角）对鳃片上表面泥沙最大速度的影响，用PPR仿真后的数据绘制各因子对泥沙最大速度的影响，如图3.11所示。从图3.11中可直观地看出两个因子对泥沙最大速度影响大小的排序：β倾斜角大于α倾斜角（因β倾斜角的曲线斜率大于α倾斜角的斜率），这同PPR分析的因子贡献权重是一致的，即β倾斜角的贡献权重为1.00000，α倾斜角的贡献权重为0.26043。从图3.11中还可看出α倾斜角为55°～60°时，α倾斜角对泥沙最大速度影响最大，且在$\alpha=60°$时泥沙最大速度达到峰值，即该倾斜角下分离鳃的水沙分离效率最高。β倾斜角为15°～25°时，泥沙最大速度随β倾斜角的增大而增幅很小，$V_m<1$cm/s；β倾斜角为25°～60°时，随着β倾斜角的增大泥沙最大速度快速地增大；而β角在60°～65°时可发现泥沙最大速度相差不大。β倾斜角对分离鳃的水沙分离效率影响包括两个方面。一方面，倾斜角过小，则泥沙的下滑力不能克服水流的阻力与摩擦力，不利于泥沙的下滑，且泥沙最大速度较小；另一方面，当倾斜角过大，虽然可以缩短泥沙颗粒在鳃片上的聚结时间，加快泥沙沉降，但同时随着β倾斜角增大，鳃片的长度也会增加，则泥沙颗粒与清水滑动的路程相应地也增加，此时有效鳃片数也会减少，相应的沉淀面积也会减少，对水沙分离过程起着负面作用，因此，存在一个合理的β倾斜角。所以，单因子分析也为进一步进行的因子全局优化仿真提供了参考信息。

3.2.5　多因子优化仿真

综合考虑α倾斜角与β倾斜角同泥沙最大速度的关系，将PPR仿真的数据，利用 surfer8.0 软件绘制出泥沙最大速度等值线图。由图 3.12 可知当 β 在 45°～65°取值，α 在 30°～65°取值时，泥沙最大速度在 4.22cm/s 以上，考虑分离鳃中能多布置鳃片，以加大沉淀面积，最终选择 $\alpha=60°$，$\beta=45°$，该倾斜角下对应的泥沙最大速度为 5.69cm/s。

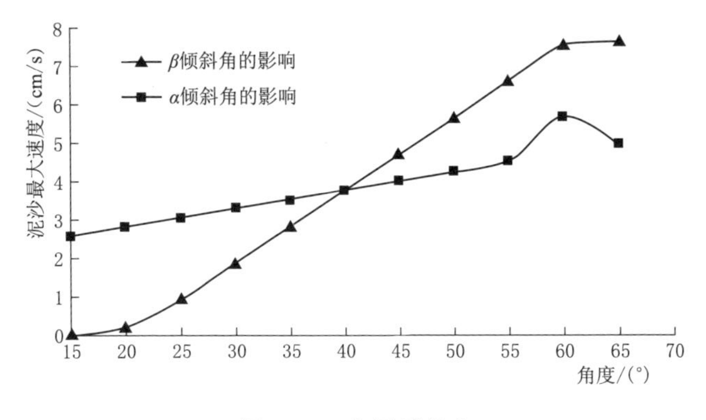

图 3.11 各因子效应

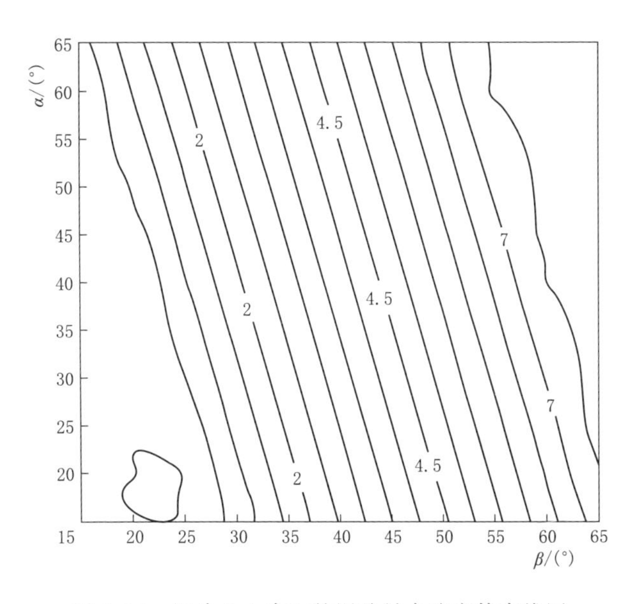

图 3.12 鳃片 3 上表面的泥沙最大速度等直线图

3.2.6 不同鳃片倾斜角下的速度场

3.2.6.1 泥沙在鳃片上的运动轨迹及鳃片表面的速度场

图 3.13 为不同鳃片倾斜角下鳃片上的泥沙运动轨迹，其中 $CDFG$ 为平行四

边形的鳃片倾斜面，鳃片与鳃管构成三角形泥沙通道，因鳃片在分离鳃中是双向倾斜布置，当泥沙在重力作用下沉降至鳃片上表面时，先沿鳃片斜面的最大倾斜角滑动至鳃片的 GF 边上，再沿 GF 边滑动至泥沙通道中。

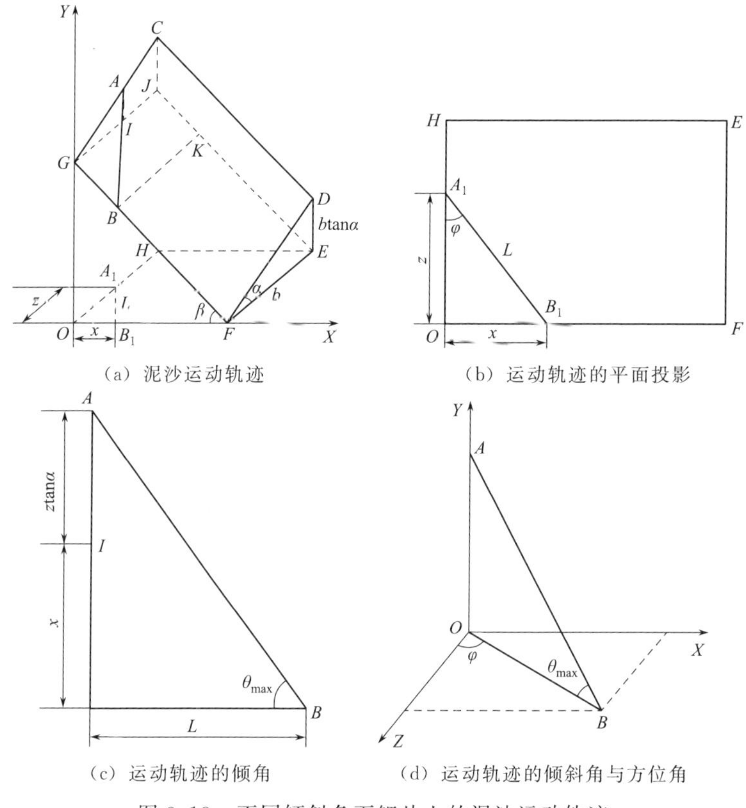

(a) 泥沙运动轨迹　(b) 运动轨迹的平面投影

(c) 运动轨迹的倾角　(d) 运动轨迹的倾斜角与方位角

图 3.13　不同倾斜角下鳃片上的泥沙运动轨迹

取鳃片上任意一点 A 处的泥沙进行运动轨迹的推导与分析。可知该处的泥沙先沿最大倾斜角运动至 B 点，对应的路径为 AB；再沿 β 倾斜角滑动至泥沙通道，对应的路径为 BF。根据几何关系可得

$$L=\sqrt{z^2+x^2} \tag{3.9}$$

$$\theta=\arctan\frac{x+z\tan\alpha}{\sqrt{z^2+x^2}} \tag{3.10}$$

$$\varphi=\arctan\frac{x}{z} \tag{3.11}$$

式中：L 为 AB 的平面投影；z 为 L 的一个分量，x 为 L 的另一个分量，如图 3.13（b）所示；θ 为 AB 与水平面的倾角；φ 为平面上的方位角，如图 3.13（d）所示。

为求得最大倾斜角 θ_{max}，如图 3.13（c）所示，对式（3.9）取极值 $\left(\frac{d\theta}{dx}=0\right)$，得

$$x=\frac{z}{\tan\alpha} \tag{3.12}$$

$$\theta_{max}=\arctan\frac{1+\tan^2\alpha}{\sqrt{1+\tan^2\alpha}} \tag{3.13}$$

结合式（3.11）～式（3.13）可得到均匀试验中不同 α 倾斜角与 β 倾斜角下鳃片上表面的泥沙运动轨迹，具体见表 3.6。而泥沙（或清水）在鳃片倾斜角（$\alpha=60°$，$\beta=45°$）下的运动轨迹为鳃片上（或下）表面的泥沙流（或清水流）先以 63.43°向下（或向上）滑至鳃片的长边，再以 45°沿长边下滑（或上滑），方位角为 30°。

表 3.6　　不同倾斜角下鳃片上表面的泥沙滑动倾斜角及方位角

序　号	1	2	3	4	5	6
α/(°)	15	25	35	45	55	65
β/(°)	35	65	25	55	15	45
AB 路径最大倾斜角/(°)	45.99	47.81	50.68	54.74	60.16	67.09
BF 路径倾斜角/(°)	35	65	25	55	15	45
方位角/(°)	75	65	55	45	35	25

本书只给出时间 $t=110$s 时 $\alpha=35°$与 $\beta=25°$，$\alpha=45°$与 $\beta=55°$组合下的鳃片 1 表面、鳃片 3 表面与鳃片 5 表面的速度场分布规律。不同的鳃片倾斜角组合，鳃片上、下表面的主要流动是一样的，即鳃片上表面的流动主要为泥沙流，如图 3.14（a）、(c）所示；鳃片下表面的流动主要为清水流，如图 3.14（b）、(d）所示。但不同鳃片倾斜角下，泥沙流与清水流的运动轨迹则不同。根据表 3.6、图 3.14（a）及图 3.14（b），当鳃片以 $\alpha=35°$与 $\beta=25°$固定在分离鳃内，其鳃片上（或下）表面的泥沙流（或清水流）先以 50.68°向下（或向上）滑至鳃片的长边，再以 25°沿长边下滑（或上滑），方位角为 55°。而当鳃片以 $\alpha=45°$与 $\beta=55°$固定在分离鳃内，根据表 3.6、图 3.14（c）及 3.14（d），其鳃片上（或下）表面的泥沙流（或清水流）先以 54.74°向下（或向上）滑至鳃片的长边，再以 55°沿长边下滑（或上滑），方位角为 45°。

从图 3.14 中还可看出在相同的鳃片倾斜角组合下，各鳃片上表面右上角的速度分布规律不同，同样各鳃片下表面左下角的速度分布规律也不同。这与鳃片在分离鳃中的布置位置有关，同时大部分鳃片上、下表面的速度场分别受到泥沙通道中沉降的泥沙流与清水通道中上升的清水流的影响。除鳃片 1 上表面

外（因其靠近分离鳃顶端布置），鳃片 3 与鳃片 5 上表面右上角的速度呈向内放射状；除鳃片 5 下表面外（因其靠近分离鳃底端布置），鳃片 1 与鳃片 3 下表面左上角的速度呈向内放射状。

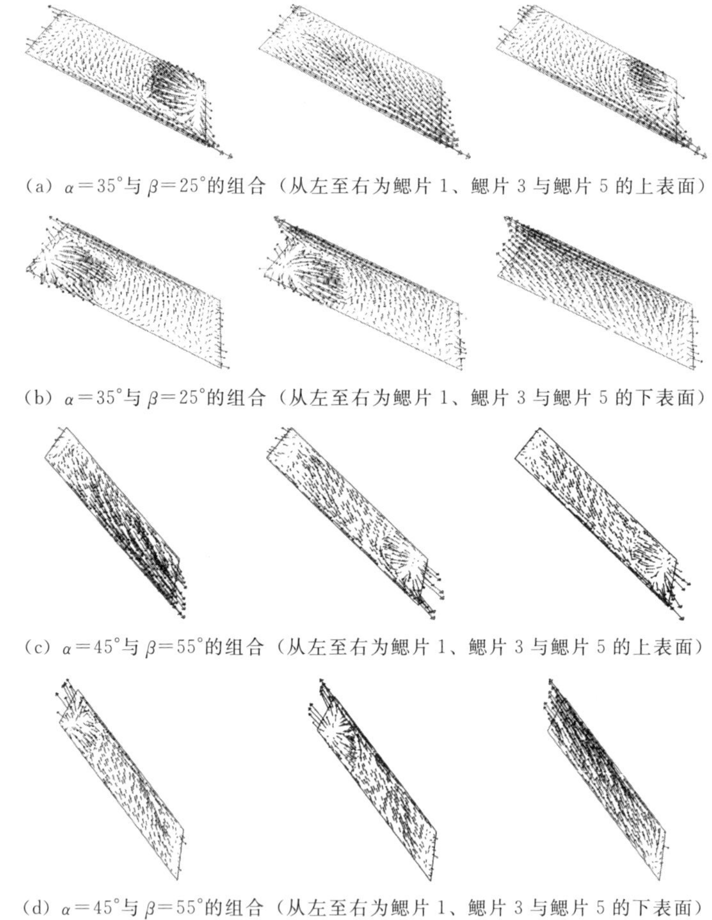

(a) $\alpha=35°$与$\beta=25°$的组合（从左至右为鳃片 1、鳃片 3 与鳃片 5 的上表面）

(b) $\alpha=35°$与$\beta=25°$的组合（从左至右为鳃片 1、鳃片 3 与鳃片 5 的下表面）

(c) $\alpha=45°$与$\beta=55°$的组合（从左至右为鳃片 1、鳃片 3 与鳃片 5 的上表面）

(d) $\alpha=45°$与$\beta=55°$的组合（从左至右为鳃片 1、鳃片 3 与鳃片 5 的下表面）

图 3.14　不同鳃片倾斜角下鳃片上、下表面的速度矢量分布图

3.2.6.2　宽度方向的速度场

图 3.15 表示时间为 110s 时，不同鳃片倾斜角下 Z 断面的速度矢量分布图，包含 $Z=0.5$cm、$Z=2.5$cm 和 $Z=4.5$cm 这三个断面。鳃片倾斜角 $\alpha=35°$与$\beta=25°$、$\alpha=45°$与$\beta=55°$的组合，各 Z 断面的流动一致，即 $Z=0.5$cm 断面的流动主要为清水流向上运动，$Z=4.5$cm 断面的流动主要为泥沙流向下运动，$Z=2.5$cm 断面的流动既有泥沙流运动又有清水流运动。鳃片间的横向异重流现象，以及水沙沿分离鳃边壁的垂向异重流现象，都同室内物理试验观察到的现象一

致[241,244]；并且从 $Z=2.5\text{cm}$ 断面可看出相邻鳃片间的流动是一个不封闭的横向环流，这是因为清水通道中上升的清水流对鳃片下表面的高端、泥沙通道中下降的泥沙流对鳃片上表面的低端及鳃片这个边界条件约束的影响造成；鳃片数为 5，则存在 4 个横向环流。但不同鳃片倾斜角下，Z 断面的泥沙流与清水的运动轨迹不同。如鳃片倾斜角 $\alpha=35°$ 与 $\beta=25°$ 的组合，$Z=0.5\text{cm}$ 断面下各鳃片下表面的清水沿着各自鳃片下表面以 25°向上运动，运动至鳃片最高端时汇入清水通道，再一同向上运动；而鳃片倾斜角 $\alpha=45°$ 与 $\beta=55°$ 的组合，$Z=0.5\text{cm}$ 断面下各鳃片下表面的清水沿着各自鳃片下表面以 55°向上运动。

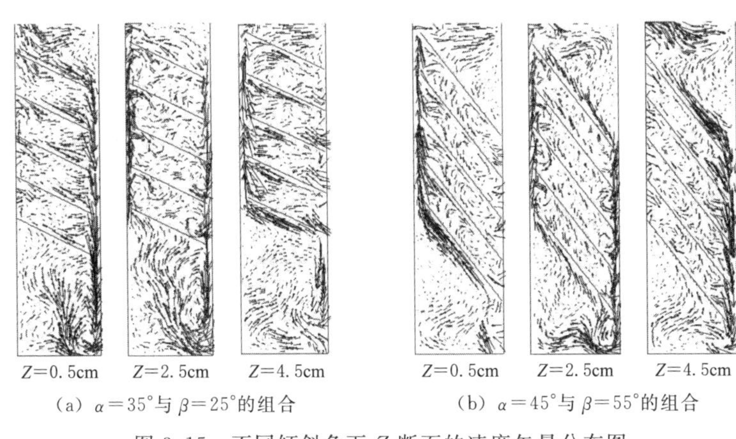

(a) $\alpha=35°$ 与 $\beta=25°$ 的组合　　(b) $\alpha=45°$ 与 $\beta=55°$ 的组合

图 3.15　不同倾斜角下 Z 断面的速度矢量分布图

3.3　不同鳃片间距下分离鳃内部流场的数值模拟

第 2 章已通过物理模型试验研究了鳃片间距（5～35cm）对分离鳃水沙分离的影响，本章则采用欧拉模型模拟静水中不同鳃片间距下分离鳃内部的水沙两相流流场，探求鳃片间距对分离鳃的速度场及泥沙分布特性的影响。

3.3.1　物理模型及数学模型

分离鳃的示意图如图 1.1 所示。采用 2.2.1 节中分离鳃的长、宽、高，$\alpha=60°$，$\beta=45°$，$e=f=1\text{cm}$；而鳃片间距 d 分别取 3cm、5cm、10cm、15cm、20cm、25cm。采用已验证的欧拉模型来模拟不同鳃片间距下的分离鳃内部流场。计算方法及边界条件见 3.4.1 节，初始条件如下：将水定义为主相，密度 $\rho_w=998.2\text{kg/m}^3$；泥沙颗粒定义为第二相，假定泥沙颗粒为球形，平均粒径为 0.019mm，密度 $\rho_s=2650\text{kg/m}^3$，考虑重力作用。初始化时，设置浑水含沙量 $S=20\text{kg/m}^3$。

3.3.2 计算结果与分析

本书只给出鳃片间距 d 取 5cm、15cm、25cm 下部分鳃片上下表面和宽度方向的速度矢量分布图，同时给出不同鳃片间距下宽度方向的平均速度对比及分离鳃高度方向（Y 方向）的泥沙分布特性。通过对比分析确定鳃片间距对分离鳃内部流场及水沙分离效率的影响。因分离鳃高度 $c=100$cm，在利用 Tecplot 绘图软件处理宽度方向的速度矢量分布图时，发现不能够清晰地看到速度场的分布规律，故采用速度流场局部放大的方法处理。

3.3.2.1 宽度方向的速度矢量分布对比

图 3.16 为计算沉降时间为 200s 时，不同鳃片间距下 Z 断面的速度矢量分布图。从图 3.16 可知，$d=5$cm 的宽度方向速度分布规律与 $d=15$cm 及 $d=25$cm 不同。从图 3.16（a）可知，$Z=0.5$cm 断面的流动主要为清水流运动，即各鳃片下表面的清水沿着各自鳃片下表面向上运动，运动至鳃片最高端时汇入清水通道，再一同向上运动，而泥沙通道中下降的泥沙流对该断面右侧鳃片上表面的低端局部有影响，但影响范围较小；$Z=3.5$cm 断面的流动主要为泥沙流运动，各鳃片上表面的泥沙沿着各自鳃片上表面向下滑动，滑动至鳃片最低端时汇入泥沙通道，再一同向下运动，清水通道中上升的清水流对断面左侧鳃片下表面的高端局部有影响，且影响范围较小。横向异重流与垂向异重流现象，在 $Z=2.0$cm 断面上得到了完整的体现，并且可看出鳃片间的流动是一个不封闭的横向环流；鳃片间距 $d=5$cm，鳃片数共计 14 个，则存在 13 个横向环流，图 3.16（a）中给出了部分的横向环流。要保证水沙快速地从分离鳃中分离，需鳃片上表面的泥沙流、鳃片下表面的清水流、泥沙通道中的泥沙流及清水通道中的清水流的速度场相互干扰较少，各自按照相应的运动轨迹流动，经以上分析 $d=5$cm 下分离鳃内部的速度流场满足该条件。

从图 3.16（b）、（c）可知，$Z=0.5$cm 断面的流动主要为清水流运动，即各鳃片下表面的清水沿着各自鳃片下表面向上运动，当将要运动至鳃片最高端时，清水通道中上升的清水流与其相遇，因两者存在速度差，故该断面的左侧鳃片下表面的高端速度分布规律会受到影响，且鳃片间距越大，受到的影响就越大；同时泥沙通道中下降的泥沙流对断面右侧鳃片上表面的低端局部速度分布影响很大，可以看出鳃片间右侧速度呈钩形分布，且鳃片间距越大，该分布特性就越明显；同样在 $Z=3.5$cm 断面的流动主要为泥沙流运动，各鳃片上表面的泥沙沿着各自鳃片上表面向下滑动，当将要滑动至鳃片最低端时，泥沙通道中下降的泥沙流与其相遇，因两者存在速度差，故该断面的右侧鳃片上表面的低端速度分布规律会受到影响，且鳃片间距越大，受到的影响就越大；同时清水通道中上升的清水流对断面左侧鳃片下表面的高端局部速度分布影响很大，可以看出鳃片间左侧速度呈倒钩形分布，且鳃片间距越大，该分布特性就越明显。这在 $Z=2.0\text{cm}$ 断面上得到了完整的体现，并且可看出相邻鳃片间的流动是一个不封闭的横向环流，且鳃片间距不同（鳃片数量不同），横向环流个数也不相同，$d=15\text{cm}$ 存在 5 个横向环流，而 $d=25\text{cm}$ 存在三个横向环流。经分析 $d=15\text{cm}$ 及 $d=25\text{cm}$ 下分离鳃内部的速度流场相互之间受到一定程度的干扰，则不能保证水沙快速地从分离鳃中分离。

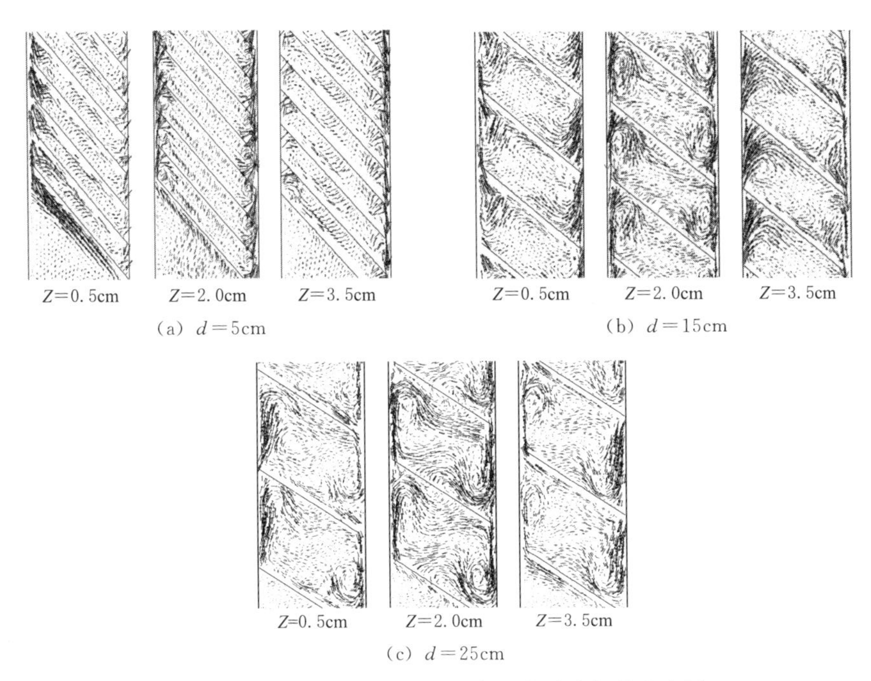

图 3.16 不同鳃片间距下 Z 断面的速度矢量分布图

3.3.2.2 不同鳃片间距下宽度方向的平均速度对比

泥沙平均速度代表泥沙从浑水中分离出来的快慢，值越大，说明泥沙从浑水中脱离得越快，水沙分离效率越高，反之效率越低；另外清水流向上运动，其平均速度代表清水从浑水中分离出来的快慢，值越大越好，说明从分离鳃中可获得大量分离后的清水，反之，获得清水的量就会减少。进行数值计算前，在 Fluent 软件中建立了两个标准面：$Z=0.5\text{cm}$（主要是清水流运动）与 $Z=3.5\text{cm}$（主要是泥沙流运动）。监测 $Z=0.5\text{cm}$ 断面上的清水平均速度随时间变化关系，以及 $Z=3.5\text{cm}$ 断面上的泥沙平均速度与时间的关系，选静水沉降中期时间 $t=4000\text{s}$ 时两个断面下鳃片间距与平均速度的关系，如图 3.17 所示，分析鳃片间距对泥沙平均速度或清水平均速度的影响。据此，分离鳃的最佳鳃片间距以泥沙颗粒平均速度和清水平均速度作为考核指标。

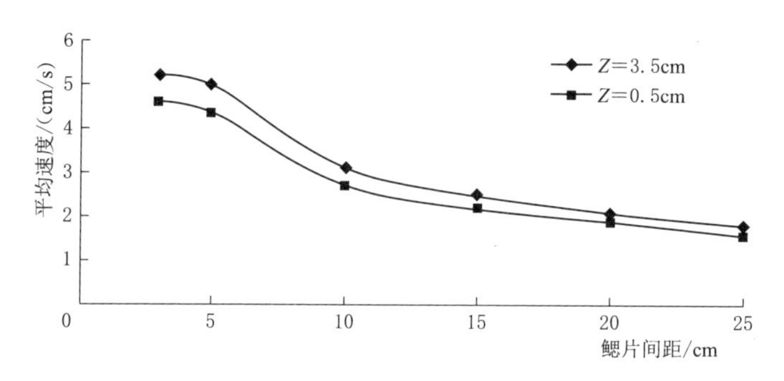

图 3.17 不同 Z 断面下鳃片间距与平均速度的关系

从图 3.17 可知，$Z=3.5$cm 断面的泥沙平均速度与 $Z=0.5$cm 断面的清水平均速度随鳃片间距的增大而减小，且泥沙平均速度大于清水平均速度。沉淀效率（处理浑水的能力）与装置的沉淀面积成正比，沉淀面积越大，沉淀效率就越高。鳃片间距越小，鳃片数量就越多，则分离鳃沉淀的面积就越大，水沙分离效率就越高，则表现为泥沙平均速度与清水平均速度就越大，如 $d=5$cm、$Z=3.5$cm 断面的泥沙平均速度为 5cm/s，而 $d=25$cm 时仅为 1.8cm/s。泥沙平均速度大于清水平均速度的原因是 $Z=0.5$cm 断面上既有清水向上运动又有泥沙沉降运动，二者相互叠加后清水的平均速度会减小。

从图 3.17 还可看出，鳃片间距为 3～5cm 时，平均速度随鳃片间距的增大变化不大，且不符合浅层沉淀理论。鳃片间泥沙流与清水流的夹层，称为混合层（图 3.18），其流体力学性质介于主相水与第二相泥沙性质之间。混合层与鳃片间距有关，鳃片间距过小则混合层厚度也会过小，从而势必恶化静水沉降过程，因鳃片间存在沿鳃片长边下滑的泥沙流与向上的清水流运动，在两者剪切作用下，会造成鳃片间本身按照各自运动轨迹流动的泥沙流与清水流混合，从而泥沙平均速度与清水平均速度减小，泥沙不能快速地沉降至分离鳃底部，而清水不能快速地上升至分离鳃的顶部。因此，并非鳃片间距越小越好，必定存在一个最佳鳃片间距值，既对分离鳃内部的泥沙流与清水流流场影响较小，又可以保证较高的水沙分离效率。图 3.19 为 $Z=2.0$cm 断面下不同鳃片间距的局部放大速度矢量分布图，从图 3.19 可知，$d=3$cm 下的泥沙流与清水流相互干扰大，而 $d=5$cm 下的泥沙流与清水流则沿着各自的轨迹运动，相互之间影响很小，另外

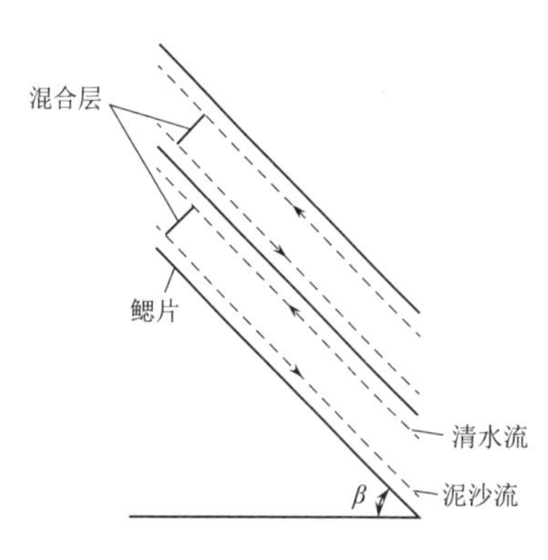

图 3.18 鳃片间混合层示意图

从经济的角度考虑，$d=3\text{cm}$ 的鳃片实际面积为 3689.45cm^2，而 $d=5\text{cm}$ 的鳃片实际面积为 2066.12cm^2，故 $d=3\text{cm}$ 的鳃片实际面积远大于 $d=5\text{cm}$，但平均速度与 $d=5\text{cm}$ 相差不大，故应选 $d=5\text{cm}$ 作为应用于实际工程的最佳鳃片距离。鳃片间距为 5～10cm 时，随着间距的增大平均速度迅速减小，可知该鳃片范围内分离鳃的沉淀面积最大相差 396cm^2，故平均速度变化也较大，符合浅层沉淀理论。鳃片间距 10～25cm 时，随着间距的增大平均速度缓慢减小，可知该鳃片范围内分离鳃的沉淀面积相差不大，最大相差 264cm^2，也符合浅层沉淀理论。

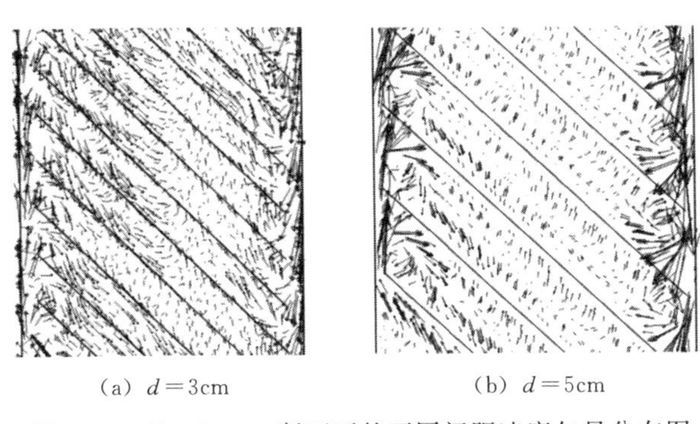

(a) $d=3\text{cm}$　　(b) $d=5\text{cm}$

图 3.19　$Z=2.0\text{cm}$ 断面下的不同间距速度矢量分布图

3.3.2.3　鳃片上、下表面的速度场

图 3.20 为时间为 200s 时，不同鳃片间距下部分鳃片上、下表面的速度矢量分布图。为表征分离鳃中不同位置下的鳃片速度分布规律，在分离鳃中取了 3 个不同位置（依次为最靠近分离鳃顶端、中间、最靠近分离鳃底部）的鳃片，鳃片个数从分离鳃顶端算起。

从图 3.20（a）、（c）及（e）可知，不同鳃片间距下最靠近分离鳃顶端的鳃片上表面速度分布规律一致，即鳃片上表面的流动主要为泥沙流，泥沙在自身重力作用下沉降到鳃片上，先以最大倾斜角 63.43°在鳃片短边上向下滑动，当滑至鳃片长边时同其他泥沙一起沿倾斜角 $\beta=45°$ 向下运动；不同鳃片间距下中间与最靠近分离鳃底部的鳃片上表面速度分布规律相同于最靠近分离鳃顶端的鳃片，但因这些鳃片上表面的泥沙流不仅受到倾斜角 α 与倾斜角 β 的影响，还受到各自鳃片上泥沙通道中沉降的泥沙流影响，使得这些鳃片上表面右上角的速度呈向内放射状，且鳃片间距越大，鳃片上表面右上角受到的影响范围就越大。

从图 3.20（b）、（d）及（f）可知，不同鳃片间距下最靠近分离鳃底部的鳃片下表面速度分布规律一致，即鳃片下表面的流动主要为清水流，清水先以最大倾斜角 63.43°在鳃片短边向上流动，当流至鳃片长边时同其他清水沿倾斜角 β 一起向上流动；不同鳃片间距下中间与最靠近分离鳃顶端的鳃片下表面速度分布规律相同于最靠近分离鳃底部的鳃片，但因这些鳃片下表面的清水流不仅受到倾斜角 α 与倾斜角 β 的影响，还受到各自鳃片下清水通道中上升的清水流影响，使得这些鳃片下表面左下角的速度呈向内放射状，且鳃片间距越大，鳃片下表面左下角受到的影响范围就越大。

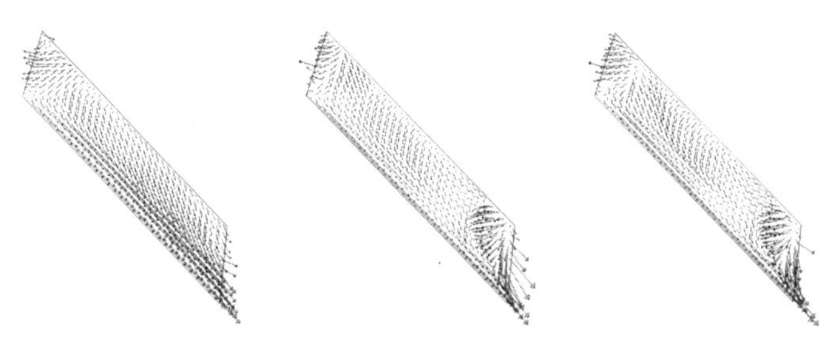

(a) $d=5$cm（从左至右为鳃片1、鳃片8与鳃片14的上表面）

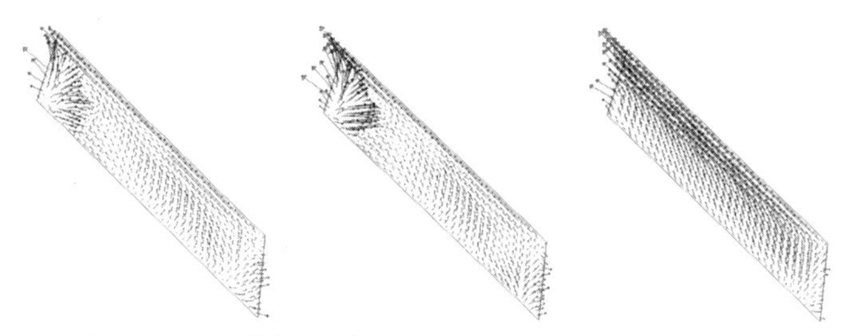

(b) $d=5$cm（从左至右为鳃片1、鳃片8与鳃片14的下表面）

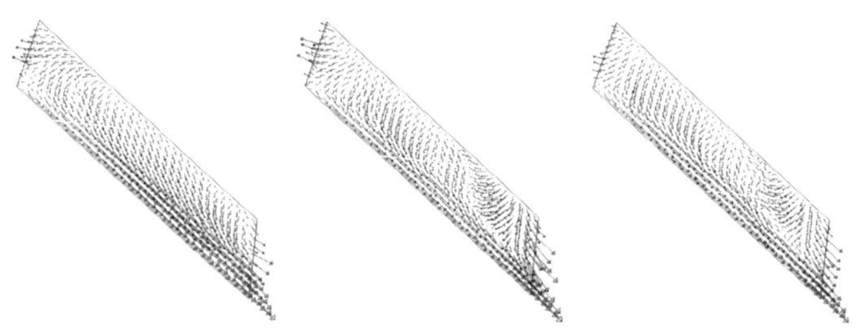

(c) $d=15$cm（从左至右为鳃片1、鳃片4与鳃片6的上表面）

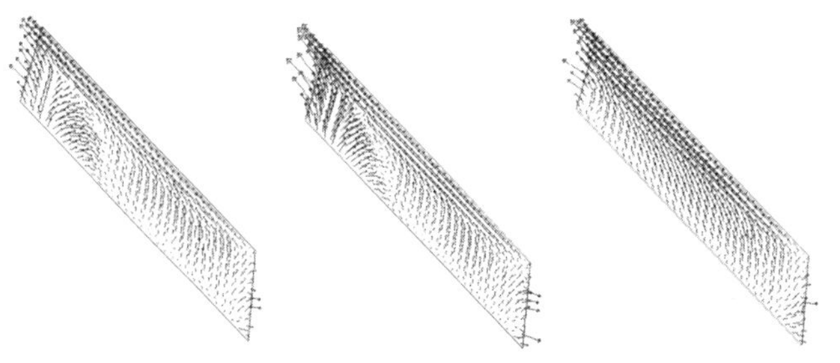

(d) $d=15$cm（从左至右为鳃片1、鳃片4与鳃片6的下表面）

图3.20（一） 不同鳃片间距下鳃片上、下表面的速度矢量分布图

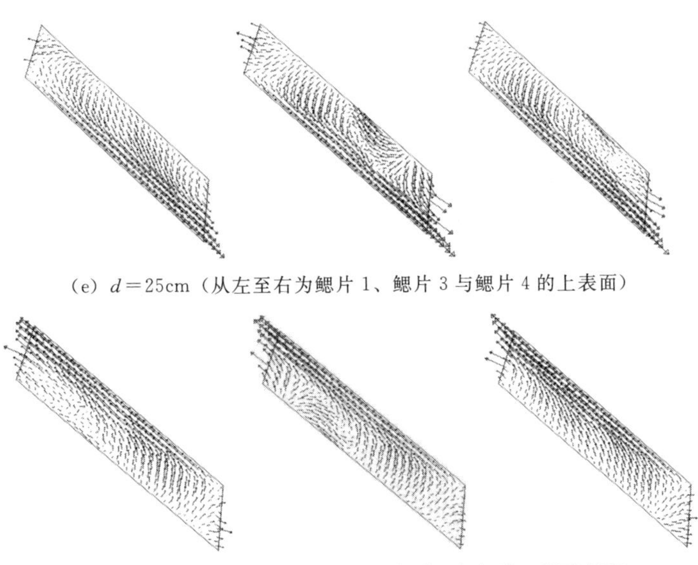

(e) $d=25$cm（从左至右为鳃片 1、鳃片 3 与鳃片 4 的上表面）

(f) $d=25$cm（从左至右为鳃片 1、鳃片 3 与鳃片 4 的下表面）

图 3.20（二） 不同鳃片间距下鳃片上、下表面的速度矢量分布图

3.3.2.4 不同鳃片间距下高度方向的泥沙分布特性

为得到不同鳃片间距下分离鳃 Y 方向的泥沙分布特征，在数值计算过程中监测 Y 方向各截面的平均含沙量与时间变化关系，以便进行分析和对比。

图 3.21 为时间为 4000s 时不同鳃片间距下 Y 截面上的平均含沙量，从图中可知，不同鳃片间距下在 Y 方向上的含沙量分布特性表现为上疏下浓，即分离鳃顶端的平均含沙量小于浑水含沙量 20kg/m^3，而在分离鳃底部则平均含沙量远远大于浑水含沙量 20kg/m^3，这符合泥沙在重力作用下沉降的分布特性。但

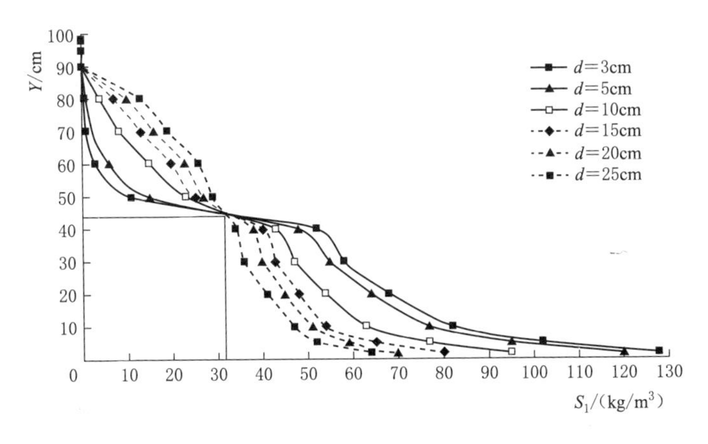

图 3.21 不同鳃片间距下 Y 截面上的平均含沙量

不同鳃片间距下分离鳃在同一Y截面的平均含沙量则不同，在$Y=45$cm以上的截面，表现为鳃片间距越小，平均含沙量就越小，而在$Y=45$cm以下的截面，表现为鳃片间距越小，平均含沙量就越大，这说明鳃片间距越小，分离鳃的水沙效率越高，在普通管中加入多个鳃片后极大改善了水流运动的水力条件并缩短了泥沙沉降及清水上升的时间，从而加速泥沙下降至分离鳃底部，而清水上升至分离鳃的顶端；但鳃片间距$d=3$cm与$d=5$cm的各Y截面上的平均含沙量相差不大，从2.2.8节的分析可知，$d=5$cm更符合，故实际工程中分离鳃的鳃片间距选择$d=5$cm。

3.4 不同泥沙粒径下分离鳃内部流场的数值模拟

采用欧拉模型模拟静水中不同泥沙粒径下分离鳃内部的水沙两相流流场，分析和讨论不同泥沙粒径下的速度场及泥沙分布特性。

3.4.1 运行效果及监测面

分离鳃的相关尺寸、计算方法及边界条件见2.3节。初始化时，设置时间步长为0.0001s，求解时间步数为1000000，每个时间步数最多的迭代次数为200次。时间步数为0～1000时，各方程的残差线波动很大，1000步以后波动很小；当时间步长达到20000时，残差线都在数值1×10^{-3}以下，说明各方程的计算精度均达到1×10^{-3}，各方程已经收敛；随着进一步的求解计算，收敛效果更好，此时可适当增大时间步长，以减少计算时间。

为得到不同泥沙粒径下分离鳃中的泥沙分布特性，在数值模拟计算过程中应监测Y方向（高度方向）的平均含沙量与时间的关系，以便对数值计算结果进行分析和对比，具体的断面位置如图3.22所示。

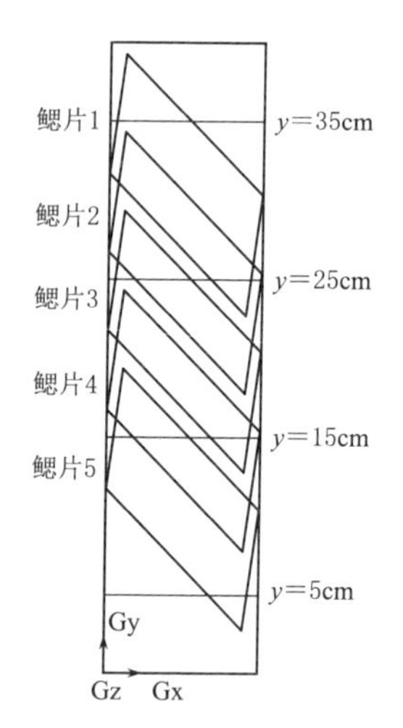

图3.22 Y方向上不同位置的监测面

3.4.2 工况设置

分离鳃的计算区域包括水和沙两种介质，将水定义为主相，泥沙颗粒定义为第二相，假定泥沙颗粒为球形。研究泥沙粒径对分离鳃内部流场及水沙分离效率的影响时，水的密度$\rho_w=998.2\text{kg/m}^3$、泥沙颗粒的密度$\rho_s=2650\text{kg/m}^3$及浑水含沙量$S=10\text{kg/m}^3$为固定值，而泥沙粒径取不同值，见表3.7。

表 3.7 泥沙粒径的工况设置

工　况	1	2	3	4	5	6
泥沙粒径/mm	0.035	0.025	0.015	0.01	0.005	0.0001

3.4.3 不同泥沙粒径下的速度场

本书只给出了工况 1、工况 4 与工况 6 下欧拉模型的数值模拟结果（工况 2、工况 3、工况 5 的计算结果与工况 1 和工况 4 的相同），即给出这 3 种工况下鳃片 1（靠近分离鳃的顶端）、鳃片 3（位于分离鳃中间）、鳃片 5（靠近分离鳃底端）和 Z 方向的速度矢量分布图，通过对比分析确定泥沙粒径对分离鳃内速度分布规律的影响。

3.4.3.1 鳃片上、下表面的速度场

图 3.23 为计算沉降时间为 400s 时，不同泥沙粒径下 3 个鳃片上、下表面的速度矢量分布图。从图 3.23 中可知，同一鳃片在泥沙粒径为 $D=0.035\text{mm}$ 和 $D=0.01\text{mm}$ 时，鳃片上表面的速度分布规律一致，同样鳃片下表面的速度分布规律也一致；而粒径为 $D=0.0001\text{mm}$ 时，鳃片上表面的速度分布规律以及鳃片

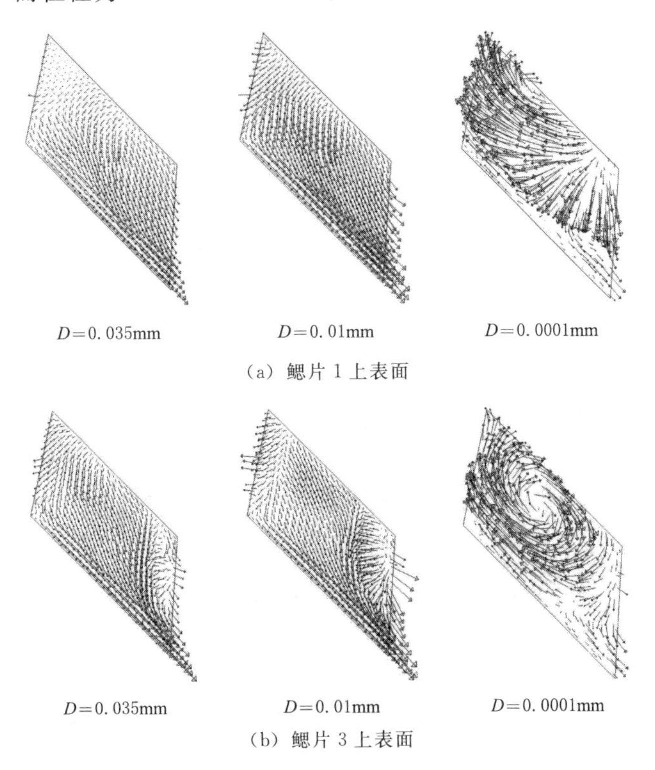

$D=0.035\text{mm}$　　$D=0.01\text{mm}$　　$D=0.0001\text{mm}$

（a）鳃片 1 上表面

$D=0.035\text{mm}$　　$D=0.01\text{mm}$　　$D=0.0001\text{mm}$

（b）鳃片 3 上表面

图 3.23（一）　不同泥沙粒径下鳃片上、下表面的速度矢量分布图

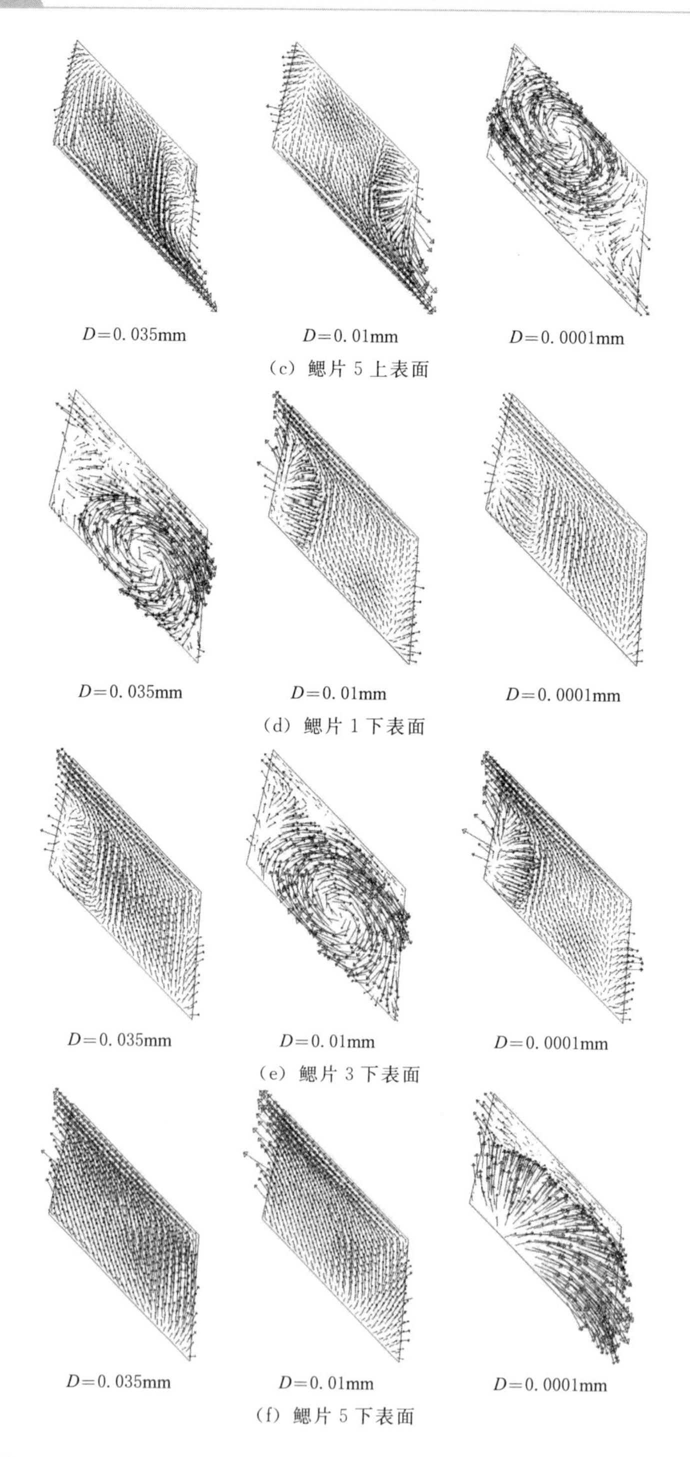

图 3.23（二） 不同泥沙粒径下鳃片上、下表面的速度矢量分布图

下表面的速度分布规律与这两个泥沙粒径下的速度分布规律不同。相同泥沙粒径下不同鳃片上表面的速度分布规律不同，鳃片下表面的速度分布规律也不同，这与鳃片在分离鳃中的位置有关。

从图3.23（a）中可知，泥沙粒径为$D=0.035$mm和$D=0.01$mm时，鳃片1上表面的水流先以最大倾斜角63.43°沿鳃片短边向下滑动，当滑至鳃片长边时以$\beta=45°$贴壁向下滑动；而泥沙粒径为$D=0.0001$mm时，鳃片1上表面的水流完全呈放射状。从图3.23（b）、（c）中可看出，泥沙粒径为$D=0.035$mm和$D=0.01$mm时，鳃片3上表面与鳃片5上表面的速度分布规律与鳃片1上表面的相同，但因泥沙通道中下落水流的影响，从而这两个鳃片上表面右上角的速度呈向内放射状；而泥沙粒径为$D=0.0001$mm时，因泥沙通道中水流的影响，鳃片3上表面与鳃片5上表面的水流在鳃片高端区域形成顺时针漩涡，低端区域则有部分水流以β倾斜角向下滑动。

从图3.23（d）、（e）中可知，泥沙粒径为$D=0.035$mm和$D=0.01$mm时，鳃片1下表面与鳃片3下表面的水流先以最大倾斜角63.43°沿鳃片短边向上流动，当流至鳃片长边时以$\beta=45°$贴壁向上流动，但因清水通道中上升水流的影响，从而这两个鳃片下表面左下角的速度呈向内放射状；而泥沙粒径为$D=0.0001$mm时，因清水通道中水流的影响，鳃片1下表面与鳃片3下表面的水流在鳃片低端区域形成顺时针的漩涡，高端区域则有部分水流以β倾斜角向上流动。从图3.23（f）中可看出，泥沙粒径为$D=0.035$mm和$D=0.01$mm时，鳃片5下表面的速度分布规律与鳃片1下表面和鳃片3下表面的相同，但因鳃片5靠近分离鳃的底端，清水通道中的上升水流对鳃片5下表面流场没有影响，故其左下角不存在速度呈向内放射状的现象；而泥沙粒径为$D=0.0001$mm时，清水通道中的水流对鳃片5下表面的流场也没有影响，故其速度分布规律完全呈放射状。

泥沙颗粒沉降到鳃片长边时，其受到的力有水流阻力F_D、摩阻力F_f、斜面支撑力F_Z及泥沙颗粒的有效重力W。当泥沙粒径为0.01～0.035mm时，其有效重力为$8.48\times10^{-12}\sim3-63\times10^{-10}$N，鳃片上表面的泥沙颗粒会在有效重力作用下，克服阻力，在鳃片上表面滑动至泥沙通道中，对于鳃片2、鳃片3、鳃片4及鳃片5的上表面而言，因还受到泥沙通道中水流的冲击影响，从而流场与鳃片1上表面的不同；而对泥沙粒径0.0001mm而言，其有效重力为8.48×10^{-18}N，其所受有效重力的大小与其他泥沙粒径不在同一个量级上，故受流场的影响最大，同时泥沙通道及清水通道中的水流对小粒径的泥沙运动影响很大，才导致该粒径下鳃片上表面的速度矢量分布规律同其他泥沙颗粒粒径不同。根据连续原理可知，不同泥沙粒径下鳃片下表面的流场与鳃片上表面的相反。

3.4.3.2 宽度方向的速度场

图3.24为时间为400s时，不同泥沙粒径下Z方向的速度矢量分布图。从

图 3.24 中可知，泥沙粒径为 D=0.035mm 和 D=0.01mm 时，Z=0.5cm（清水通道）的速度分布规律相同，Z=2.5cm（分离鳃宽方向的中间断面）的速度分布规律相同，同样 Z=4.5cm（泥沙通道）的速度分布规律也相同。由图 3.24（a）可知，泥沙粒径为 D=0.035mm 和 D=0.01mm 时，各鳃片下表面的水流沿着各自鳃片下表面向上运动，至鳃片高端汇入清水通道，再一同向上运动；由图 3.24（c）可知，泥沙粒径为 D=0.035mm 和 D=0.01mm 时，各鳃片上表面的水流沿着各自鳃片上表面向下运动，至鳃片低端汇入泥沙通道，再一同向下运动，即在鳃片之间形成了横向异重流，在整个系统中形成了水沙沿分离鳃边壁的垂向异重流；而这两种现象在图 3.24（b）中泥沙粒径为 D=0.035mm 和 D=0.01mm 得到了完整的体现，鳃片上、下表面的水流、泥沙通道中的水流及清水通道中的水流互不干扰，各自按照相应的运动轨迹流动，从而达到水沙分离的目的。泥沙粒径为 D=0.0001mm 时，Z 方向各断面的速度矢量分布规律与其他两个泥沙粒径的不同。由图 3.24（a）可知，泥沙粒径为 D=

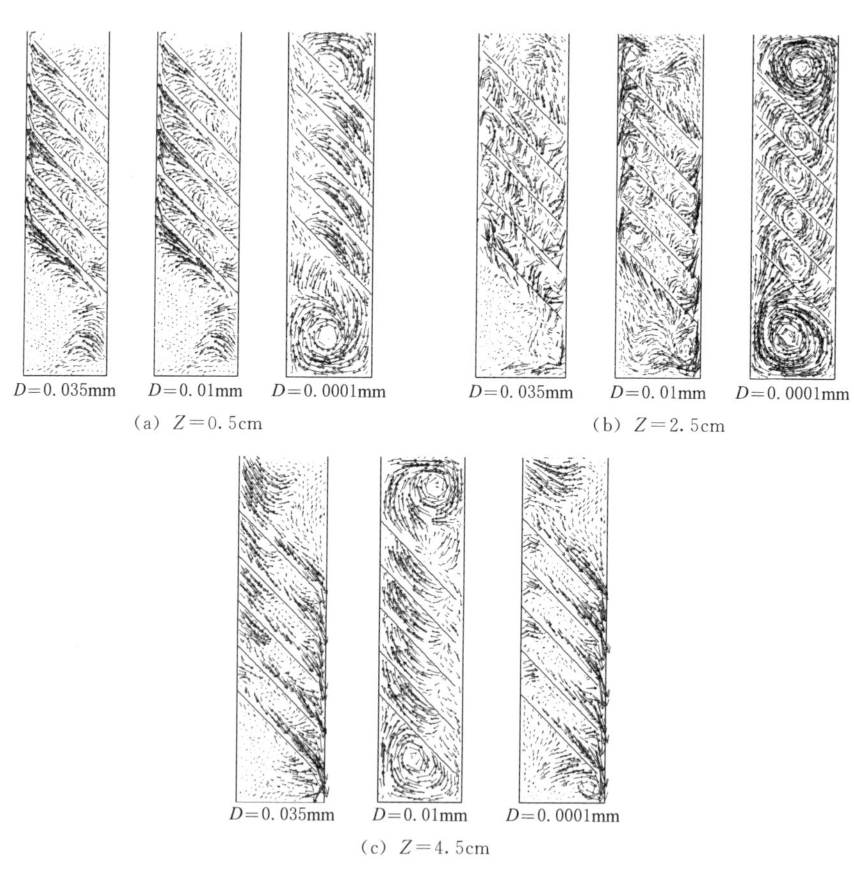

图 3.24 不同泥沙粒径下 Z 断面的速度矢量分布图

0.0001mm 时，鳃片间大部分的水流斜向下运动，只有少部分水流沿着鳃片下表面向上运动后进入清水通道，分离鳃的右上角与左下角形成了顺时针的漩涡；由图 3.24（c）可知，泥沙粒径为 $D=0.0001$mm 时，鳃片间大部分的水流斜向上运动，只有少部分水流沿着鳃片上表面向下运动后进入泥沙通道，分离鳃的右上角与左下角也形成了顺时针的漩涡，而这两种现象在图 3.24（b）中泥沙粒径为 $D=0.0001$mm 时完全体现，相邻鳃片间的水流完全混合，并形成了 4 个顺时针的封闭的漩涡，同时在分离鳃的右上角与左下角也形成了顺时针的漩涡，此时水沙不能从分离鳃中分离出来。

3.4.4 不同泥沙粒径下高度方向的平均含沙量分布特性

图 3.25 为不同泥沙粒径下分离鳃 Y 方向（高度方向）部分截面的平均含沙量随时间变化关系。由图 3.25 可知：

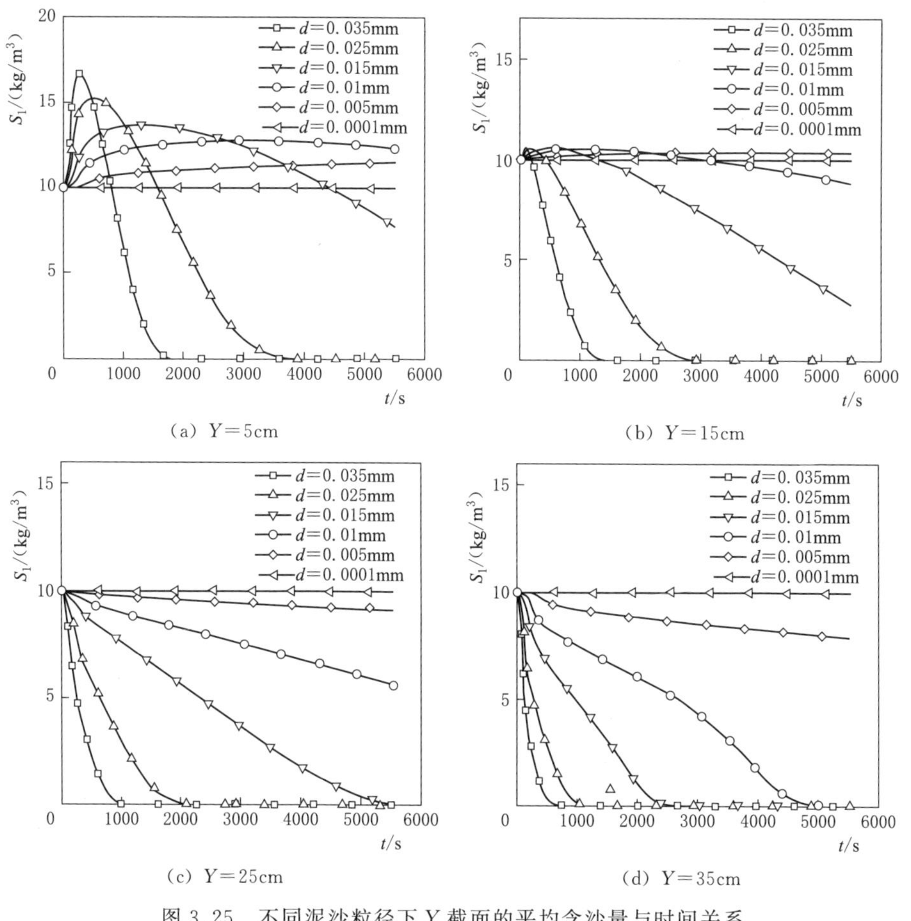

图 3.25 不同泥沙粒径下 Y 截面的平均含沙量与时间关系

(1) 当泥沙粒径为0.0001mm时，其平均含沙量随时间变化的规律与泥沙粒径为0.005～0.035mm时不同，平均含沙量随时间的增大而保持不变，即为一条平行于时间轴的一条直线。

(2) $Y=5$cm与$Y=15$cm截面靠近分离鳃的底端，当泥沙粒径为0.005～0.035mm时，其平均含沙量随时间的变化关系与其他两个截面不同，先随时间的增大而增大后随时间的增大而减小，Y值越小（越靠近分离鳃底端）越明显，这是因为上面的泥沙沉降到底部所引起的；但不同泥沙粒径下平均含沙量随时间的增大或减小的幅度不同，泥沙粒径越大，平均含沙量随时间的变化幅度就越大，说明泥沙沉降得也就越快，从而分离鳃的水沙分离效率也就越高。

(3) 当泥沙粒径为0.005～0.035mm时，$Y=25$cm与$Y=35$cm这两个截面上的平均含沙量随时间变化规律相同，均随着时间的延长而减小，但不同泥沙粒径下平均含沙量减小的幅度不同，泥沙粒径越大，平均含沙量随时间的减小幅度就越大，同一时间下，平均含沙量就越小，即水沙分离效率就越高，如图3.25（d）所示，当时间$t=1000$s时，泥沙粒径为0.005mm下的平均含沙量为9.18kg/m^3，而当泥沙粒径增大到0.035mm时，平均含沙量几乎为0。

3.5 本章小结

采用Fluent软件中的欧拉模型模拟了静水中浑水含沙量（2～40kg/m^3）、鳃片倾斜角（6组不同α倾斜角与β倾斜角的组合）、鳃片间距（3～25cm）及泥沙粒径（0.0001～0.035cm）下的分离鳃内部水沙两相流流场，通过数值计算结果得出以下结论：

(1) 同一鳃片不同浑水含沙量下鳃片上、下表面的速度分布规律一致，但浑水含沙量越大，鳃片上表面的泥沙平均速度与鳃片下表面的清水平均速度就越大；不同浑水含沙量下，清水通道与泥沙通道的速度分布规律相同，且泥沙平均速度与清水平均速度随时间的变化分为加速、减速和匀速3个阶段；不同浑水含沙量下，鳃片上表面的平均含沙量随时间变化规律基本一致，在同一鳃片上，浑水含沙量越大，鳃片上表面的平均含沙量就越大；浑水含沙量越小，分离鳃的水沙分离效率就越高。

(2) 鳃片倾斜角β对分离鳃的水沙分离效率影响最大，其次是鳃片倾斜角α，实际工程应采用的鳃片倾斜角为$\alpha=60°$与$\beta=45°$，该鳃片倾斜角下对应的泥沙最大速度为5.69cm/s；不同鳃片倾斜角下，鳃片上、下表面的速度场，宽度方向的速度场是不同的，鳃片倾斜角$\alpha=60°$、$\beta=45°$的运动轨迹为鳃片上表面的泥沙流先以63.43°向下滑至鳃片的长边，再以45°沿长边下滑，方位角为30°。

（3）不同鳃片间距下，鳃片上表面、鳃片下表面及分离鳃宽度方向的速度流场不同，鳃片间距越大，速度流场受到泥沙通道下降的泥沙流与清水通道上升的清水流影响就越大；鳃片间距不同，则分离鳃中鳃片的个数就不同，鳃片间的横向环流个数也就不同，若分离鳃内部有鳃片 n 个，则横向环流个数为 $n-1$ 个；不同鳃片间距分离鳃高度方向上的平均含沙量分布特性表现为上疏下浓，且鳃片间距越小，分离鳃的水沙分离越高，同时考虑水沙分离效率及鳃片间的流场特性，最终选择鳃片间距 $d=5$cm 作为分离鳃应用于实际工程的理论设计值，数值计算结果与物理模型的试验结果相符。

（4）泥沙粒径为 0.0001mm 时，分离鳃内部的速度场与泥沙粒径为 0.005～0.035mm 的不同；泥沙粒径为 0.0001mm 时，分离鳃高度方向上的平均含沙量随时间增大而保持不变，而泥沙粒径为 0.005～0.035mm 时，平均含沙量随时间的变化规律与高度方向上截取的截面有关；相同条件下，泥沙粒径越大，平均含沙量就越小，水沙分离效率就越高。

第4章

动水条件下结构参数对分离鳃水沙两相流场的影响

动水条件下，结构参数发生改变，分离鳃内部的水沙两相流场如何变化，有待进一步探究。本章拟开展不同结构参数（鳃片间距、浑水进口位置及长宽比）下水沙两相流流场的数值模拟，探究结构参数对分离鳃水沙两相流流场和水沙分离效率的影响。

4.1 鳃片间距对分离鳃水沙两相流场的影响

4.1.1 不同鳃片间距分离鳃的数值模拟介绍

采用第2章中分离鳃的物理模型尺寸，仅改变鳃片间距。在Gambit软件中构建三维几何模型，并使用经优化后的非结构性网格进行网格划分，鳃片间距5cm、8cm、11cm的分离鳃网格数分别为30.37万、30.15万、30.09万个。不同鳃片间距分离鳃的水沙两相流场数值模拟所采用的数学模型、计算方法、边界条件、初始条件均与2.3节相同。

4.1.2 不同鳃片间距下分离鳃的计算结果与分析

4.1.2.1 在Y断面（宽度方向）的速度矢量分布

图4.1为迭代终止时，$Y=0.41$dm断面下不同鳃片间距分离鳃中间局部的速度矢量分布图。从图4.1可知，不同鳃片间距的宽度方向速度矢量分布规律不相同。

从图4.1（a）中可知，清水流运动主要集中在左图（清水上升）中，清水顺着每个鳃片下表面流动至鳃片最高端后汇聚进入清水通道并一起向上运动；而泥沙流运动主要集中在右图（泥沙下沉）中，泥沙顺着各鳃片上表面向下移动，滑落至最低端处汇聚并一起向下运动。因而在鳃片间及左右两侧通道中，形成了泥沙流下降和清水流上升干扰较少的横向及垂向异重流，这与室内物理模型试验现象相符。

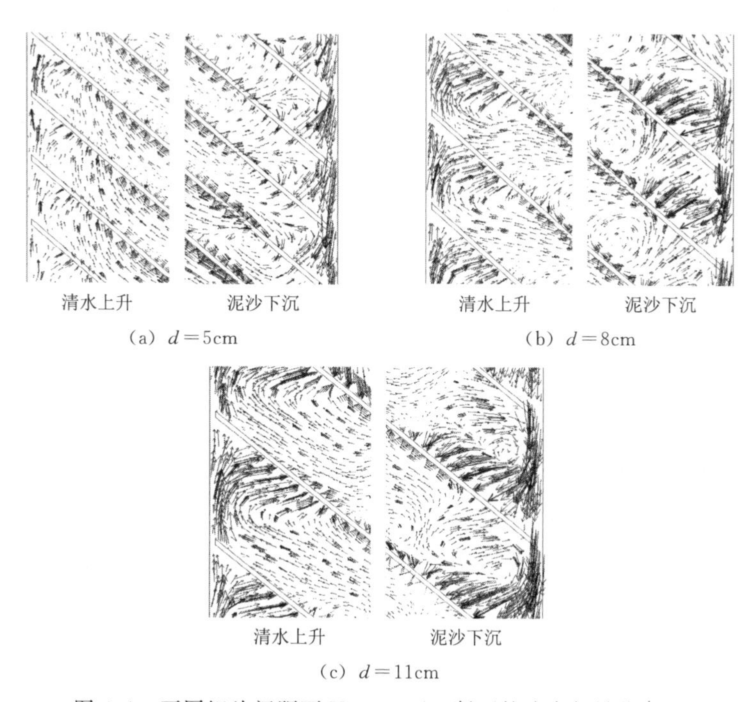

图 4.1　不同鳃片间距下 $Y=0.41$dm 断面的速度矢量分布图

从图 4.1（b）、（c）中可以发现，左图（清水上升）中不同鳃片下表面的清水流顺着每个鳃片下表面向上运动，当清水流运动至鳃片下表面高端处时，与左侧清水通道中的上升清水流相遇，在浑水进口和清水出口的水流影响下，使得两鳃片间的上部分区域产生了一个范围较大的半漩涡（内向回流），其牵引着清水通道中上升的清水流向鳃片下表面，极大干扰了鳃片间的横向流，破坏了分离鳃的横向异重流。鳃片间距越大，两鳃片间上部分产生的回流角度就越大，半涡旋的范围也越大，水流紊动性增强，鳃片间及系统内清水流受到的干扰也就越大。同样右图（泥沙下沉）中主要为泥沙流运动，泥沙顺着每个鳃片上表面向下移动，当每个鳃片上的泥沙运动至鳃片最低端时，与泥沙通道中下降的泥沙流相遇，使得两鳃片间的水流混掺，且鳃片距离越大，紊动性就越强，混掺程度越明显，泥沙流在不稳定的水流状态中下沉，不利于水沙分离。

为确保水沙快速分离，提高水沙分离效率，前提条件是鳃片间速度场、泥沙通道和清水通道的速度场，以及鳃片间与两通道的速度场相互干扰较少，即泥沙流和清水流遵循各自相应的流动轨迹，互相影响较少。综上分析，鳃片间距 $d=5$cm 时，其内部的速度流场更加符合以上条件。

4.1.2.2 在 Y 断面（长度方向）和 X 断面（宽度方向）的速度云图

1. 在 Y 断面（长度方向）的速度云图

图 4.2 是 Y 断面上不同鳃片间距分离鳃在动水条件中的速度云图，其中速度 v 为 X、Y 和 Z 三个方向的合速度。在图 4.2（a）的 $Y=0.81$dm 断面上，主要显示了进水口附近及清水通道中不同速度的分布状况。可以发现，各进水口及邻近鳃片上表面的 1/2 处由于初始进水流的速度较高，均约为 0.1m/s。在鳃片间距 $d=5$cm 时，清水通道中的高速度分布相对较小，但随着鳃片间距的增加清水通道中上升水流的速度分布变得越加宽泛，这使得左侧清水通道中水体的紊动性增强，对鳃片上表面高端处泥沙流的运动产生影响，不利于高端处的泥沙向低端移动，即不利于泥沙的分离。

在图 4.2（b）的 $Y=0.21$dm 断面中，主要显示了出水口附近及泥沙通道中的速度分布状况，可以看到，随着鳃片间距的增加分离鳃顶部附近的速度分布变得越来越复杂，导致出口附近水流的稳定性减弱，不利于清水的快速排出。右侧泥沙通道中的速度分布相对明显，合泥沙流从泥沙通道中下降时，对鳃片右端下表面的速度分布影响剧烈，平均速度约为 0.059m/s，同时合清水流在左侧清水通道中提升时，对鳃片左端下表面的速度分布影响也较明显，其平均速度约为 0.043m/s。

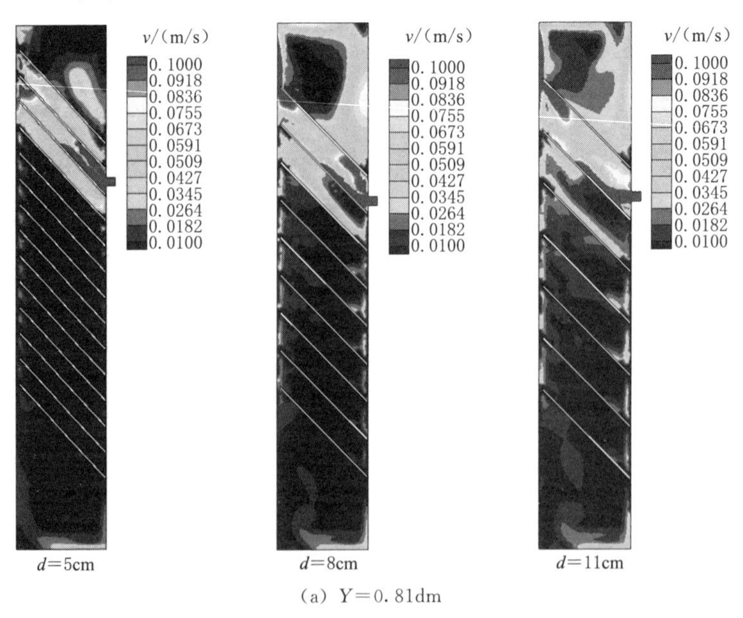

图 4.2（一） 不同鳃片间距下 Y 断面的速度云图

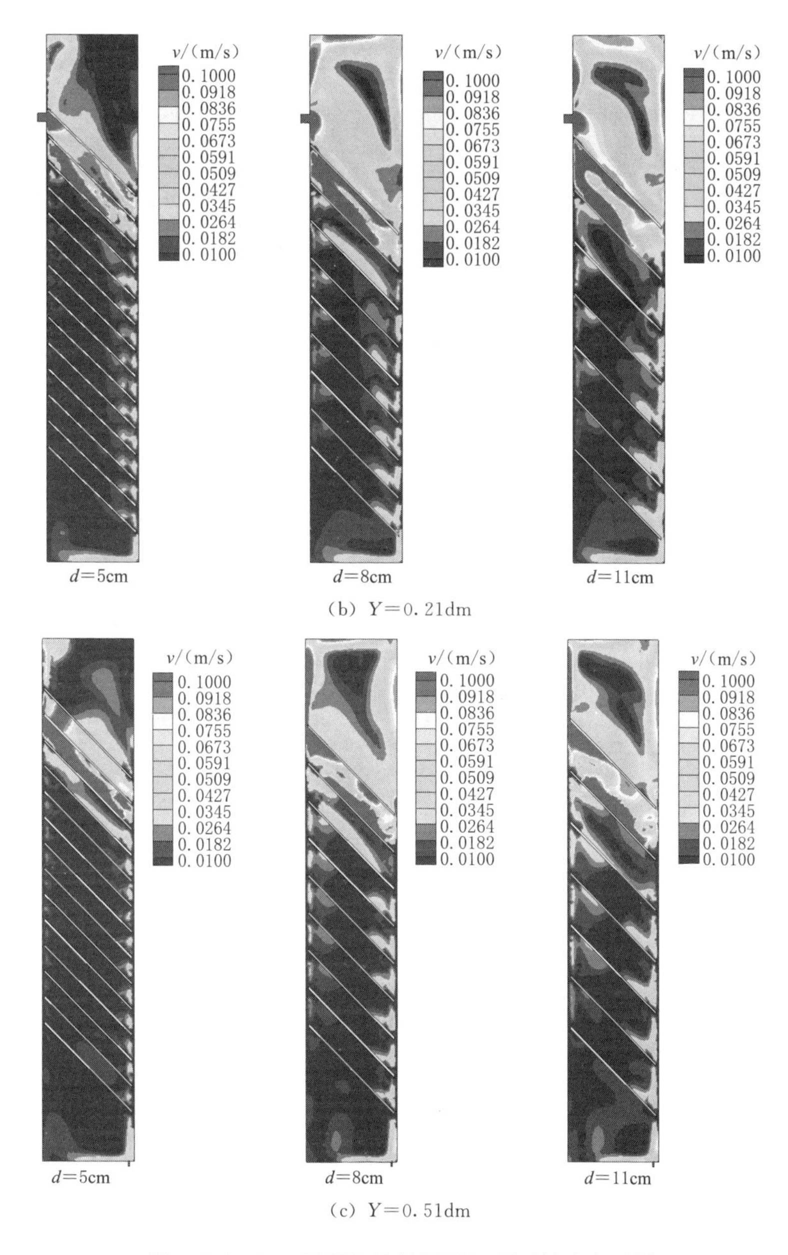

(b) $Y=0.21$dm

(c) $Y=0.51$dm

图 4.2（二）　不同鳃片间距下 Y 断面的速度云图

以上现象在图 4.2（c）的 $Y=0.51$dm 断面上被更加形象完整地反映。在 $Y=0.51$dm 断面上，随着鳃片间距的增加两鳃片间左端的速度分布逐渐呈现出类镰刀状，右端速度分布则呈现与左端斜相对的倒镰刀状，且随着间距的增加，此对镰刀形状也越大，即鳃片上表面的下端和泥沙通道中的泥沙运动以及鳃片下表面的上端和清水通道中的清水运动引起的紊流范围越广。对于鳃片间距 $d=8cm$ 和 $d=11cm$ 的分离鳃来说，此时系统中的速度流场互相之间产生不同程度的干扰，因而不能确保水沙快速有效地从分离鳃中分离，同时在此断面上，各分离鳃底部的速度流场也随着鳃片间距的增加而紊动范围逐步扩大，在鳃片间距 $d=5cm$ 时分离鳃最底部泥沙流下降的最大速度约为0.084m/s，鳃片间距 $d=8cm$ 和 $d=11cm$ 时最底部泥沙流下降的最大速度约为0.075m/s，但由于试验设置的排沙口较小，其底部右侧排沙口的速度大致相同，均约为0.092m/s。总体来看鳃片间距 $d=5cm$ 的分离鳃相对于鳃片间距 $d=8cm$ 和 $d=11cm$ 的泥沙下沉速率更快。

2. 在 X 断面（宽度方向）的速度云图

图4.3是 X 断面上不同鳃片间距分离鳃在动水条件中的速度云图。在图4.3（a）中，各鳃片下表面的速度相对更高，因而此处主要为清水流的上升阶段。从图中可以发现，在分离鳃鳃片间距 $d=5cm$ 时，鳃片下表面的速度流分布范围较小，为一细长直线；当鳃片间距 $d=8cm$ 时，鳃片下表面速度流的速度和宽度均增加，形成一根平行棍状；而间距 $d=11cm$ 的速度及宽度则进一步增大，变成刀片状。由此可知，随着鳃片间距的增加，鳃片下表面速度流的速率和范围也越大，则系统中水流的紊动性也就越强，导致速度场相互间的干扰性增加，而这不利于清水的分离和排出。

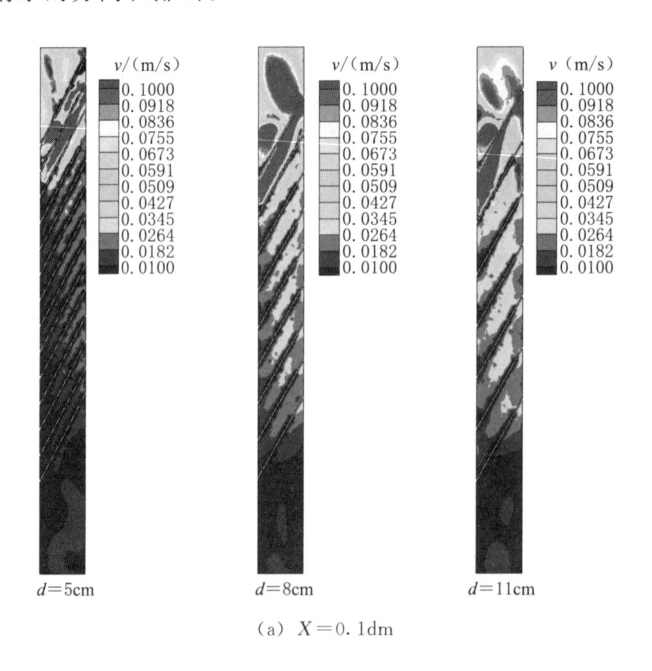

(a) $X=0.1dm$

图4.3（一） 不同鳃片间距下 X 断面的速度云图

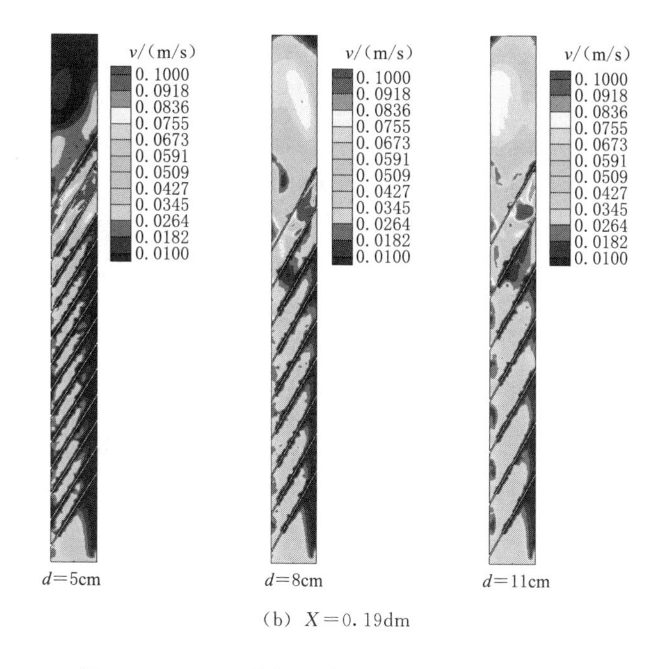

(b) X=0.19dm

图 4.3(二) 不同鳃片间距下 X 断面的速度云图

在图 4.3(b)中，不同鳃片间距的分离鳃在各鳃片通道（两鳃片之间的通道）中间的速度都较高，这主要由泥沙运动引起。随着鳃片间距的增加高速度流的范围逐渐扩大。间距 d=5cm 中的高速度流主要集中在鳃片上表面的中下区域，且幅度范围较小，对水体造成的紊动性较低，同时右上区域的泥沙运动速度较低，对鳃片下表面清水的运动影响更小，则更有利于鳃片高端处清水流的上升。相对的间距 d=5cm 和 d=8cm 中高速度流的幅度范围则较大，导致系统内整体的紊动性越来越强，进而不利于水沙快速有效地分离。

4.1.2.3 在 Y 断面（长度方向）和 X 断面（宽度方向）上的浓度分布

1. 在 Y 断面（长度方向）的浓度分布

图 4.4 为迭代终止时，沿 Y（宽度方向）上断面的泥沙体积浓度分布图，其中右侧的竖向图例表示泥沙体积分数（sediment-vof）。在图 4.4（a）断面上，可以看到，高浓度区域主要分布在邻近进口处的两鳃片间及进口上部分至顶部的空间中，这是因为在动水条件下，浑水射入此区域造成初始泥沙浓度较高。而各分离鳃中除去进口及顶部的下半区域浓度都较小，即主要为清水，且相对于鳃片间距 d=8cm 和 d=11cm 的下半区域 d=5cm 的低浓度区域分布更均匀，这是由于鳃片的间距小，使得在相同空间体积内放置的鳃片个数多，从而泥沙的有效沉淀面积更大，沉淀的效果也相对更好。

在图4.4(b)中，鳃片间距$d=5$cm断面的顶部和出口附近，其浓度相对较小，体积分数在0.0016的区域占主要部分，而在$d=8$cm和$d=11$cm的同区域中浓度分布则比较复杂，其体积分数为0.0023的区域占主要部分。在分离鳃的中间部位，鳃片上表面低端边壁处1/2的区域浓度较大，为泥沙下降流，下表面高端边壁处2/3区域浓度较小，为清水上升流。而在$d=8$cm和$d=11$cm中，

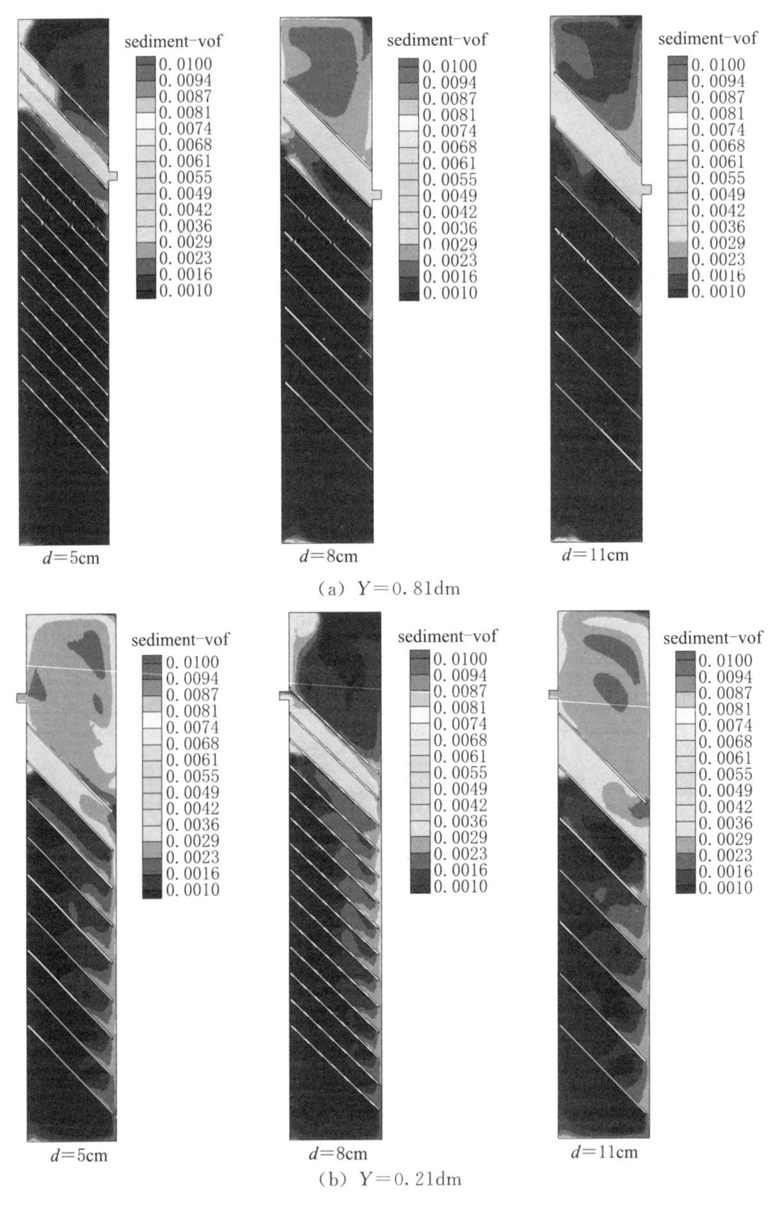

图4.4(一) 不同鳃片间距下Y断面的泥沙体积浓度分布图

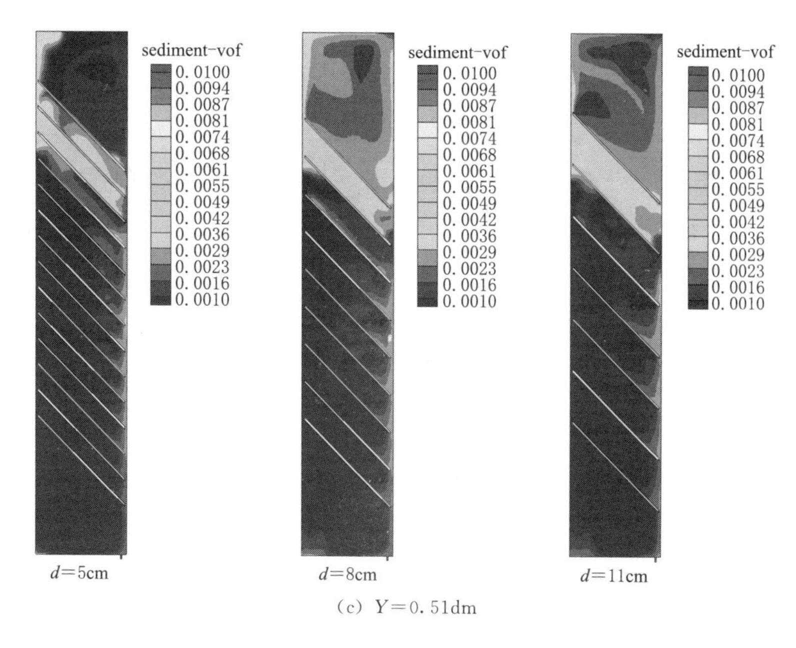

(c) Y=0.51dm

图 4.4（二） 不同鳃片间距下 Y 断面的泥沙体积浓度分布图

鳃片上表面低端边壁处约 1/3 为泥沙下降区域，下表面高端边壁处 1/2 为清水上升流区域，可以发现随着鳃片间距的减小，鳃片下表面的含沙量逐渐减小，同时鳃片上表面的含沙量逐渐增大。

由此现象分析可知，随着鳃片间距的增加，增大了鳃片通道内的垂直距离，泥沙在两鳃片间滑落和汇聚的速率提高，对水体的扰动性进一步增强，同时分离鳃中有效沉淀面积也减少，系统内水沙的分离强度减弱，则分离鳃顶部靠近清水出口处的浓度逐渐升高，从而水沙分离的效果越发不好。

由图 4.4（c）中的断面可见分离鳃的底部排沙口及附近的浓度场，可以发现，各排沙口处的含沙量及浓度分布都大致相同，但在远离排沙口的底部左端，间距 d=8cm 和 d=11cm 中有小部分较高浓度的区域。这是因为，鳃片间垂直距离增大导致鳃片上表面泥沙流在重力作用下的沉降速率增加，进而提升了泥沙通道中合泥沙流垂直下落的速度，同时加速运动的合泥沙流向下冲刷并在底部直角边壁的阻挡下向左侧移动，造成了左侧小范围的泥沙堆积，不利于底部泥沙及时有效地排出。

2. 在 X 断面（宽度方向）的浓度分布

图 4.5 为迭代终止时，沿 X（长度方向）上断面的泥沙体积浓度分布图。在图 4.5（a）断面上，可以看到不同鳃片间距的分离鳃在靠近顶端鳃片通道里的浓度都较大，这主要因为右侧进水口的浑水初始浓度较高。但顶部区域中的

泥沙体积分数却各不相同，相对于间距 $d=8\text{cm}$ 和 $d=11\text{cm}$，间距 $d=5\text{cm}$ 的分离鳃在顶部区域中的泥沙体积分数较小，更有利于顶部出口清水的排除。

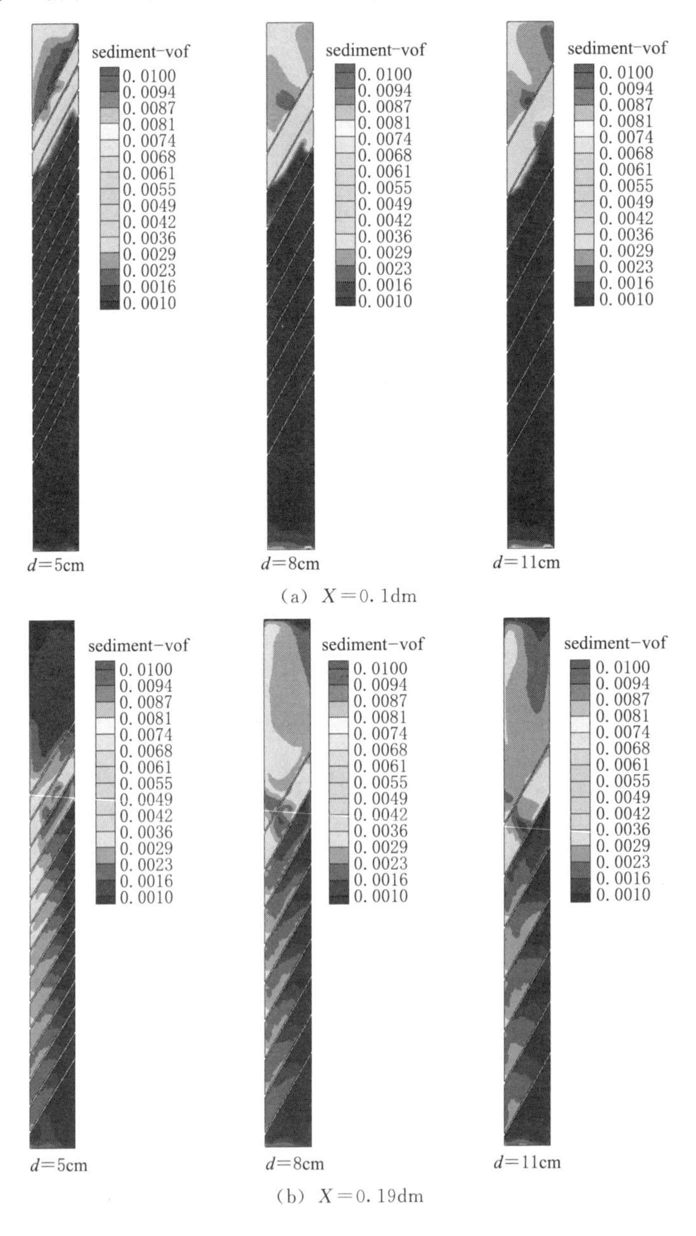

（a）$X=0.1\text{dm}$

（b）$X=0.19\text{dm}$

图 4.5　不同鳃片间距下 X 断面的泥沙体积浓度分布图

图 4.5（b）中，在各分离鳃的顶部，其浓度场与图 4.5（a）断面的相同，即两鳃片间距离越大，泥沙的体积分数就越高且高浓度的分布范围就越广。在

分离鳃的中部，鳃片间距 $d=5\text{cm}$ 的鳃片上表面低端附近的泥沙体积分数较大，其平均约为 0.0036，相比于间距 $d=8\text{cm}$ 和 $d=11\text{cm}$ 所占的范围更广，即从浑水中分离出的泥沙更多，水沙分离效果更好。

4.1.2.4 进出水口断面的浓度分布及水沙分离效率

1. 不同鳃片间距下进出口断面的浓度分布

图 4.6 为迭代终止时，在不同鳃片间距下柱状进出水口断面的浓度分布。从图 4.6 中可以发现，不同鳃片间距的进水口断面中浓度分布状况大致相同，即同一泥沙体积都均匀地铺拓在整个圆面上，其平均体积比都为 0.004。这是因为在开始时三个进口中注入的浑水原始浓度一致，且初始时浑水中的黏性泥沙在水体中悬浮均匀。

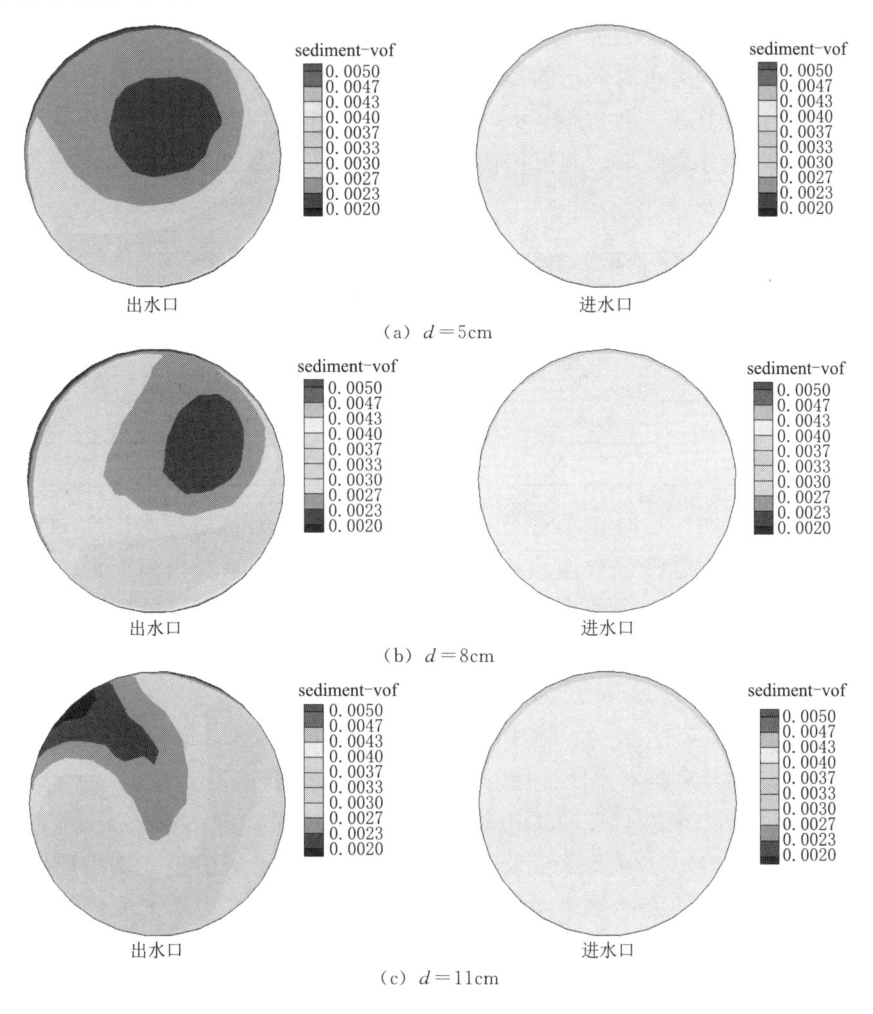

图 4.6 不同鳃片间距下进出口断面的泥沙体积浓度分布图

图4.6（a）中，在出水口断面上，圆形边缘区域的浓度较高呈月牙形分布而中间的类圆形区域浓度则较低，从整体来看，高浓度从边缘向内逐级递减，此断面上的泥沙平均体积比为0.0026。在图4.6（b）的出水口断面，其泥沙的浓度分布与图4.6（a）中的类似，但相比于$d=5$cm的出水口，$d=8$cm的高浓度区域范围更大，且低浓度区域的范围也更小，断面的平均体积比为0.003。而在图4.6（c）中，出水口断面的浓度分布与以上两图有较大差异，高浓度区域几近包围了圆形断面边缘并向左上角延伸，低浓度区域则在左上角缩聚，形成了缺口状。通过以上出水口断面的对比可知，鳃片间距为5cm的断面中低浓度区域比高浓度区域分布的范围更大，其泥沙平均体积分数最低，装置内清水和泥沙的分离效果相对更好。

2. 不同鳃片间距下进出口断面的平均含沙量及水沙分离效率

表4.1为迭代终止时，不同鳃片间距的分离鳃在进口和出口断面的平均含沙量与水沙分离效率（数值模拟）之间的对比。作为判断分离鳃性能优良的重要指标——水沙分离效率，其数值的高低表明了装置内清水和泥沙分离效果的好坏。

表4.1 不同鳃片间距分离鳃进出口断面的平均含沙量及水沙分离效率对比

鳃片间距/cm	进口断面平均含沙量/(kg/m^3)	出口断面平均含沙量/(kg/m^3)	水沙分离效率/%
5	10.00	6.55	34.50
8	10.00	9.50	25.01
11	10.00	7.98	20.02

从表4.1可知，不同鳃片间距的三个分离鳃中，因初始浑水浓度一致，则进口断面上的平均含沙量数值均相同，而不同鳃片间距下，出口断面上的平均含沙量并不相同。可以看到，随着鳃片间距的减小，清水出口处的平均含沙量变大，进而水沙分离效率增加。其中间距是5cm的为最大值，达到34.5%，且分别是间距为8cm和11cm的1.38倍和1.72倍。

综上所述，在动水条件下鳃片间距为5cm、8cm和11cm的三个分离鳃中，间距$d=5$cm的分离鳃对水沙分离的效果最佳。

3. 数值模拟与物理试验的误差分析

为了进一步确定数值模拟结果的合理性与正确性，采用第2章物理试验中的结果数据进行水沙分离效率间的相对误差对比。表4.2为不同鳃片间距分离鳃的数值模拟与物理试验的相对误差对比，可以发现三个鳃片间距下的相对误差较小，均小于5%，即不同鳃片间距分离鳃的模拟计算结果与实际物理试验数据接近，说明本次数值模拟具有正确性和合理性、真实性和可靠性。

表 4.2 数值模拟与物理试验的相对误差对比

鳃片间距/cm	水沙分离效率/%		相对误差/%
	数值模拟	物理试验	
5	34.50	35.12	1.77
8	25.01	24.56	1.83
11	20.02	19.87	0.75

4.2 浑水进口对分离鳃水沙两相流场的影响

4.2.1 不同浑水进口分离鳃的数值模拟介绍

采用第 2 章中分离鳃的物理模型尺寸，设置四个不同位置的浑水进口，分别距离分离鳃底部 76cm、46cm、0cm、58cm，分别记为进口 1、进口 2、进口 3、进口 4。在 Gambit 软件中构建三维几何模型，并使用经优化后的非结构性网格进行网格划分，四个浑水进口的分离鳃网格数分别为 30.38 万个、30.37 万个、30.56 万个、30.62 万个。不同浑水进口位置分离鳃的水沙两相流场数值模拟所采用的数学模型、计算方法、边界条件、初始条件均与第 3 章的相同。

4.2.2 不同浑水进口位置下分离鳃的计算结果与分析

4.2.2.1 速度场及分析

1. 各进水口附近的速度矢量分布

为分析进水口位置对分离鳃中速度矢量的影响，将 $Y=0.1$dm 剖面上不同进水口附近的速度矢量进行局部放大，如图 4.7 所示。因剖面靠近鳃片的下端，故主要为泥沙流运动。由图 4.7 可知，不同浑水进口位置附近的速度分布各不相同，具体如下：

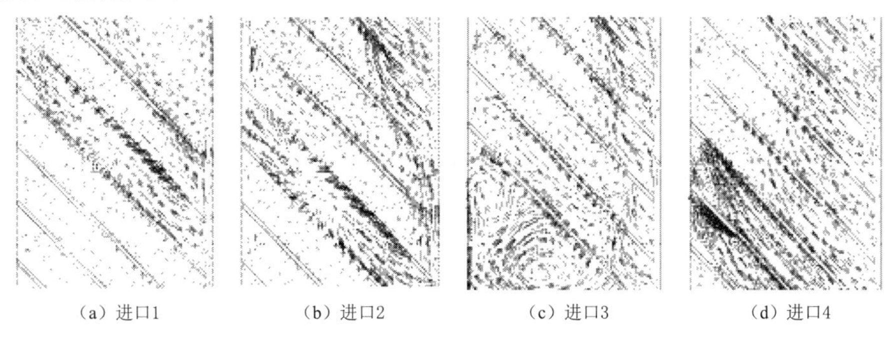

(a) 进口1　(b) 进口2　(c) 进口3　(d) 进口4

图 4.7 不同浑水进口在 $Y=0.1$dm 剖面的速度矢量分布图

（1）在距离底部76cm的左侧（进口1）附近，其所对应的上下两鳃片中速度流线较为密集，且方向为左上。这是由于右侧进口的浑水流横向射入，因初始流速高，大部分泥沙在整体水流的带动下在第1个鳃片通道（上下两鳃片之间的通道）中斜向上移动。同时，斜上升的浑水流还对邻近泥沙通道中的水流产生了一定的提升力，向下牵引着第2个鳃片通道低端处的大部分水流，形成了由中间向外的发散，造成鳃片间水流急剧紊动，因而此区域无明显的水沙分离现象。

（2）在距离底部46cm右侧（进口2）附近，中间部位提升并发散的泥沙流与进口1相似，但由于此进口在分离鳃中部，则提升水流对上部的影响范围开始变大，并使上部泥沙通道和鳃片低端区域的泥沙流斜向上运动，极大地破坏了泥沙流下降中的稳定环境，不利于水沙的分离。该现象在进口4处更明显，这是因为进口4，在分离鳃的中间且与左侧清水出口在同侧，进出口之间产生了极高的横向U形对流，使鳃片通道低端处的泥沙流向左上移动，对系统内的双异重流造成了一定程度的破坏，不利于泥沙的分离和排出。

（3）在底部的进口3处，进水水流从底部竖直向上进入，在第1块鳃片（从下向上数）的阻挡下分成两股，分别沿鳃片下表面向下和向上运动，并同时向内回流形成2个漩涡。可以发现，在鳃片上表面中间的泥沙流从左上向右下移动，清水流则沿鳃片下表面反方向向右上移动（离进口最近的第1个鳃片除外），这是由于进口上部系统内水体环境相对稳定，整块区域形成了较清晰的横向异重流，使得水沙的分离效果相对较好。但鳃片低端小部分泥沙流却开始向上发散，这是由于底部漩涡对右侧泥沙通道的影响，从而产生了轻微的上升流并与鳃片上表面下降的泥沙流相遇所造成，这种现象对泥沙最终的沉淀影响并不大，因为少部分发散的泥沙流会在上个鳃片的下端被阻挡，从而进一步在泥沙通道中汇聚。

综上所述，各进口附近区域的紊动性高，双异重流的形成比较困难，其中对进口1、进口2、进口3中的双异重流破坏明显，因而更不利于水沙分离，但与其他进口相比，进口3中上部内环境较为稳定，系统内的紊动性较低，横向异重流较明显，水沙分离效果相对更好。

2. 沿Y（宽度方向）剖面的速度云图

图4.8为迭代终止时，不同浑水进口位置的分离鳃在Y剖面上的速度云图。其中速度v为X、Y、Z三个方向的合速度。由于各进口位置不在同一水平面上，则不同剖面表现出不同的进口。

图4.8（a）中显示了进口1、进口2中的浑水进水口，可以发现进口附近的速度分布规律相同，其高速流场布满在3个相邻的鳃片通道里，这是由于初始的高速流在横向射入时被斜向上的鳃片阻挡，从而在附近发散产生紊流，使区域内的稳定性降低，极大地破坏了附近区域中双异重流的形成。在进口2、进口

4 剖面的上半部分区域，由于与左上端的清水出口之间产生对流，则流速分布更加复杂，其高速流与低速流交错相插，造成了大面积的紊流，不利于水沙分离。进口 3 附近速度分布相对复杂，底部空间内的速度较高，速度为 0.0673m/s 的占主要部分。

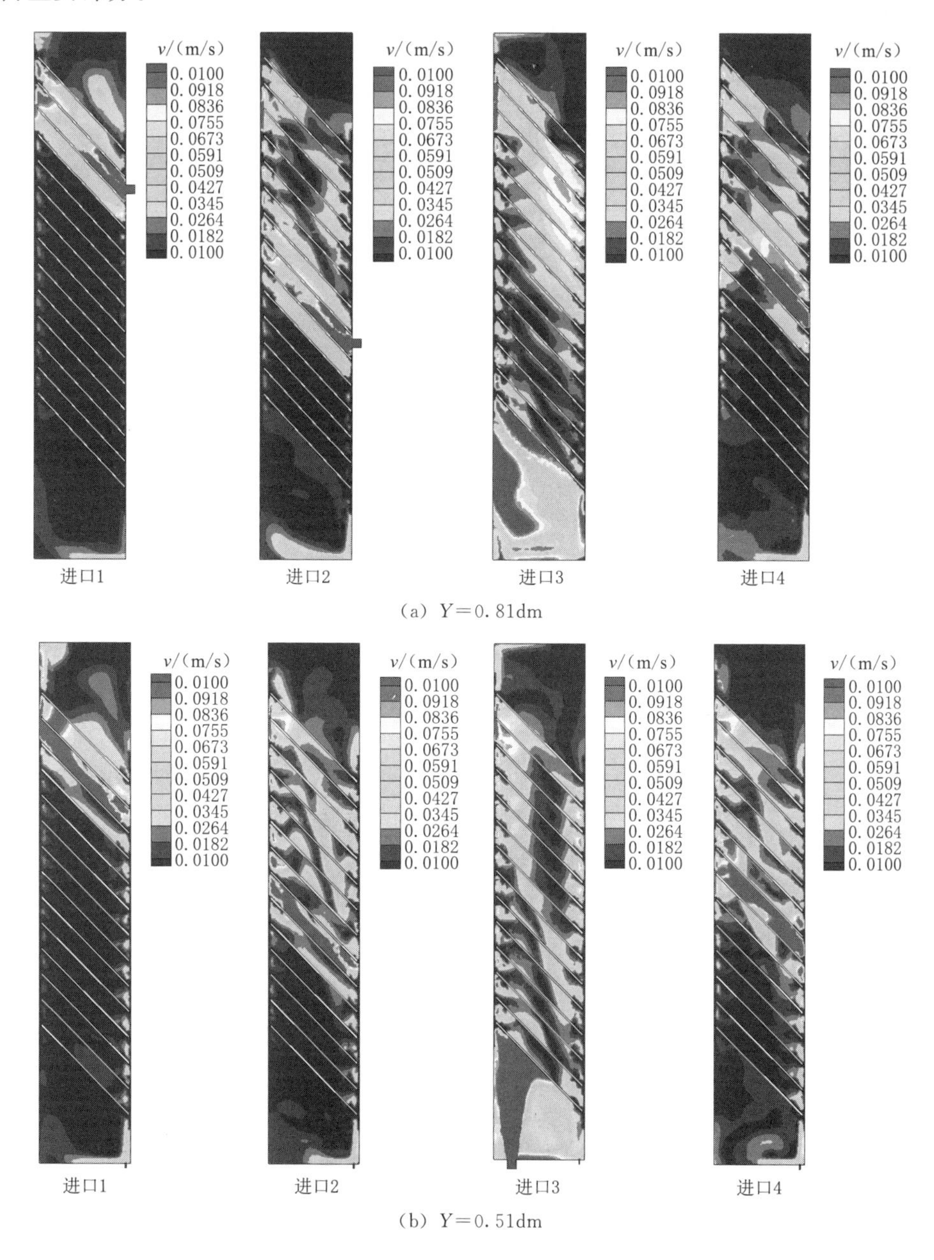

图 4.8（一） 不同浑水进口在 Y 剖面的速度云图

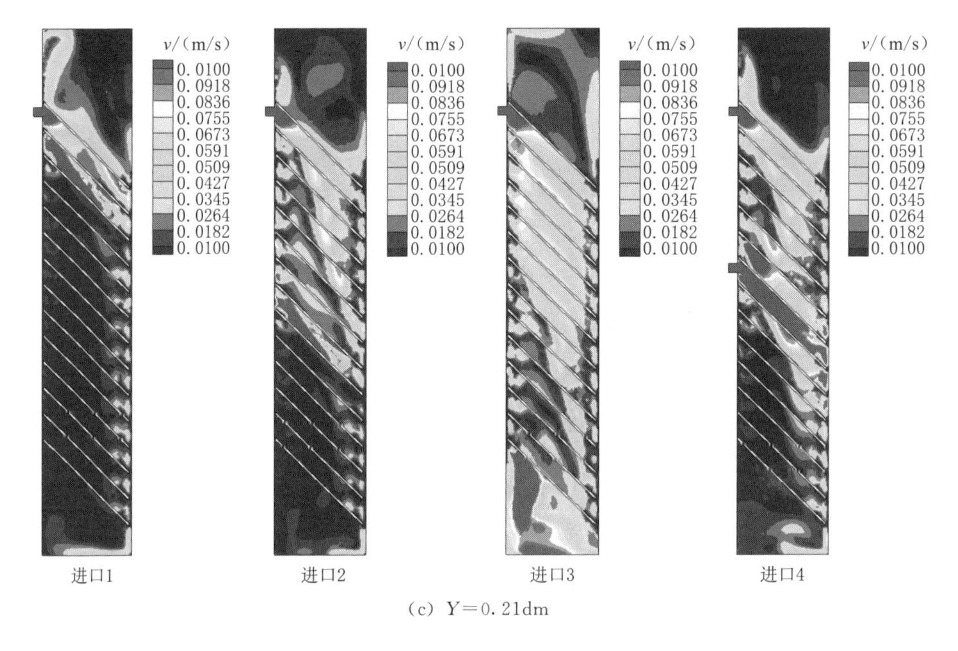

(c) Y=0.21dm

图 4.8（二） 不同浑水进口在 Y 剖面的速度云图

图 4.8（b）中显示了进口 3 的进口剖面和各分离鳃的排沙口剖面情况。在进口 3 的剖面上，各鳃片的高端与低端处的速度分布较大，其清水流与泥沙流的运动相对清晰。可以看到进口 3 底部的高速浑水流竖直进入装置内，在鳃片的阻挡下，形成喇叭状，对排沙口处泥沙的运动造成了扰乱，而其他 3 个分离鳃的排沙口附近速度分布则相同，三者沿侧壁和底部边壁呈现出较高速率。

图 4.8（c）中主要显示了进口 4 的进口剖面和各分离鳃的出水口剖面。在进口 4 的进口剖面上，可以发现其进水口附近的速度分布情况与进口 1、进口 2 相似，即相邻两通道内被高速流场充斥。各分离鳃左侧的 4 个清水出口区域的速度都较高，约为 0.1m/s，其中进口 3 的出水口附近高速度场的分布范围更大，更多的清水向出口涌出，水沙分离效果相对更好。在进口 1、进口 2、进口 4 的剖面中，沿第 1 片鳃片上表面（从上向下顺序）至左上侧边壁，分布着速度约为 0.06m/s 的倾斜类 V 形速度场，而与其相比在进口 3 的同区域则无此现象，说明进口 3 在此区域的速度小，水体紊动性低，更有利于出口处清水的排出。

4.2.2.2 不同浑水进口沿宽度方向（Y 剖面）的浓度分布

图 4.9 为迭代终止时，各分离鳃沿宽度方向 Y 剖面的浓度分布图，此时不同浑水进口的分离鳃系统内部均已达到稳定状态。

图 4.9（a）中，在进口 1、进口 2 剖面上，由于在动水条件下，两进口处的浑水循环注入，较高流速的浑水沿鳃片低端向高端流动，则右侧进口附近的两

鳃片通道间泥沙体积分数均较大。同时在进口 2 的上半部泥沙体积分数较高，平均约为 0.0042，且范围较广，约占整个剖面的 1/3，相比于下部区域平均约 0.0018 的泥沙体积分数，高出近一半多。相反，在进口 3 的剖面上，体积分数较大的部分主要集中在分离鳃的中间至底部区域，而远离进口的上部分泥沙体积

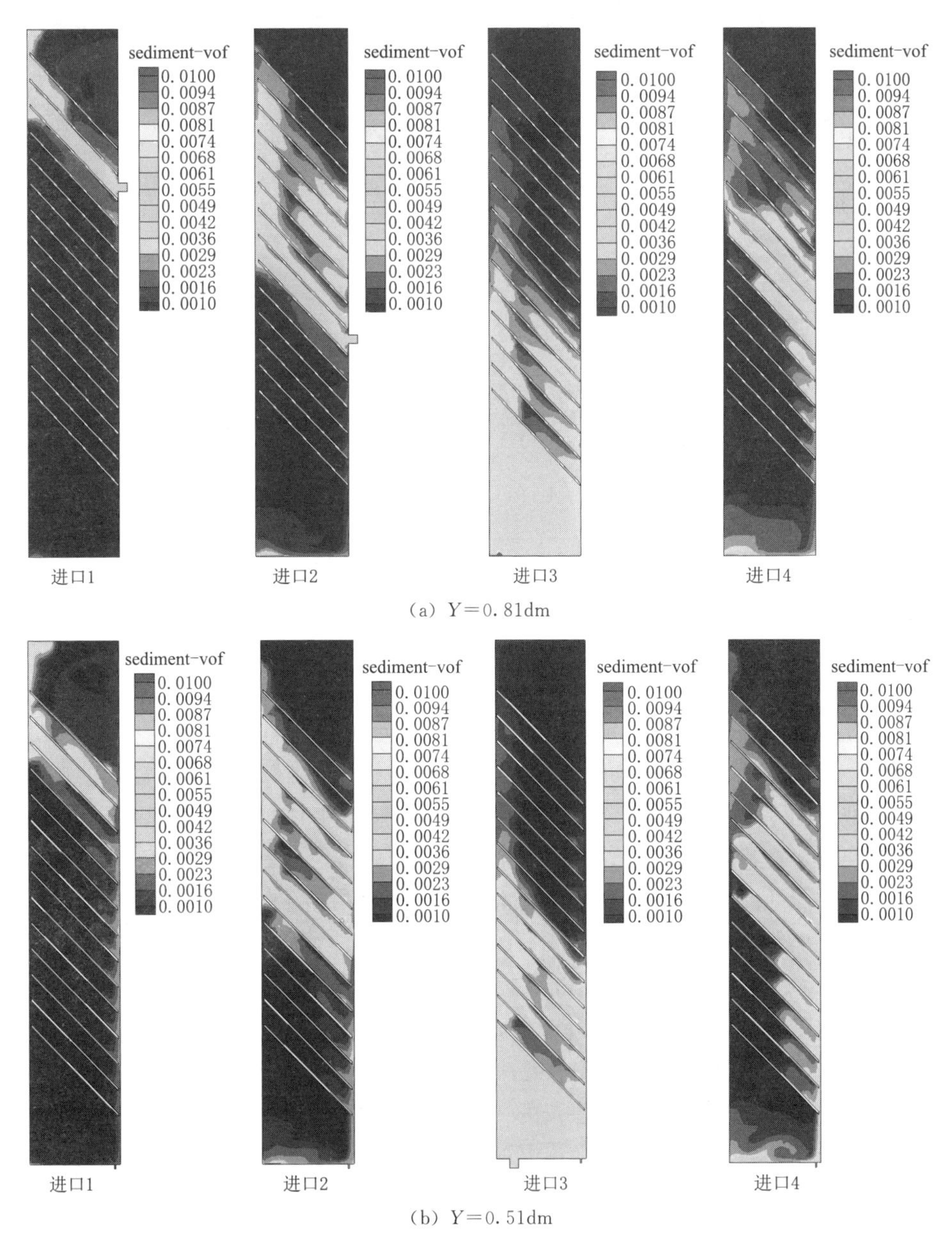

(a) Y=0.81dm

(b) Y=0.51dm

图 4.9（一）　不同浑水进口在 Y 剖面的泥沙体积浓度分布图

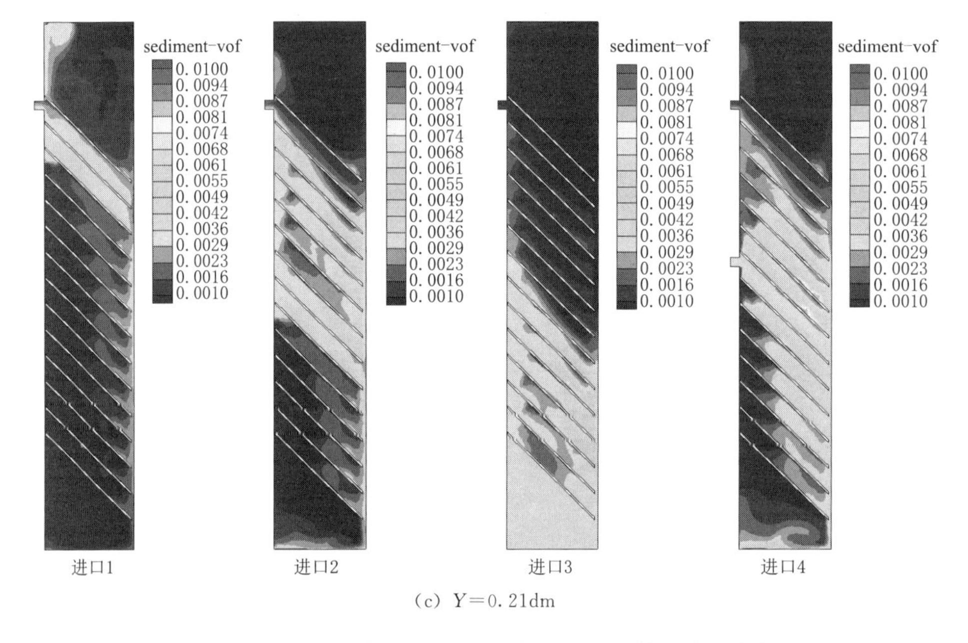

(c) Y＝0.21dm

图 4.9（二） 不同浑水进口在 Y 剖面的泥沙体积浓度分布图

分数较低，平均约为 0.0017。在进口 4 处，高体积分数的区域呈横向三角形分布，即在进口附近的范围最大，向两边逐渐缩减，其中体积分数最高达 0.0068。

图 4.9（b）进一步反映了底部右侧排沙口附近的泥沙分布特点大致相同，即沿装置右侧底部的直角边分布，其范围介于进口 1 与进口 3 之间。进一步反映了底部右侧排沙口附近的浓度分布情况。可以发现各排沙口附近的浓度分布并不相同。进口 1 的排沙口附近，主要为低浓度区域，高体积分数的显示范围小，而相对地进口 3 的排沙口附近高体积分数区域的范围广，其面积几乎占据装置的整个底部。在进口 2、进口 4 中，由于进口均分布在分离鳃两侧边，底部排沙口附近的泥沙分布特点大致相同，即沿装置右侧底部的直角边分布，其范围介于进口 1、进口 3 之间。

图 4.9（c）中各分离鳃的出水口部位均清晰可见。在进口 1 剖面的清水出口附近，可以看到沿顶部左侧边壁处，有一垂直区域浓度较大，且与出口相连的第 1 个鳃片通道及相邻的第 2 个鳃片道中泥沙体积分数较高，顶部的清水层厚度相对较小，约占分离鳃垂直总长的 1/4。在进口 2、进口 3、进口 4 的清水出口附近，泥沙的含量相对减少，其中进口 2 上方至顶部的清水层厚度与进口 4 上方至顶部的清水层厚度相近，约为分离鳃垂直总长的 1/3。在进口 3 处，顶部的清水层厚度急剧增加，其清水层厚度约达到分离鳃垂直总长的 1/2，低浓度区域一直延伸到分离鳃的中部，水沙分离效果极其明显。

由此可知，在动水循环环境中靠近进口附近区域的泥沙体积分数均较大，且相对于进口1、进口2、进口4，进口3的水沙分离效果更好，原因如下：

(1) 装置开始循环运行后，进口的高流速浑水持续注入并沿邻近的鳃片通道同向运动，从而进口以上部分及附近的区域先对浑水进行过滤，大部分泥沙鳃片的上表面沉淀，随着时间的推移，排沙口处有小部分区域被堵塞，导致部分泥沙不能及时排出，越来越多被分离出的泥沙开始在过滤区域内堆积。由于进口附近区域水流干扰较大，分离出的清水在被泥沙挤压和紊流干扰下，溢于泥沙沉淀堆积之外及紊动较小的区域，即在远离进口及近区域中循环。

(2) 由于进口3在分离鳃的底部，初始时浑水从底部向上注入，对分离鳃上部的紊动影响较小，使得水沙进行过滤分离的有效空间比其他进口的更大，从而大量的泥沙被过滤出并沉淀在分离鳃的底部。随着时间的推移，分离出的清水在底部泥沙的挤压和进水口的紊流干扰下远离进口区域，分布在分离鳃的上部区域，导致顶部产生的清水层相对更厚，清水出口的含沙量也就越低，且清水出口受浑水进口的干扰也更小，因而越有利于清水的分离排出。

4.2.2.3 进出口剖面的浓度分布及水沙分离效率

1. 不同浑水进口下进出口剖面的浓度分布

图4.10为迭代终止时，不同浑水进口分离鳃在进、出水口剖面的浓度分布。由图4.10可看出，4个不同参数下的分离鳃由于进水的初始条件相同，即浑水的含沙量相同，在进水口剖面上的浓度分布情况一致，但不同出水口剖面上的浓度分布则各不相同。图4.10 (a) 中，中间区域的浓度较低呈类圆形，并由内向外浓度逐层升高，在圆形的边缘区域达到最大，呈月牙形分布。而在图4.10 (b) 的出水口剖面中，低体积分数的区域从左上角向右下角延伸，高浓度区域则主要聚集于下半圆的近壁面，呈类蝌蚪状，并向内逐级递减。图4.10 (c) 中，出水口剖面上浓度的分布规律与图4.10 (b) 的有些相似，但此出口剖面上低浓度的区域范围更大，高浓度的区域则相对变得更小。与前3个剖面中浓度分布不同，图4.10 (d) 出水口剖面中高浓度区域面积较大，在底部形成半太极状，左上角的低浓度区域较小，呈小缺口状分布。通过比较可以发现，进口3的出口剖面上泥沙的平均体积分数最低，即分离溢出的清水更多，与其他3个进口的出口剖面相比，进口3的分离鳃水沙分离效果最好。

2. 不同浑水进口下进出口剖面的平均含沙量及水沙分离效率

为了直观地反映不同浑水进口位置对浑水中泥沙去除效果的影响，通过进、出水口剖面及排沙口剖面的泥沙平均体积比进一步计算平均含沙量，并采用数值模拟计算出的水沙分离效率作为重要的判断指标（水沙分离效率数值的高低表明系统内水沙分离效果的好坏）。其中进口剖面的泥沙平均体积比均为0.004，出水口1～4剖面上的泥沙平均体积比分别为0.0026、0.0024、0.0011、0.0018；

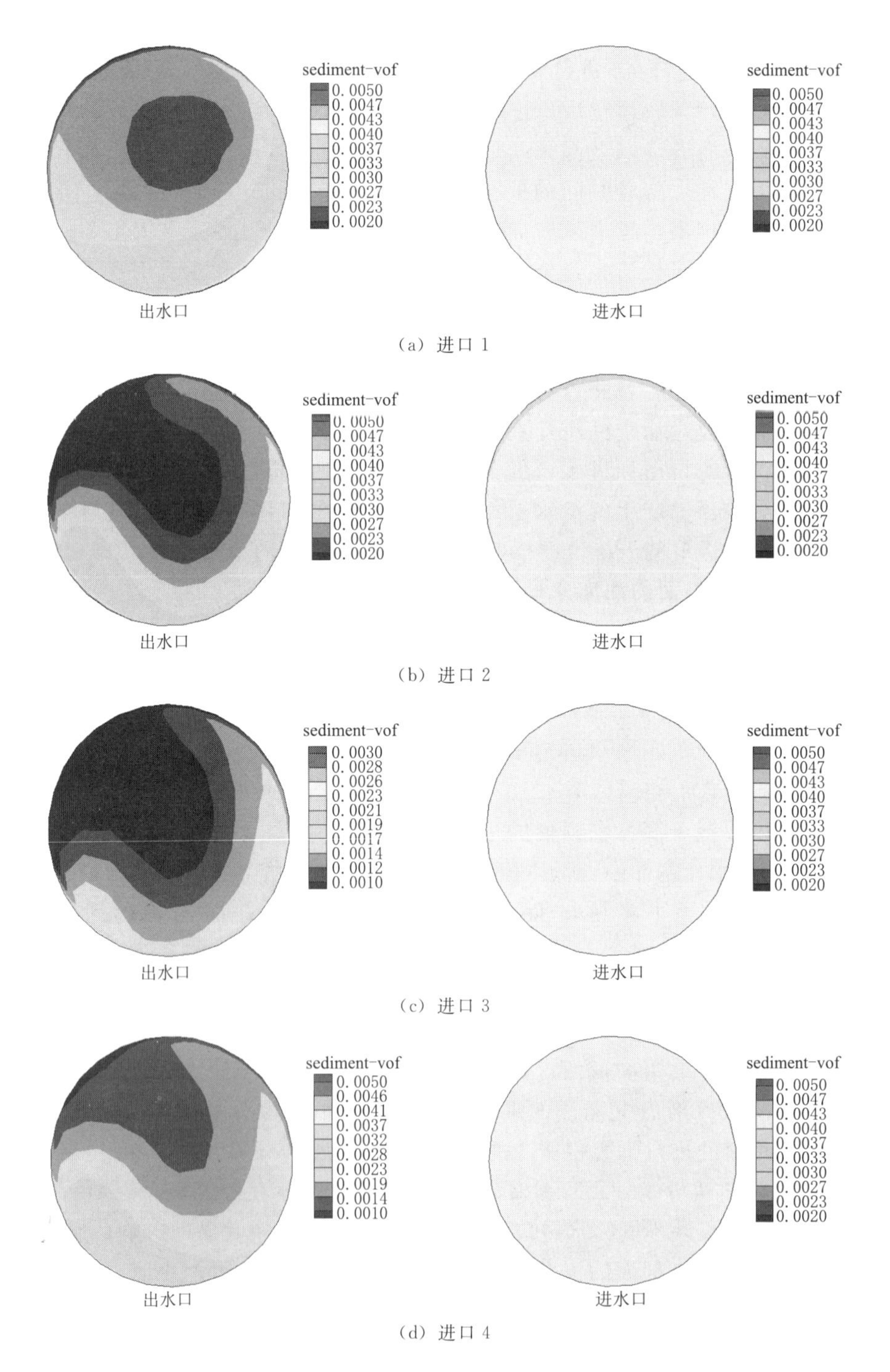

图 4.10　不同浑水进口分离鳃在进出口剖面的泥沙体积浓度分布图

排沙口 1～4 剖面上的泥沙平均体积比分别为 0.0016、0.0023、0.0030、0.0028。表 4.3 为迭代终止时，不同浑水进口位置的分离鳃在进出口与排沙口剖面的平均含沙量及水沙分离效率之间的对比。由表 4.3 可知，不同进口位置的 4 个分离鳃中，浑水进口剖面上平均含沙量数值均一致，而排沙口和清水出口剖面处并不相同。在进口 1 的出口剖面上平均含沙量最高，相对的水沙分离效率最低，仅为 34.50%；与之相反，进口 3 的出口剖面上平均含沙量最低，水沙分离效率则最高，达 72.45%，且分别是进口 1、进口 2、进口 4 的 2.10 倍、1.71 倍、1.17 倍。在动水条件下相对于进口在分离鳃的两侧，进口于底部的分离鳃水沙处理效果更好，即底部进口为此数值模拟的最佳进水口。

表 4.3　不同浑水进口的分离鳃进出口剖面的平均含沙量及水沙分离效率对比

进水口	剖面平均含沙量/(kg/m^3)		
	进　口	出　口	水沙分离效率/%
进口 1	10.00	6.55	34.50
进口 2	10.00	5.76	42.45
进口 3	10.00	2.76	72.45
进口 4	10.00	3.82	61.80

4.3 长宽比对分离鳃水沙两相流场的影响

4.3.1 不同长宽比分离鳃的数值模拟介绍

本次数值模拟是在分离鳃宽度 b（取 10cm）一定时，设置了四个不同长宽比，分别为 1∶1、2∶1、3∶1、4∶1，即分离鳃长度分别为 10cm、20cm、30cm、40cm，其他物理模型参数采用第 3 章内容，浑水进口位置采用 2.2.6 节获得的最佳浑水进口位置，即浑水进口位于分离鳃底部。在 Gambit 软件中构建三维几何模型，并使用经优化后的非结构性网格进行网格划分，四个长宽比的分离鳃网格数分别为 28.37 万个、30.37 万个、32.86 万个、34.06 万个。不同长宽比分离鳃的水沙两相流场数值模拟所采用的数学模型、计算方法、边界条件、初始条件均与 3.1 节相同。

4.3.2 不同长宽比下分离鳃的计算结果与分析

4.3.2.1 速度场及分析

1. 在 Y 截面（宽度方向）的速度矢量

图 4.11 为迭代终止时，动水条件下不同长宽比分离鳃于 Y=0.65dm 中间

部分截面的速度矢量分布图。从图 4.11 可知，长宽比为 1∶1、2∶1 和 3∶1 的分离鳃在宽度方向的速度矢量分布规律有异同之处。

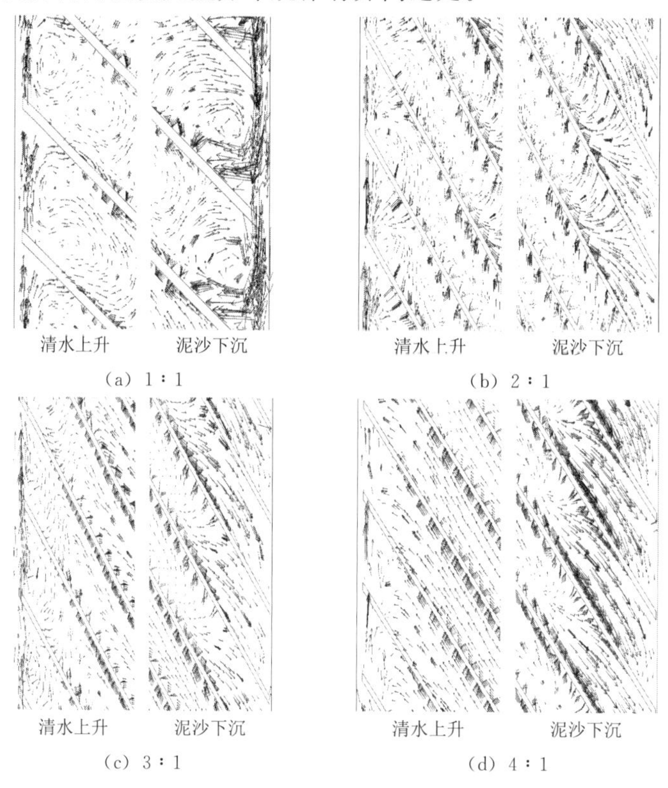

图 4.11　不同长宽比在 $Y=0.65$dm 截面的速度矢量分布图

从图 4.11 (a) 中可以发现，在左侧的鳃片通道间，由于装置的长度过短，系统内的流场在固体边壁的限制下被过度挤压，形成了两个旋转方向相反的涡旋，并在中间部位汇合成整体，呈一个倾斜的八字形。在右侧截面中，由于鳃片上表面和泥沙通道中两泥沙流之间的速度差以及鳃片右下端处挡板的作用，导致泥沙通道中一小部分下落的泥沙流向鳃片通道内回流，产生了小幅度的漩涡。左右两侧的漩涡引发了强烈的紊流并在过短的通道中迅速传递，直接影响了清水上升区域和泥沙下降区域中的流场，降低了鳃片通道中上下两端流场的稳定性，不利于鳃片下表面清水的提升和上表面泥沙的下沉。

在图 4.11 (b) 中，泥沙在鳃片的上表面向下移动，并向最右侧的泥沙通道汇聚后进一步向下沉落，形成速度较大的泥沙流。同样由于泥沙通道中与鳃片上表面的泥沙流速之间具有速度差，导致鳃片低端处少部分泥沙向上发散产生小幅度回流。在鳃片的下表面，大部分的清水从下向上移动，并在各鳃片左侧的高端处汇聚，而后顺着清水通道向上提升，系统内形成了较为清晰稳定的双异重流（鳃片上下表面和左右两侧通道的横向及垂向异重流）。此现象在图4.11（c）和4.11（d）中被进一步体现，即随着长宽比的增加双异重流的强度和范围逐步增强。这是由于长宽比的增加，装置的长度增大，使得系统内过水截面上的湿周进一步扩大，进而水力半径减少，导致雷诺数愈发变小，其整个系统内的水体紊动性增强，装置内的动水循环环境变得越来越稳定，因而越有利于分离鳃的双异重流机制的运作，则清水和泥沙可以越来越快速地被分离，所以在这四个长宽比中，长宽比为4∶1的分离鳃水沙分离效果最好。

2. 沿Y截面（宽度方向）的速度云图

图4.12为迭代终止时，不同长宽比的分离鳃在Y截面上的速度云图。在图4.12（a）中，各出水管口内及邻近的第一鳃片通道（从上而下顺序）中的速度均较高，尤其在长宽比3∶1和长宽比4∶1的截面上，速度为0.1m/s的高速流几乎占据了整个管口通道，这表明清水的分离和排出速度相对更快。但在第一片鳃片至顶部的区域，长宽比1∶1和长宽比2∶1的速度分布较为复杂，高速度场与低速度场相互穿插，对清水出口的干扰性强，而相对的在长宽比3∶1和长宽比4∶1中则为大面积的低速场，其对清水出口的水流干扰性较弱，更有利于清水的排除。同时在各分离鳃的中间部分，可以发现，随着长宽比的减小，较高流速的范围逐渐增大，这是由于过水截面的湿周减小，水力半径增加，使水体中影响紊动状态的雷诺数值增大，则系统中水流的紊动性也随之增高，从而越不利于系统内水沙的分离。

图4.12（b）中，底部各进口附近的速度最大，且左下的类三角形区域中高速度流场分布的范围较广，因而此块区域内的水体紊动性较高。在长宽比1∶1的底部，由于装置的长度短，整体体积小且鳃片沿长方向呈45°角摆放，使得底部到最后片鳃片（从上而下顺序）的垂直距离缩短，当进口处垂直进入的浑水流直接打在最后片鳃片上时，导致了底部类三角形区域中0.1m/s的高速流大面积扩散，影响并破坏了系统内水体的稳定性，从而不利于清水和泥沙的分离。

在长宽比2∶1的分离鳃中，底部进水口至最后鳃片之间，形成了喇叭状的高速流场，且随着长宽比的增加，此高速流场逐渐发生改变。在长宽比为3∶1的同区域，高速流场沿着左侧壁面竖直向上，于最后片鳃片下表面处中断，形成棒状。在长宽比4∶1的底部，进口的高流速在最后片鳃片（从上而下顺序）的下表面处向内发生回流，形成了竖立的类镰刀状，与此同时鳃片通道中低速流场的范围也随着长宽比的增加而进一步增大。这些现象的主要原因是：随着长宽比的增加，底部到第一片鳃片（从上而下顺序）的垂直距离增大（因鳃片与长方向成45°），从而进水口垂直向上的浑水流具有了更长的缓冲空间，并在重力的影响下，第一片鳃片下表面的高速流开始逐渐减弱，对分离鳃上部分流场的紊动性影响也逐渐减小，使上部分系统内的双异重流运作更加稳定，进而整

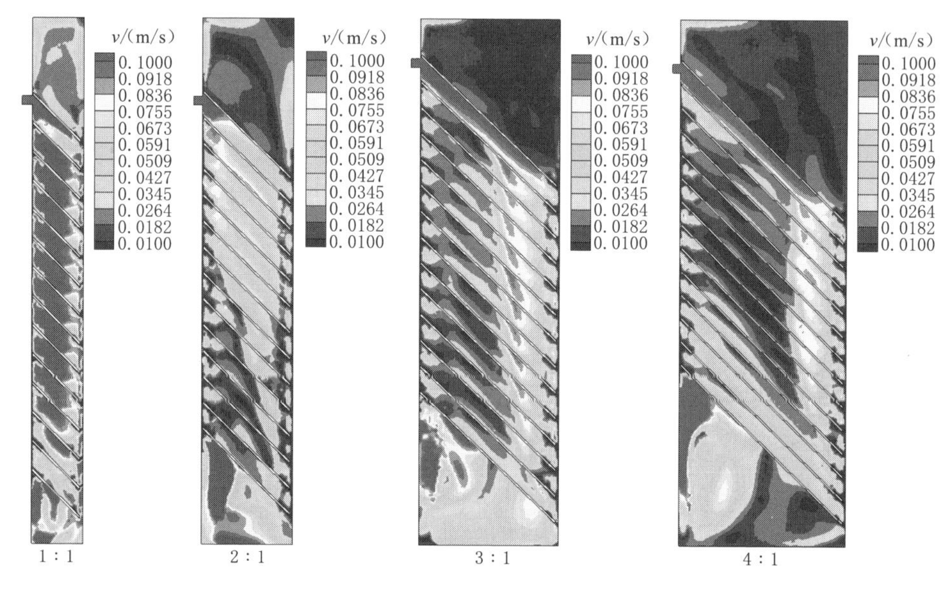

(a) $Y=0.21$dm

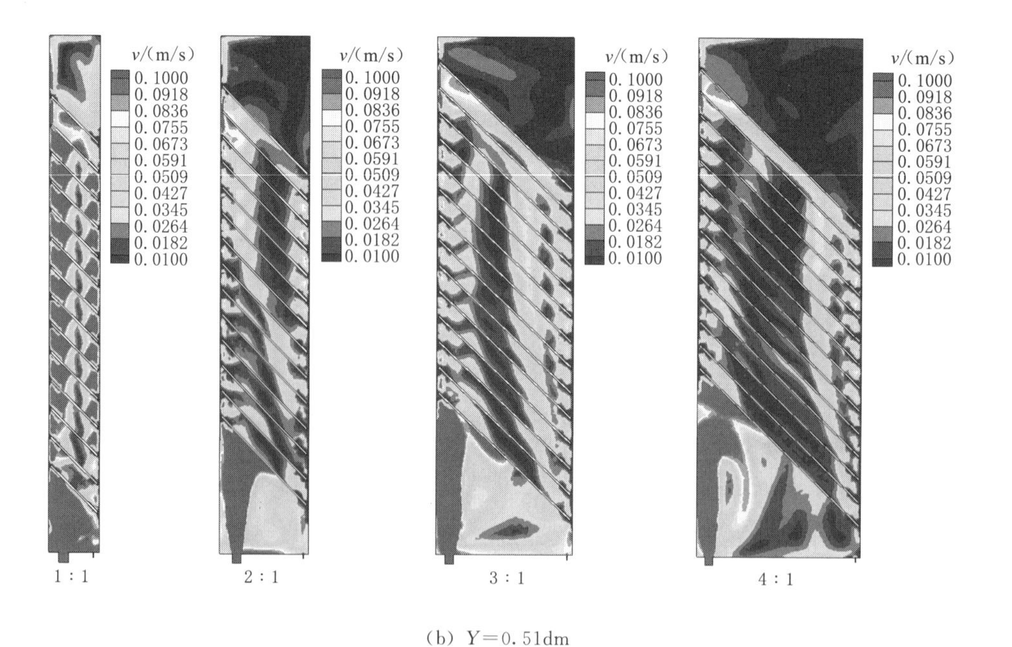

(b) $Y=0.51$dm

图 4.12　不同长宽比在 Y 剖面的速度云图

体水沙分离的状态越发良好。综上所述，在动水环境中，随着分离鳃长宽比的增加，分离鳃中水体的紊动性降低，同时底部进口的浑水流对上部的影响减少，使其上部分系统内的环境更接近于静水状态下的环境，因而双异重流更加稳定，则更有助于水沙的分离。

4.3.2.2 不同长宽比沿宽度方向（Y 截面）的浓度分布

图 4.13 为迭代终止时，不同长宽比分离鳃在 Y 截面的浓度分布图。在图 4.13（a）中，显现出了各长宽比分离鳃的出口部分。可以看到，在长宽比 1∶1 的截面上，左端管口附近的浓度分布较为复杂，管口中泥沙体积分数为 0.0036 与 0.0029 的各占一半，管口上端至顶部，有一圈围绕在顶部边壁的高浓度区域，而管口下端至底部，则被泥沙体积分数大于 0.0042 的区域所覆盖。产生此现象的原因是：分离鳃的长宽比较低，导致整个装置的体积较小，当垂直底部的浑水流进入后，在狭小的空间内快速填充并向上挤压，使系统中水体剧烈紊动，破坏了双异重流的形成，因而不利于水沙的分离。

在长宽比 2∶1 的截面上，分离鳃的顶部至底部约 1/2 区域的浓度较低，为低浓度区域，其泥沙体积分数均低于 0.0016；而从底部至顶部约 1/2 区域的浓度则较高，为高浓度区域，其泥沙体积分数最高达到 0.0049。且随着长宽比的增加，低浓度区域所占的比例进一步增大，而高浓度区域所占的比例则进一步减小，这在长宽比 3∶1 和长宽比 4∶1 的截面上可以确切地体现。

在图 4.13（b）中，各截面的浓度分布范围与图 4.13（a）中的相似。可以看到各分离鳃中高浓度的分布范围并不完全相同，其中长宽比 1∶1 和长宽比 2∶1 的分离鳃在鳃片通道和底部区域都有大面积的高浓度分布，而在长宽比 3∶1 和长宽比 4∶1 的鳃片通道间则相对较少，其高浓度范围主要集中在左下的类三角形区域。这是因为，随着装置长时间循环运行，排沙口开始负荷，无法及时有效地工作，装置内分离出的泥沙开始在底部大量聚集，当长宽比较小时，分离鳃底部的空间则较少，此时不断分离出的泥沙在填满底部空间后会进一步沿着鳃片通道向上堆积，从而造成部分鳃片通道的堵塞，不利于装置中水沙分离工作的进行；而当分离鳃的长宽比增高时，底部构造出的类三角形区域面积也更大，即底部容量增加，可以储存更多的泥沙，使其不再向鳃片通道间更多地堆积，进而提升了水沙分离的空间，更有助于系统内水沙分离的运作。总结以上内容可得，随着长宽比的增大，鳃片通道中含沙量逐渐减小，更利于系统内双异重流的运作，从而分离鳃上半部清水层的厚度逐渐增加，清水出口的含沙量逐渐减小，其水沙分离的效果也相对越好。

4.3.2.3 进出口截面的浓度分布及水沙分离效率

1. 不同长宽比下进出口截面的浓度分布

图 4.14 为迭代终止时，不同长宽比的分离鳃在浑水进口与清水出口两个横

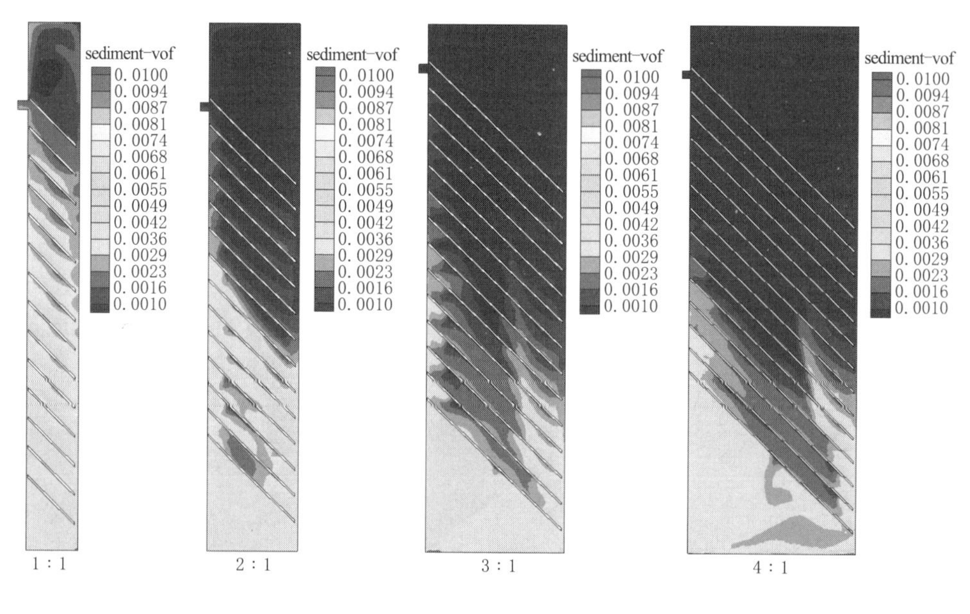

(a) Y=0.21dm

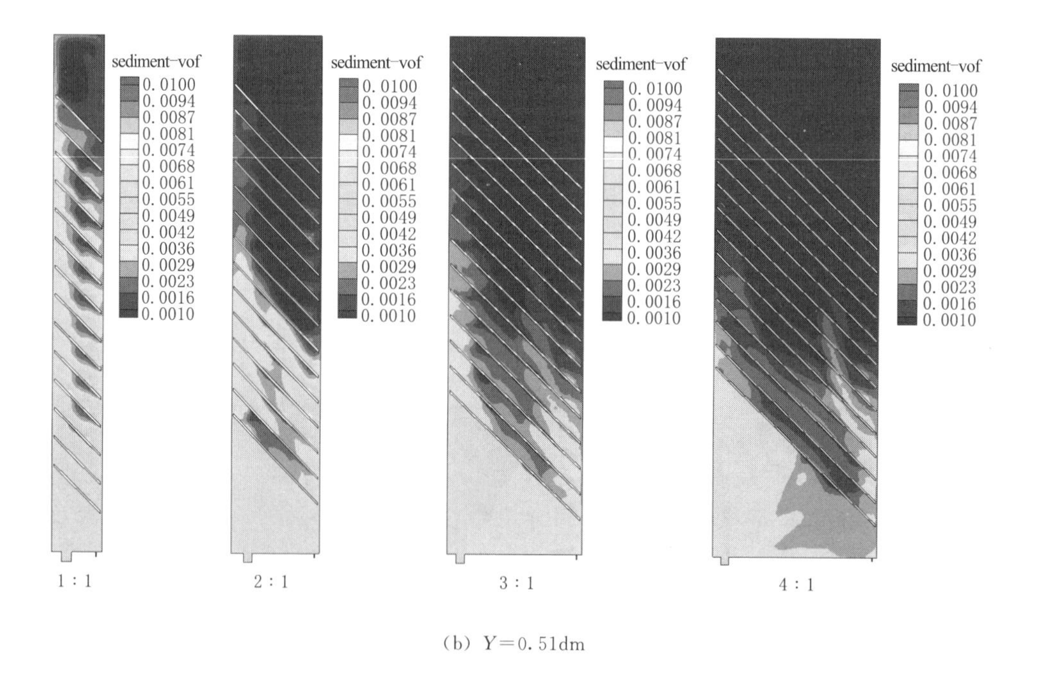

(b) Y=0.51dm

图 4.13　不同长宽比在长度方向 Y 截面的浓度分布图

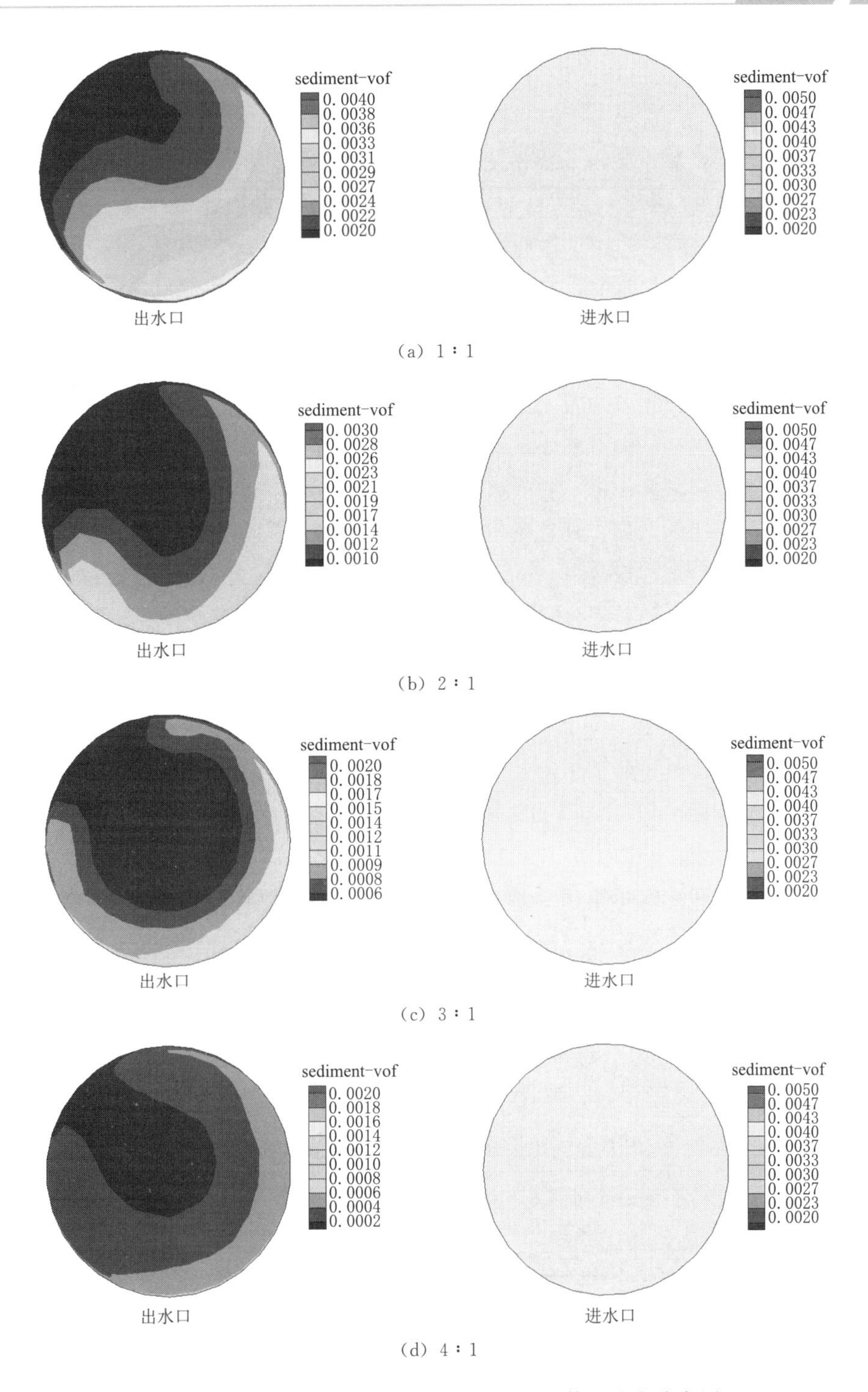

图 4.14 不同长宽比下进出口截面的泥沙体积浓度分布图

截面处的浓度分布。从图4.14中可以看到，在四个进水口的截面上，其浓度的分布范围一致，泥沙平均体积分数均为0.0040，这是因为四者在初始状态时进入的浑水浓度相同。

图4.14（a）的出水口截面中，浓度较高的区域与较低的区域各占一半，分别位于截面的右下和左上，形成了类太极状的分布，同时由右下向左上，浓度高的向浓度低的逐级递减。在此截面上，泥沙的平均体积分数为0.0024。图4.14（b）的出水口截面中，左上角形成了一个较大的低浓度缺口，并向右下延伸，同时在右下角沿着弧形边壁则分布着较高的浓度场，整个截面的泥沙平均体积分数为0.0011。在图4.14（c）中，低浓度范围进一步扩大，在中间形成了圆形分布，并向边缘扩散。而较高浓度区域被挤压到向右下角的边缘处，形成细牙状，其泥沙的平均体积分数为0.0007。图4.14（d）中的整个圆形出水口截面被大范围的低浓度区域所占据，整个截面的泥沙平均体积分数为0.0003。不难发现，随着分离鲃长宽比的增加，其各出口截面的泥沙平均体积分数逐渐减小，且长宽比为4∶1的截面泥沙平均体积分数最低，则此分离鲃的水沙分离效果相对更好。

2. 不同长宽比下进出口截面的平均含沙量及水沙分离效率

采取浑水进口与清水出口截面的泥沙平均体积分数开展平均含沙量的计算，并进一步得出数值模拟的水沙分离效率，以此作为重要的判断指标，对不同长宽比分离鲃的泥沙去除效果进行考核和对比。

表4.4为迭代终止时，不同长宽比的分离鲃在浑水进口和清水出口截面的平均含沙量与水沙分离效率之间的对比。由表4.4可以看到，不同长宽比的分离鲃中，其四个浑水进口截面上的平均含沙量均为10.00kg/m^3，这是由于刚开始进入的浑水含沙量相同；而清水出口截面上的平均含沙量则各不一致，可以发现，随着分离鲃长宽比的增加，出口截面的平均含沙量增大，进而水沙分离效率也随之增高，其中长宽比4∶1的水沙分离效率为最高，达到90.40%，且分别是长宽比1∶1、2∶1和3∶1的2.26倍、1.25倍和1.11倍；而长宽比1∶1的水沙分离效率最低，仅为40%。综上所述，在动水条件下长宽比为1∶1、2∶1、3∶1和4∶1的四个分离鲃中，长宽比4∶1的分离鲃水沙分离效果相对最佳。

表4.4　不同长宽比的分离鲃进出口截面的平均含沙量及水沙分离效率对比

不同长宽比	进口截面平均含沙量/(kg/m^3)	出口截面平均含沙量/(kg/m^3)	水沙分离效率/%
1∶1	10.00	6.00	40.00
2∶1	10.00	2.76	72.45
3∶1	10.00	1.87	81.33
4∶1	10.00	0.96	90.40

4.4 本章小结

本章利用混合模型与 RNG $k-\varepsilon$ 模型对不同鳃片间距、浑水及长宽比的分离鳃分别进行数值模拟，主要得到以下结论。

1. 动水条件下不同鳃片间距分离鳃的数值模拟

(1) 动水条件下的分离鳃系统内同样存在着循环流动的双异重流现象，即：水沙环绕鳃片上下表面产生的横向异重流和水沙环绕矩形容器边壁两侧的垂向异重流。

(2) 鳃片间距越小，清水通道和泥沙通道中的清水上升流和泥沙下降流对速度流场的影响就越小，系统内双异重流的流态也越稳定。

(3) 在动水环境中，通过分离鳃系统内部的流场、速度场及浓度场的对比，并结合进出口断面的平均含沙量等指标，进一步验证了数值模拟结果的正确性。

(4) 分离鳃在鳃片间距 $d=5$cm 时的水沙分离效果更好，达到 34.5%，且分别是间距为 8cm 和 11cm 的 1.38 倍和 1.72 倍。

(5) 不同鳃片间距下的分离鳃，其数值模拟的水沙分离效率与物理试验的相对误差较小，均小于 5%。

2. 动水条件下不同浑水进口分离鳃的数值模拟

(1) 动水条件下，各进水口附近及相邻的鳃片间无明显异重流现象。

(2) 动水条件下，过滤出的清水循环于进口水流干扰较小的区域（远离进口区域），因而进口位于底部的分离鳃上部类似静水环境，清水层更厚，更有利于出口处清水的排出。

(3) 动水条件下，进口位置位于底部的分离鳃在清水出口剖面上的泥沙体积分数最低，即分离鳃的水沙分离效率最高，达到 72.45%，且分别是进口 1、进口 2 和进口 4 的 2.10 倍、1.71 倍和 1.17 倍。

3. 动水条件下不同长宽比分离鳃的数值模拟

(1) 动水条件下，随着分离鳃长宽比的增大，顶部清水层的厚度增加，底部进口对系统整体的紊动影响减小。

(2) 动水条件下，随着长宽比的增加，底部的泥沙沉淀区域越大，分离鳃的水沙分离效率越高，其中长宽比为 4∶1 的分离鳃水沙分离效率相对最高，达到 90.40%，且分别是长宽比 1∶1、2∶1 和 3∶1 的 2.26 倍、1.25 倍和 1.11 倍。

第5章

分离鳃的中间试验

为将分离鳃更好地应用于实际当中，在分离鳃的室内研究成果基础上，结合工业水处理技术，提出了两种新型沉淀池，即敞开式分离鳃沉淀池与封闭式分离鳃沉淀池。并在新疆乌鲁木齐德安环保科技有限公司的室外试验场地对分离鳃沉淀池在静水与动水条件下的水沙分离效率进行中间试验。

5.1 敞开式分离鳃沉淀池中间试验

5.1.1 试验布置

敞开式分离鳃沉淀池，是把分离鳃悬挂布置在沉淀池中，且淹没于水下，沉淀池水面是敞开的，分离鳃与沉淀池是两个独立体。图 5.1 为敞开式分离鳃沉淀池试验装置示意图。从图 5.1 可知该试验由沉淀池和回水池两大部分组成，沉淀池长 195cm，宽 200cm，深 210cm；回水池形状为反 L 形，用于向沉淀池供水。整个试验为自动循环系统，在回水池中用搅水泵将浑水进行充分搅拌后，开启抽水泵，浑水通过布水管均匀进入装有分离鳃的沉淀池中进行水沙分离，分离后的泥沙经泥浆泵进入回水池，分离出的清水经溢流堰也进入回水池中，重新混合后再次循环。分别在溢流堰和泥浆泵出口处设有取样口，试验过程中可随时取样分析。

5.1.2 中间试验用的分离鳃

用于敞开式分离鳃沉淀池试验装置和静水与动水条件下的分离鳃示意图如图 5.1 和图 5.2 所示，其相关参数如下：分离鳃长 a=30cm，宽 b=10cm，高 c=100cm，鳃片间距 d=5cm；采用优化后的角度：α=60°，β=45°；清水通道宽度 e 及泥沙通道宽度 f 都取 3cm。分离鳃上、下端呈开口状，宽度方向的两侧壁分布有小孔，小孔的布置应考虑鳃片间泥沙流与清水流形成的环流不被破坏。

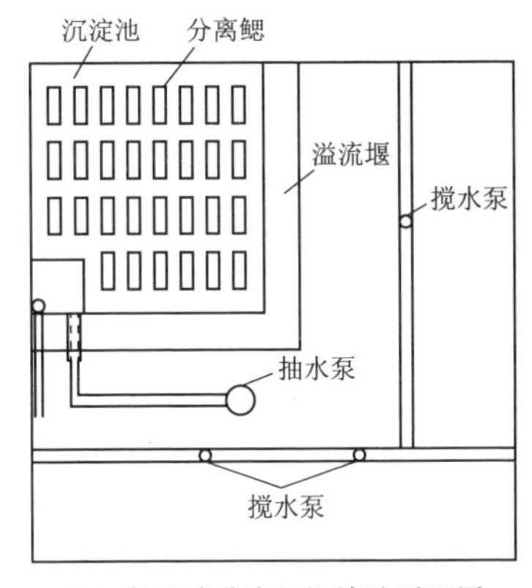

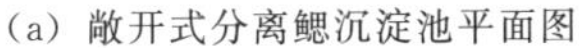
(a) 敞开式分离鳃沉淀池平面图

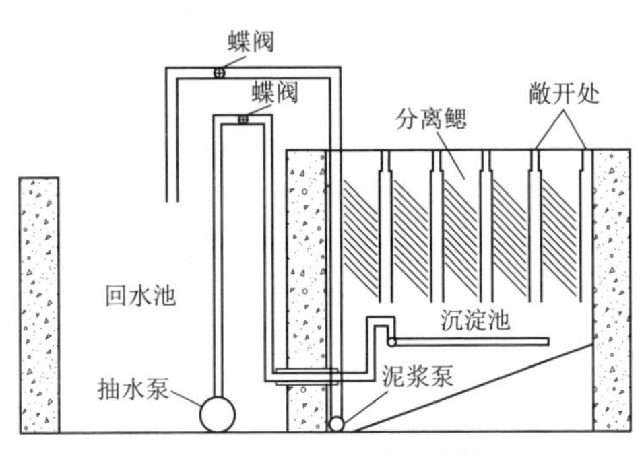

(b) 敞开式分离鳃沉淀池纵剖面图

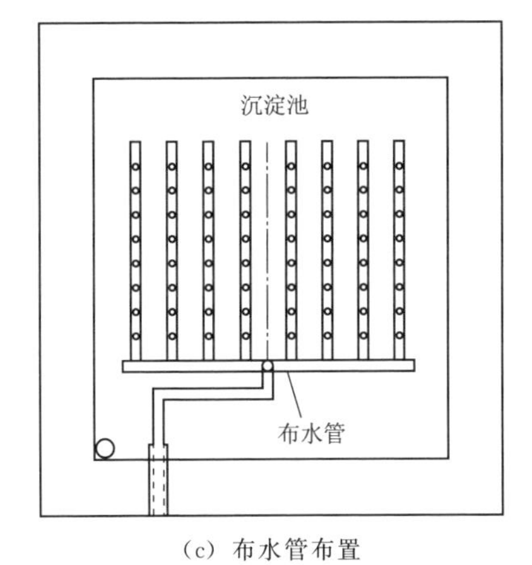

(c) 布水管布置

图 5.1 敞开式分离鳃沉淀池试验装置示意图

5.1.3 分离鳃的布置型式

根据分离鳃在普通沉淀池中的不同布置方式（均匀布置、靠近溢流口布置、远离溢流口布置），将敞开式分离鳃沉淀池分为三种，即敞开式均匀布置分离鳃沉淀池、敞开式靠近溢流口布置分离鳃沉淀池及敞开式远离溢流口布置分离鳃沉淀池，它们的现场布置如图 5.3 所示。通过这三种不同形式的分离鳃沉淀池试验研究，提出一种水沙分离效率高的敞开式分离鳃沉淀池，以便用于实际工程。

5.1.4 试验仪器

试验用的模型见 1.2 节。试验所用仪器主要有分离鳃 30 个、浊度计 1 台、电子台秤和电子天平各 1 个、搅水泵 3 台、抽水泵 1 台、高效无堵塞泥浆泵 1

台、500mL 锥形瓶 1 个、玻璃烧杯 2 个、秒表 2 个、温度计 1 个、大量筒与小量筒各 2 个、数码照相机一部。

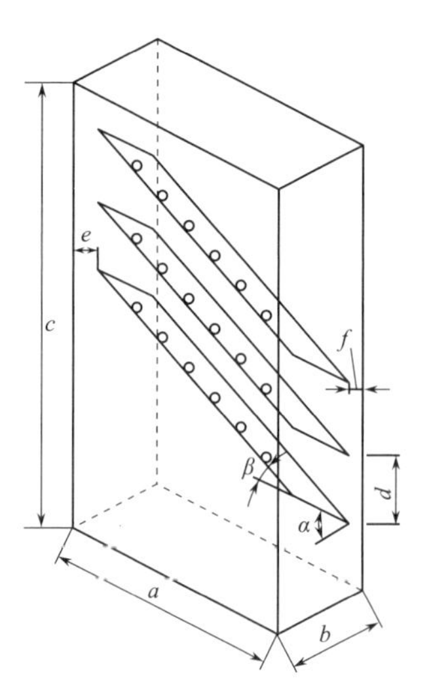

图 5.2 静水与动水条件下的分离鳃示意图

5.1.5 试验方案

本试验主要目的是研究 3 种不同形式的敞开式分离鳃沉淀池的水沙分离效率，因此可将试验分为三部分来研究：①在敞开式均匀布置分离鳃沉淀池进行静水和动水试验并记录结果；②在敞开式靠近溢流口布置分离鳃沉淀池进行动水试验并记录结果；③在敞开式远离溢流口布置分离鳃沉淀池进行动水试验研究并记录结果。在动水沉降时，将配置的浑水用搅水泵充分搅拌后，通过抽水泵将浑水抽到敞开式分离鳃沉淀池中进行水沙分离，利用浊度计测出溢流水的浊度值，利用秒表、电子台秤分别测出溢流水和泥浆泵抽出的高浑浊水的时间和质量，通过计算即可得到溢流流量与底孔流量；而在静水沉降时，仅取样测出浊度值，并利用数码相机拍照记录。

(a) 敞开式均匀布置分离鳃沉淀池

(b) 敞开式靠近溢流口布置分离鳃沉淀池

(c) 敞开式远离溢流口布置分离鳃沉淀池

图 5.3 敞开式分离鳃沉淀池现场布置图

5.1.6 试验方法

首先是流量量测，测量方法见 2.2.3 小节；其次是浊度量测，采用上海昕瑞仪器仪表有限公司生产的 WGZ-4000B 浊度计量测出水浊度值，为了减小误差，在同一时间下取 3 个水样进行量测，算出平均值作为本次量测的浊度值；最后是浑水含沙量的量测，见 2.1.1.2 小节。

5.1.7 静水沉淀

浑水含沙量为 13.3kg/m^3 时浊度随时间的变化曲线如图 5.4 所示。由图 5.4 可看出，敞开式均匀布置分离鳃沉淀池中出水浊度随时间变化可分为两个阶段：①浊度迅速减小阶段，在 0～250min 内，出水浊度随时间的增加而迅速减小，出水浊度减幅很大，即浊度迅速减小阶段；②浊度缓慢减小阶段，在 250min 后，浊度随时间的推移逐渐减小并趋于稳定。

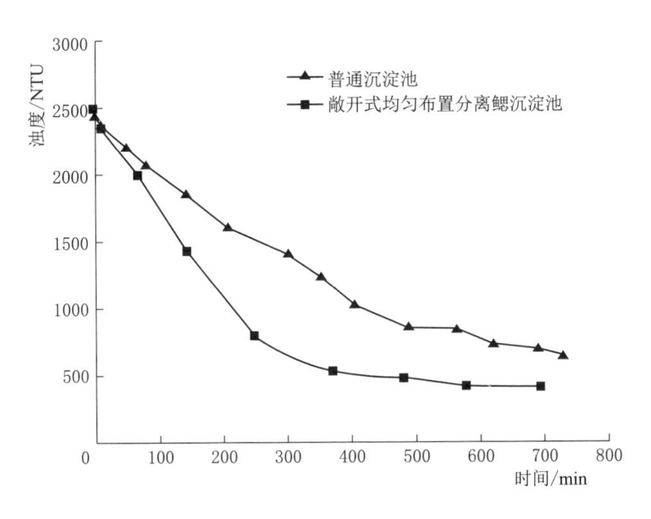

图 5.4 不同沉淀池出水浊度与时间的关系

试验还测量了无分离鳃的普通沉淀池中出水浊度随时间变化关系。结果表明，普通沉淀池的出水浊度随时间的增加而缓慢减小，出水浊度减幅很小。

从图 5.4 还可看出，在相同时间内，敞开式均匀布置分离鳃沉淀池出水浊度比普通沉淀池要小得多，如 350min 时，普通沉淀池的出水浊度为 1208NTU，而敞开式均匀布置分离鳃沉淀池的出水浊度仅为 588NTU，约为普通沉淀池的出水浊度的 1/2。这是因为普通沉淀池中无分离鳃，含黏性泥沙的高含沙浑水在泥沙沉降过程中，絮团与絮团之间会形成一个连续的刚性絮网结构体，导致泥沙沉速的大幅度下降[245]；而分离鳃中的鳃片却加大了敞开式均匀布置分离鳃沉淀池的沉淀面积，并将一个整体沉降区域划分为一个个独立的沉降区域，减少了沉降时间，加大了泥沙的沉速，使敞开式均匀布置分离鳃沉淀池的泥沙大量沉入沉淀池底部，表层水浊度很快降低。因而在相同条件下，这种沉淀池的水沙分离效率高于普通沉淀池。

5.1.8 动水沉淀

5.1.8.1 不同时间水力负荷对出水浊度的影响

沉淀池的水力负荷是指沉淀池单位时间内单位面积所承受的水量。图5.5为浑水含沙量为10～15kg/m^{3}时不同水力负荷下3种不同形式的敞开式分离鳃沉淀池出水浊度随时间变化的关系。由图5.5可知，水力负荷的大小对浊度变化影响很大，当水力负荷小时浊度随时间变化有明显的浊度迅速减小段和浊度缓慢减小段，且在浊度迅速减小段，水力负荷越小，浊度减小的幅度就越大，而当水力负荷大时出水浊度随时间缓慢减小或几乎不变化。如图5.5（a）所示，当水力负荷小于1.08m/h时，水力负荷对出水浊度的变化很敏感，而当水力负荷大于或等于1.08m/h时，出水浊度随时间的增大几乎不变化。这是由于黏性细颗粒泥沙在动水沉降时，水流紊动对细颗粒泥沙絮凝沉降的影响具有正负效应[246-247]，即在低剪切紊动作用下，促进絮凝，而在高剪切紊动作用下，抑制颗粒絮凝。当水力负荷小时，水流紊动剪切作用也很小，此时水流紊动增加了颗粒之间的碰撞概率，从而黏性泥沙颗粒可以形成较大的絮团，这时絮团所受重力作用大于水流的剪切破坏作用，絮团会在重力作用下快速沉降，悬沙落淤增加，大量泥沙沉入沉淀池底部，使得敞开式均匀布置分离鳃沉淀池表层水体含沙量迅速降低，故溢出水的浊度值快速减小；但随着时间的推移，泥沙不断沉降，大的絮凝团迅速减少，从而絮团发育达到稳定平衡状态，即紊动-碰撞-黏结作用和紊动-破裂作用相当，絮团的生成速率等于破解速率，表现为浊度值不再随时间变化，而是趋于一个稳定值。当水力负荷增大时，浑水的紊动剪切作用也较大，水流的紊动增加了泥沙的碰撞概率，但同时水流的剪切破坏作用可以将黏结不牢固的絮凝颗粒剪切分离，较大的絮团破碎成较小的颗粒，起到阻滞絮凝的作用，此时泥沙颗粒所受的向上扩散作用大于重力作用，在水力负荷一定时，水体中始终会保持一定量的泥沙将向上运动并随水流带出沉淀池，使得出水浊度值随时间变化很小或几乎不发生变化。因此选择一个合适的水力负荷是确保出水质量的一个重要条件，对敞开式分离鳃沉淀池而言，水力负荷$q<1.08$m/h时出水质量较好。

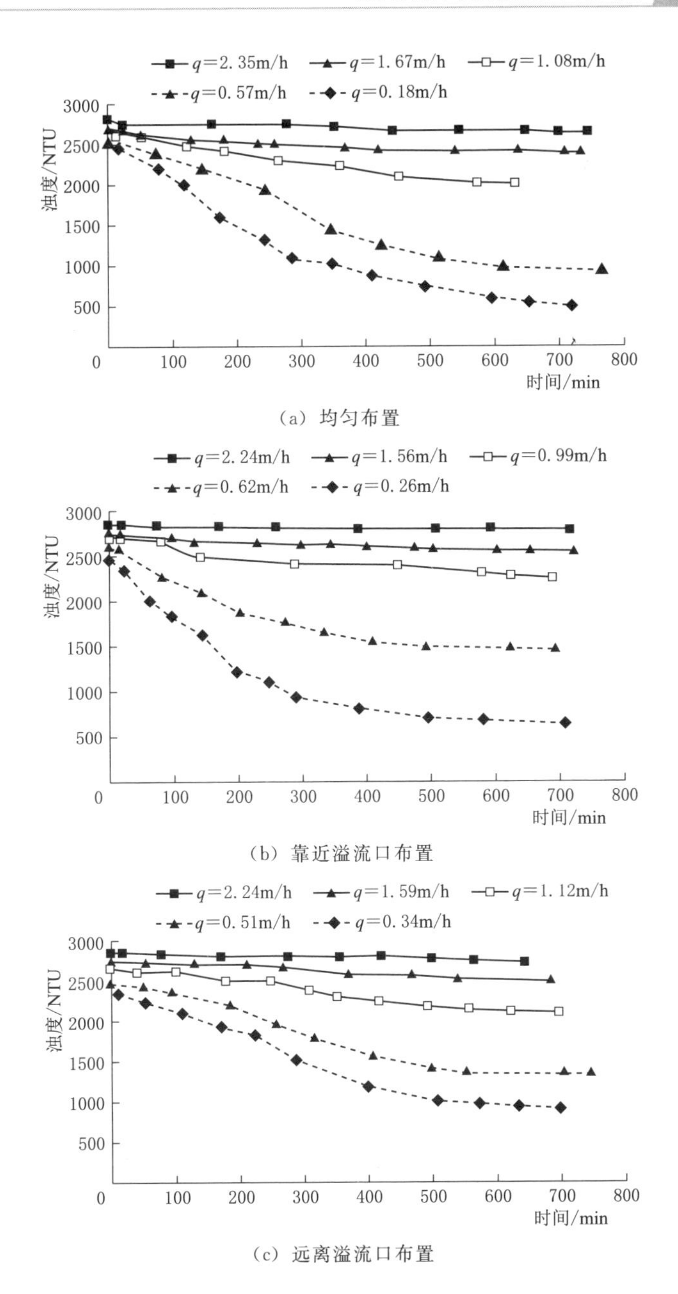

图 5.5 不同水力负荷下出水浊度与时间的关系

5.1.8.2 同一时间水力负荷对出水浊度的影响

图 5.6 为 750min 时浑水含沙量为 10～15kg/m^3，不同布置形式的敞开式分离鳃沉淀池和普通沉淀池中出水浊度与水力负荷的变化关系。由图 5.6 可知，

无分离鳃的普通沉淀池、靠近溢流口布置和远离溢流口布置的敞开式分离鳃沉淀池出水浊度均随水力负荷的增大而增大，但在同一水力负荷下，出水浊度几乎相等，故分离鳃这两种布置形式下的敞开式分离鳃沉淀池不可取。同时从图5.6中可以得到均匀布置这种形式的分离鳃沉淀池在水力负荷小于或等于1.00m/h，水沙分离效率高于其他3种布置形式，尤其是高于无分离鳃的沉淀池，在1.00m/h后，这四种不同布置形式下的沉淀池出水浊度几乎相等。

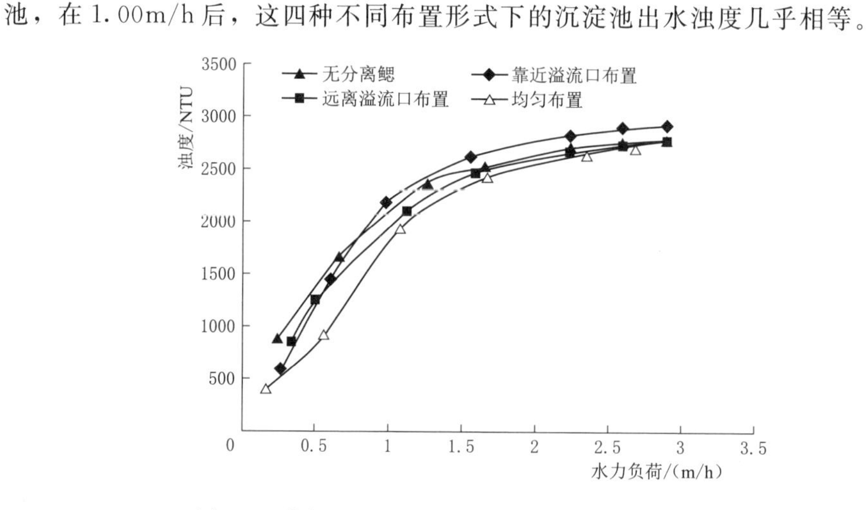

图5.6 分离鳃不同布置形式下水力负荷与浊度的关系

由此表明，水力负荷越小，分离鳃的水沙分离效率越高，如当水力负荷为0.24m/h时，敞开式均匀布置分离鳃沉淀池的出水浊度为500NTU，而普通沉淀池的浊度为882NTU。而当水力负荷达到一定值时，分离鳃就失去了作用，因此选择一个合适的水力负荷是确保出水质量的一个重要条件。当沉淀池中水力负荷与流量一定时，其沉淀效率与沉淀面积成正比，在沉淀池中布置分离鳃后，鳃片增加了沉淀池的沉淀面积，因此可以大幅度地提高水沙分离效率，同时鳃片增大了过水断面的湿周，从而减小了水力半径，在同样流速下，可降低雷诺数，减少水的紊动，促进沉淀。故在水力负荷小于1.00m/h时，敞开式均匀布置分离鳃沉淀池的出水浊度比无分离鳃的普通沉淀池小得多。

5.2 封闭式分离鳃沉淀池中间试验

5.2.1 试验简介

封闭式分离鳃沉淀池是把分离鳃均匀布置在沉淀池中，沉淀池水面除分离鳃管口外均用薄板封闭，沉淀后的清水从分离鳃管口溢出。图5.7为试验系统示意图，可知该试验也由沉淀池和回水池两大部分组成，试验布置与敞开式分离鳃沉淀池相同。封闭式分离鳃沉淀池采用的分离鳃参数和试验仪器详见5.1节。封闭式分离鳃沉淀池的现场布置如图5.8所示。

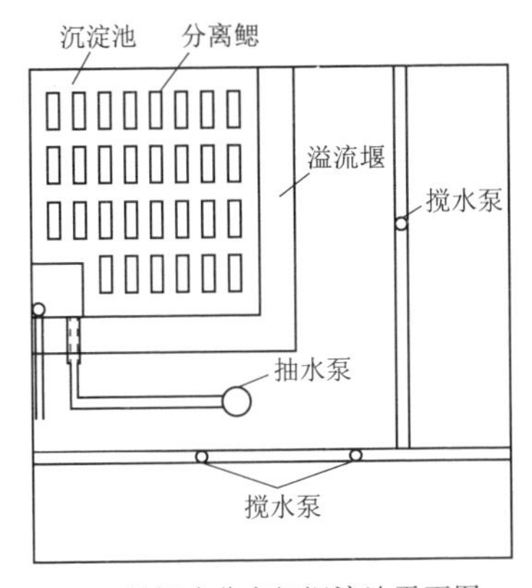

(a) 封闭式分离鳃沉淀池平面图

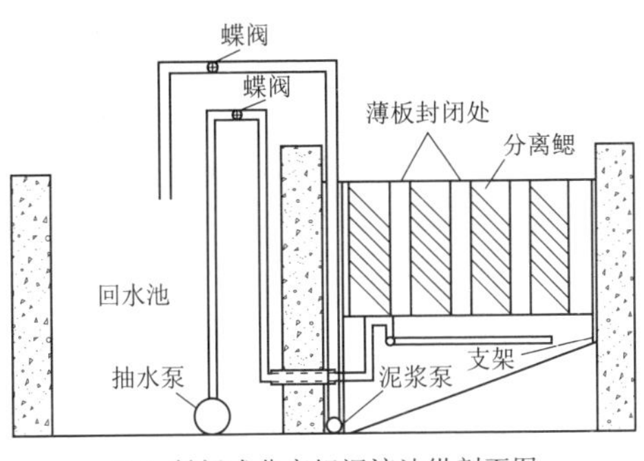

(b) 封闭式分离鳃沉淀池纵剖面图

图5.7 封闭式分离鳃沉淀池试验装置示意图

图5.8 封闭式分离鳃沉淀池的现场布置

将高含沙浑水利用搅水泵充分搅拌后取样，采用置换法原理测量并计算出浑水含沙量，为确保试验数据的可靠性和准确性，每次试验均取样3次。在动水沉降时，将配置的浑水用搅水泵充分搅拌后，通过抽水泵将浑水抽到封闭式分离鳃沉淀池中进行水沙分离，利用浊度计测出溢流水的浊度值。为了减小误差，在同一时间取3个水样进行测量，以其平均值作为本次测量的浊度值。然后利用秒表、电子台秤分别测出溢流水和泥浆泵抽出的高浑浊水的时间和质量，通过计算即可得到溢流流量与底孔流量，二者之和即为分离鳃沉淀池的总进流量，而静水沉淀时仅取样测出浊度值。

5.2.2 静水沉淀

5.2.2.1 同浑水含沙量不同沉淀池的出水浊度与时间变化关系

浑水含沙量为13.3kg/m³ 时封闭式分离鳃沉淀池与普通沉淀池出水浊度随时间的变化曲线如图5.9所示。从图5.9中可以看出封闭式分离鳃沉淀池的出水浊度随时间变化可分为两个阶段：①浊度迅速减小阶段，在0～100min内，出水浊度随时间的增大而迅速减小，浊度减幅很大；②浊度缓慢减小阶段，时间大于100min后，浊度随时间的推移缓慢减小，并逐渐趋于稳定。

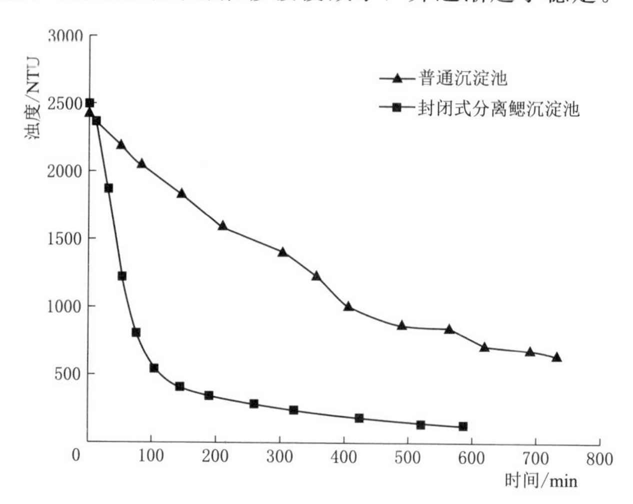

图5.9 静水沉降时浊度与时间的关系

从图5.9中还可看出，在相同时间内，封闭式分离鳃沉淀池出水浊度比普通沉淀池要小得多，如200min时，普通沉淀池的出水浊度为1646NTU，而封闭式分离鳃沉淀池的出水浊度仅为353NTU，约为普通沉淀池出水浊度的1/5；600min时，普通沉淀池的出水浊度为747NTU，而封闭式分离鳃沉淀池的出水浊度仅为111NTU，约为普通沉淀池出水浊度的1/7。沉淀池中因布置了分离鳃，从而封闭式分离鳃沉淀池的出水浊度比普通沉淀池要小很多，即封闭式分离鳃沉淀池的水沙分离效率高于普通沉淀池。

5.2.2.2 浑水含沙量对浊度的影响

不同浑水含沙量下封闭式分离鳃沉淀池出水浊度与时间的关系如图5.10所示。从图5.10可以看出，泥沙在静水沉降时，不同浑水含沙量的浊度随时间变化规律相同，即浊度随时间变化分为两个阶段：浊度迅速减小阶段和浊度缓慢减小阶段。

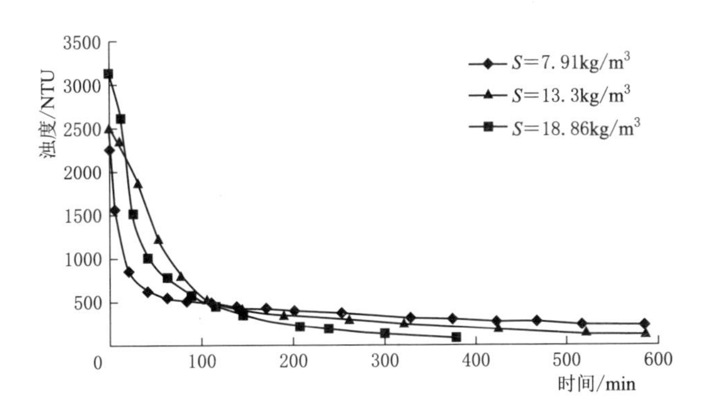

图 5.10　不同浑水含沙量下的浊度与时间关系

5.2.3　动水沉淀

5.2.3.1　不同时间水力负荷对出水浊度的影响

不同浑水含沙量下不同水力负荷的封闭式分离鳃沉淀池出水浊度随时间的变化关系如图 5.11 所示。由图 5.11 可知，浑水含沙量为 $5\sim20kg/m^3$ 时水力负荷的大小对浊度变化影响很大。当水力负荷小于 1.10m/h 时，出水浊度随时间的变化规律与静水沉淀相同，即有明显的浊度迅速减小和浊度缓慢减小两个阶段，且在浊度迅速减小段，水力负荷越小，浊度减小的幅度就越大，而当水力负荷大于或等于 1.10m/h 时，出水浊度随时间缓慢减小或几乎不变化。这是由于动水流对细颗粒泥沙絮凝沉降的影响具有正负效应，即在低流速时表现为促进絮凝作用，在高流速作用时表现为阻滞絮凝作用。

(1) 当水力负荷小时，此时浑水的进流速度也较小，泥沙所受重力作用大于水流的剪切破坏作用，细颗粒泥沙可以形成较大的絮团在重力作用下快速沉降，悬沙落淤增加，封闭式分离鳃沉淀池表层水体含沙量迅速降低，故溢出水的浊度值也快速降低；但随着时间的推移，泥沙不断沉降，大的絮凝团迅速减少，从而形成絮团和絮团被水流剪切破坏之间逐渐达到平衡，出水浊度值逐渐缓慢减小并趋于稳定。

(2) 当水力负荷增大时，此时浑水的进流速度也较大，虽然增加了泥沙的碰撞几率，但同时水流的剪切破坏作用可以将黏结不牢固的絮凝颗粒剪切分离，起到阻滞絮凝的作用，此时泥沙颗粒所受的向上扩散作用大于重力作用，在水力负荷一定时，水体中始终会保持一定量的泥沙将向上运动并随水流带出沉淀池，使得出水浊度值随时间变化很小或几乎不发生变化。因此选择一个合适的水力负荷是确保出水质量的一个重要条件，对封闭式分离鳃沉淀池而言，水力负荷 $q<1.10m/h$ 时出水质量较好。

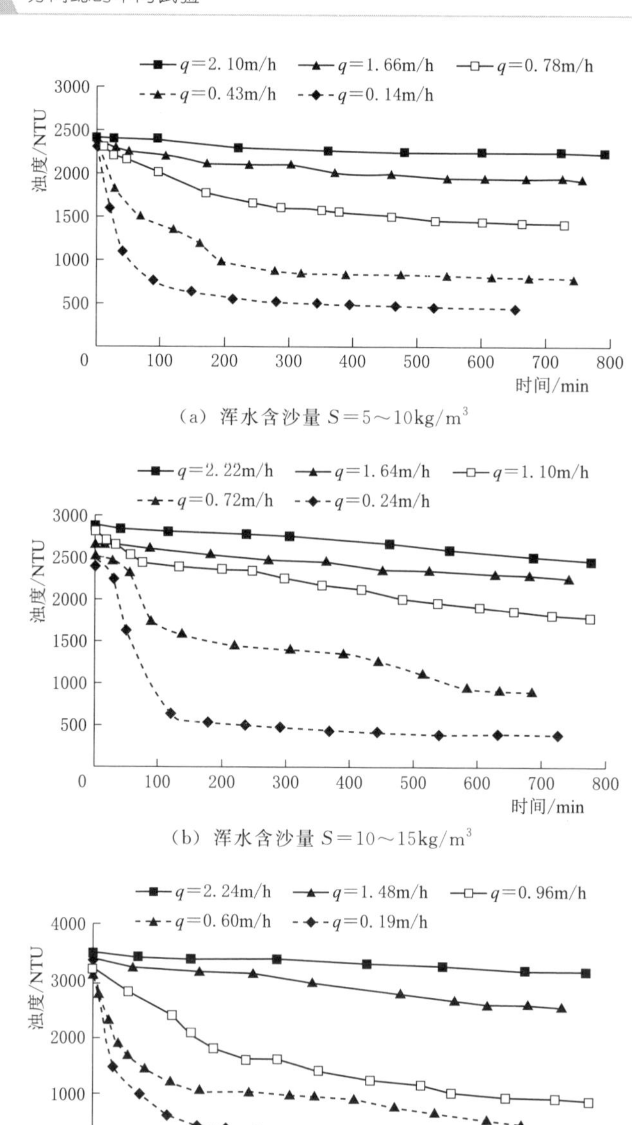

图 5.11 动水沉降时浊度与时间关系

5.2.3.2 同一时间水力负荷对出水浊度的影响

图 5.12 为 200min、750min 时浑水含沙量 $S=10\sim15\text{kg/m}^3$，封闭式分离鳃沉淀池和普通沉淀池中出水浊度随不同水力负荷的变化关系。从图 5.12 中可看出，两种沉淀池的出水浊度均随着水力负荷的增大而增大，且水力负荷越小，

两线的距离越大，随着水力负荷的增大，两线越接近。如图 5.12（a）所示，在水力负荷为 2.22m/h 时两线重合，由此表明，水力负荷越小，封闭式分离鳃沉淀池的水沙分离效率就越高。如图 5.12（a）所示，当水力负荷为 $q=0.24$m/h 时，普通沉淀池的浊度为 1931NTU，而封闭式分离鳃沉淀池的出水浊度仅为 512NTU，约为普通沉淀池的出水浊度的 1/4。当水力负荷达到一定值时，分离鳃就失去了作用。

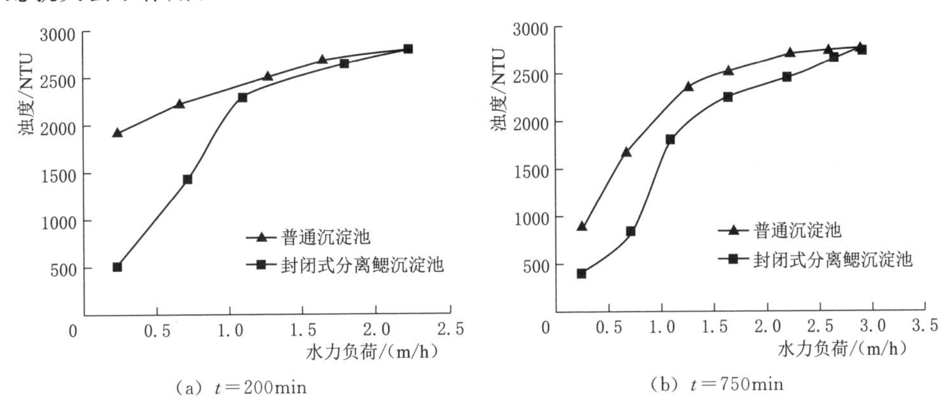

图 5.12 水力负荷与浊度的关系

5.3 沉淀池的水沙分离效率比较

图 5.13 表示在静水中浑水含沙量为 13.3kg/m^3，浑水沉降时间为 560min 时不同沉淀池的浑水与溢流出水的浑浊度对比。在相同条件下，3 种沉淀池处理浑水的效率不同，封闭式分离鳃沉淀池水沙分离效率最高，其次是敞开式均匀布置分离鳃沉淀池，最后是普通沉淀池。

浑水　溢流出水

(a) 普通沉淀池

浑水　溢流出水

(b) 敞开式均匀布置分离鳃沉淀池

浑水　溢流出水

(c) 封闭式分离鳃沉淀池

图 5.13 相同时间静态沉降不同沉淀池的浑水与出水浑浊度对比

图 5.14 表示在动水（水力负荷 $q=0.24$m/h）中同一浑水含沙量 750min 时浑水与溢流出水的浑浊度对比。由图 5.14 看出，在动水条件下，3 种沉淀池也具有静水条件下的水沙分离效果，溢流出水较清，封闭式分离鳃沉淀池的水沙

分离效率高于其他两种沉淀池。封闭式分离沉淀池的溢流出水浑浊度较敞开式均匀布置分离鳃沉淀池要低，这是因为当含沙水流在封闭式分离鳃沉淀池中上升运动至薄板时，薄板会给泥沙一个反弹力，使泥沙向相反方向运动，并只有鳃口出水，会大大减少运动水流带出的悬浮泥沙，因而出水浊度值很小；而敞开式分离鳃沉淀池由于水面是敞开的，悬浮泥沙会随着水流被带出沉淀池，从而造成出水的浊度值比封闭式分离鳃沉淀池的要大。

浑水　　溢流出水

(a) 普通沉淀池

浑水　　溢流出水

(b) 敞开式均匀布置分离鳃沉淀池

浑水　　溢流出水

(c) 封闭式分离鳃沉淀池

图 5.14　相同时间动态沉降不同沉淀池的浑水与出水浑浊度对比

5.4　本章小结

通过对敞开式分离鳃沉淀、封闭式分离鳃沉淀池及普通沉淀池在静水和动水中的试验研究分析得到以下结论：

(1) 敞开式均匀布置分离鳃沉淀池的水沙分离效率高于敞开式靠近溢流口布置分离鳃沉淀池与敞开式远离溢流口布置分离鳃沉淀池；敞开式均匀布置分离鳃沉淀池在静水沉降时，出水浊度随时间变化可分为浊度迅速减小与浊度缓慢减小两个阶段；在动水条件时，当水力负荷小于 1.08m/h 时，水力负荷对出水浊度的变化很敏感，且在相同沉降时间下，遵循水力负荷越小，分离鳃的水沙分离效率越高，而当水力负荷大于或等于 1.08m/h 时，出水浊度随时间的增大几乎不变化。

(2) 封闭式分离鳃沉淀池在静水沉降时出水浊度随时间变化情况也包含两个阶段，即浊度迅速减小与浊度缓慢减小阶段；在动水条件下，水力负荷是影响出水浊度的一个关键因素，当水力负荷 q 小于 1.10m/h 时，出水浊度随时间的变化规律与静水沉降的相同，且相同沉降时间下，水力负荷越小，出水浊度越小，水沙分离效率越高，而当水力负荷大于或等于 1.10m/h 时，出水浊度随时间缓慢减小或几乎不变化，故可以通过控制水力负荷 q 大小获取不同浊度的水。

(3) 相同条件下，封闭式分离鳃沉淀池的水沙分离效率高于敞开式均匀布置分离鳃沉淀池和普通沉淀池，故实际应用时应采用封闭式分离鳃沉淀池。

第6章

结论与展望

6.1 结论

分离鳃是一种新型净水装置，其仅在物理作用下快速地从高浑水含沙量且含有极细颗粒泥沙的浑水中取出清水。该装置具有水沙分离效率高、结构简单、低能耗及造价低廉等优点。在分离鳃已取得的研究成果基础上，为进一步探明分离鳃水沙两相流流场，并进一步对其结构进行优化，以及将分离鳃运用于实际工程时的结构型式，本书采用了物理模型试验、数值计算及中间试验对分离鳃进行了相关的研究。研究成果对发展流体力学学科和水沙两相流动力学学科，以及解决高含沙流域农牧区群众生活用水问题及灌溉用水的泥沙处理都具有重要的意义。

6.1.1 物理模型试验方面

6.1.1.1 室内物理模型静水试验

通过室内物理模型的静水试验，研究了含沙量与鳃片间距对分离鳃的水沙分离效率的影响，主要得到以下结论。

1. 对分离鳃和普通管进行9组不同浑水含沙量（10～140kg/m^3）的静水沉降试验

（1）随着浑水含沙量的增大，泥沙平均沉速减小，获得同一清水层厚度所需的沉降时间就越长，但泥沙平均沉速减幅不同。

（2）同一浑水含沙量下分离鳃中的泥沙平均沉速为普通管的1.65倍左右。

（3）浑水含沙量为10～80kg/m^3 时，分离鳃的水沙分离效率更高。

2. 对不同鳃片间距（5～35cm）的分离鳃与普通管进行静水沉降试验

（1）分离鳃的水沙分离效率高于普通管，不同鳃片间距的分离鳃泥沙平均沉速是普通管的1.4～3.25倍。

（2）鳃片间距越小，分离鳃的清水层厚度及泥沙平均沉速就越大，说明水沙分离效率就越高。

(3) 分离鳃的最优鳃片间距为 5cm，该鳃片间距下的泥沙平均沉速是鳃片间距为 10～35cm 的 1.41～2.37 倍。

6.1.1.2 室内物理模型动水试验

通过室内物理模型的动水试验，研究了含沙量、鳃片间距、进水口流量与进水口位置对分离鳃的水沙分离效率的影响，主要得到以下结论。

1. 浑水进口流量对分离鳃水沙分离效率的影响

(1) 浑水进口流量相同时，分离鳃和普通管的水沙分离效率随时间的增加而增大，且分离鳃的水沙分离效率高于普通管。

(2) 浑水进口流量为 0.3m³/h、0.5m³/h、0.7m³/h、0.9m³/h、1.1m³/h 时，分离鳃的水沙分离效率分别是普通管的 1.03～2.26 倍、1.16～2.45 倍、1.30～2.70 倍、1.58～3.85 倍、1.65～1.60 倍。

(3) 浑水进口流量相同时，分离鳃和普通管的耗水率相同，且浑水进水口流量越大，耗水率越小。

(4) 分离鳃随着浑水进口流量的增大，水沙分离效率呈先增大后减小的变化趋势，流量为 0.9m³/h 时，水沙分离效率达到最大，为 34.12%，而普通管则随着浑水进口流量的增大，水沙分离效率呈下降趋势。

(5) 不同浑水进口流量下分离鳃中的水沙分离效率随时间变化规律不同，浑水进口流量为 0.3～0.9m³/h 时，水沙分离效率随时间的变化可分成缓慢增加、快速增加、缓慢增加三个阶段，而浑水进口流量为 1.10m³/h 时仅有缓慢增加阶段。

(6) 不同时间下，浑水进口含沙量为 10kg/m³ 的水沙分离效率均高于其他含沙量。

2. 含沙量对分离鳃水沙分离效率的影响

(1) 浑水进口含沙量相同时，分离鳃和普通管的水沙分离效率随时间的增加而增大，且分离鳃的水沙分离效率比普通管高。

(2) 浑水进口含沙量为 10kg/m³、30kg/m³、50kg/m³、80kg/m³ 时，分离鳃的水沙分离效率分别是普通管的 1.58～3.85 倍、1.56～1.81 倍、1.50～1.77 倍、1.30～1.55 倍。可见分离鳃的水沙分离效率比普通管高。

(3) 分离鳃的水沙分离效率随着浑水进口含沙量的增大，包含快速减小和缓慢减小两个阶段，即含沙量为 10～30kg/m³ 是快速减小阶段，含沙量为 30～80kg/m³ 是缓慢减小阶段，而普通管在含沙量为 10～80kg/m³ 时仅有缓慢减小阶段。

(4) 不同浑水进口含沙量下分离鳃中的水沙分离效率随时间变化规律不同，浑水进口含沙量为 10kg/m³ 时，水沙分离效率随时间的变化可以分为缓慢增大、快速增大、缓慢增大 3 个阶段，而浑水进口含沙量为 30～80kg/m³ 时仅有缓慢增加阶段。

（5）不同时间下，浑水进口含沙量为 10kg/m³ 的水沙分离效率均高于其他含沙量。其水沙分离效率分别为 30kg/m³、50kg/m³、80kg/m³ 的 1.13～3.81 倍、1.34～3.99 倍、1.61～5.77 倍。

3. 进口位置对分离鳃水沙分离效率的影响

（1）浑水进口位置相同时，分离鳃和普通管的水沙分离效率随着时间的增加而增大，且分离鳃的水沙分离效率高于普通管。

（2）浑水进口位置距离分离鳃底部 760mm、480mm、180mm、270mm、580mm、870mm、1000mm 时，分离鳃的水沙分离效率分别是普通管的 1.63～3.85 倍、1.51～2.70 倍、1.73～1.98 倍、1.23～1.66 倍、1.49～3.87 倍、1.61～1.97 倍、1.70～2.08 倍。

（3）极差分析结果与方差和 PPR 分析结果一致，影响水沙分离效率的主次因素顺序为：浑水进口流量、鳃片间距、含沙量。当浑水进口流量取 0.5m³/h、含沙量取 2.0kg/m³，鳃片间距取 11.0cm 时，水沙分离效率最高，可达 45.13%。

4. 不同鳃片间距的分离鳃和普通管的水沙分离效率

（1）相同条件时，分离鳃与普通管的水沙分离效率伴随着时间的增加而增加，普通管的水沙分离效率均比不同鳃片间距的分离鳃低。

（2）当分离鳃的鳃片间距为 5cm、8cm、11cm 时，分离鳃中的水沙分离效率分别为普通管的 1.71～3.76 倍、1.38～2.63 倍、1.25～2.13 倍。鳃片间距为 5cm 时，水沙分离效率达到最高，为 35.12%。

6.1.2 数值模拟方面

6.1.2.1 静水条件下分离鳃数值模拟

1. 静水条件下分离鳃水沙分离效率数学模型确定

（1）数学模型：分别采用欧拉相流模型和 Mixture 多相流模型，混合模型采用 SIMPLEC 算法进行求解，欧拉模型采用 PC-SIMPLE。

（2）模型验证：通过定量对比数值计算的速度矢量图和物理试验现象，以及定量对比 4 种耦合模型和物理试验获得的水沙分离效率，欧拉模型的模拟精度较高，相对误差为 7.69%。可知欧拉模型耦合层流模型可作为静水条件下模拟水沙两相流场的数学耦合模型，数值计算精度高，结果可靠。

2. 静水条件下不同浑水含沙量、鳃片倾斜角、鳃片间距、泥沙粒径时分离鳃的数值模拟

采用 Fluent 软件中的欧拉模型模拟了静水中浑水含沙量（2～40kg/m³）、

鳃片倾斜角（6组不同α倾斜角与β倾斜角的组合）、鳃片间距（3～25cm）及泥沙粒径（0.0001～0.035cm）下的分离鳃内部水沙两相流流场，通过数值计算结果得出以下结论：

（1）静水条件下不同浑水含沙量分离鳃的数值模拟。

1）同一鳃片的上、下表面的速度分布规律一致，但浑水含沙量越大，鳃片上表面的泥沙平均速度与鳃片下表面的清水平均速度就越大。

2）不同浑水含沙量下，清水通道与泥沙通道的速度分布规律相同，且泥沙平均速度与清水平均速度随时间的变化分为加速、减速和匀速3个阶段。

3）不同浑水含沙量下，鳃片上表面的平均含沙量随时间变化规律基本一致，在同一鳃片上，浑水含沙量越大，鳃片上表面的平均含沙量就越大；浑水含沙量越小，分离鳃的水沙分离效率就越高。

（2）静水条件下不同鳃片倾斜角分离鳃的数值模拟。

1）鳃片倾斜角β对分离鳃的水沙分离效率影响最大，其次是鳃片倾斜角α，实际工程应采用的鳃片倾斜角为$\alpha=60°$与$\beta=45°$，该鳃片倾斜角下对应的泥沙最大速度为5.69cm/s。

2）不同鳃片倾斜角下，鳃片上、下表面的速度场，宽度方向的速度场是不同的，鳃片倾斜角$\alpha=60°$、$\beta=45°$的运动轨迹为鳃片上表面的泥沙流先以63.43°向下滑至鳃片的长边，再以45°沿长边下滑，方位角为30°。

（3）静水条件下不同鳃片间距分离鳃的数值模拟。

1）鳃片上表面、鳃片下表面及分离鳃宽度方向的速度流场不同，鳃片间距越大，速度流场受到泥沙通道下降的泥沙流与清水通道上升的清水流影响就越大。

2）鳃片间距不同，则分离鳃中鳃片的个数就不同，鳃片间的横向环流个数也就不同，若分离鳃内部有鳃片n个，则横向环流个数为$n-1$个。

3）不同鳃片间距分离鳃高度方向上的平均含沙量分布特性表现为上疏下浓，且鳃片间距越小，分离鳃的水沙分离越高，同时考虑水沙分离效率及鳃片间的流场特性，最终选择鳃片间距$d=5$cm作为分离鳃应用于实际工程的理论设计值，数值计算结果与物理模型的试验结果相符。

（4）静水条件下不同泥沙粒径分离鳃的数值模拟。

1）泥沙粒径为0.0001mm时，分离鳃内部的速度场与泥沙粒径为0.005～0.035mm的不同；且分离鳃高度方向上的平均含沙量随时间增大而保持不变。

2）泥沙粒径为0.005～0.035mm时，平均含沙量随时间的变化规律与高度方向上截取的截面有关。

3）相同条件下，泥沙粒径越大，平均含沙量就越小，水沙分离效率就越高。

6.1.2.2 动水条件下分离鳃数值模拟

1. 动水条件下分离鳃水沙分离效率数学模型确定

(1) 数学模型：用 CFX 中的 Mixture 模型分别与 RNG $k-\varepsilon$ 、SST、BSL、SSG 湍流模型耦合模拟了动水环境下分离鳃中的水沙两相流场。

(2) 模型验证：通过定量对比数值计算的速度矢量图和物理试验现象，以及定量对比 4 种耦合模型和物理试验获得的水沙分离效率，其两者相对误差为 1.77%，可知 Mixture 模型与 RNG $k-\varepsilon$ 湍流模型可作为动水条件下模拟水沙两相流场的数学耦合模型，数值计算精度高，结果可靠。

(3) 网格无关性验证：根据不同网格数的速度矢量图和鳃片上表面的泥沙最大运动速度对比，并考虑计算耗时，提出动水条件下分离鳃的网格数量宜为 30 万个左右。

2. 利用混合模型与 RNG $k-\varepsilon$ 模型对不同鳃片间距、浑水及长宽比的分离鳃分别进行数值模拟

(1) 动水条件下不同鳃片间距分离鳃的数值模拟。

1) 动水条件下的分离鳃系统内同样存在着循环流动的双异重流现象，即：水沙环绕鳃片上下表面产生的横向异重流和水沙环绕矩形容器边壁两侧的垂向异重流。

2) 鳃片间距越小，清水通道和泥沙通道中的清水上升流和泥沙下降流对速度流场的影响就越小，系统内双异重流的流态也越稳定。

3) 在动水环境中，通过分离鳃系统内部的流场、速度场及浓度场的对比，并结合进出口断面的平均含沙量等指标，进一步验证了数值模拟结果的正确性。

4) 分离鳃在鳃片间距 $d=5$cm 时的水沙分离效果更好，达到 34.5%，且分别是间距为 8cm 和 11cm 的 1.38 倍和 1.72 倍。

5) 不同鳃片间距下的分离鳃，其数值模拟的水沙分离效率与物理试验的相对误差较小，均小于 5%。

(2) 动水条件下不同浑水进口分离鳃的数值模拟。

1) 动水条件下，各进水口附近及相邻的鳃片间无明显异重流现象。

2) 动水条件下，过滤出的清水循环于进口水流干扰较小的区域（远离进口区域），因而进口位于底部的分离鳃上部类似静水环境，清水层更厚，更有利于出口处清水的排出。

3) 动水条件下，进口位置位于底部的分离鳃在清水出口剖面上的泥沙体积分数最低，即分离鳃的水沙分离效率最高，达到 72.45%，且分别是进口 1、进口 2 和进口 4 的 2.10 倍、1.71 倍和 1.17 倍。

(3) 动水条件下不同长宽比分离鳃的数值模拟。

1) 动水条件下，随着分离鳃长宽比的增大，顶部清水层的厚度增加，底部

进口对系统整体的紊动影响减小。

2）动水条件下，随着长宽比的增加，底部的泥沙沉淀区域越大，分离鳃的水沙分离效率越高，其中长宽比为 4∶1 的分离鳃水沙分离效率相对最高，达到 90.40%，且分别是长宽比 1∶1、2∶1 和 3∶1 的 2.26 倍、1.25 倍和 1.11 倍。

6.1.3 中间试验方面

通过对普通沉淀池、敞开式分离鳃沉淀池及封闭式分离鳃沉淀池在静水和动水中的试验研究分析得到以下结论。

(1) 敞开式均匀布置分离鳃沉淀池的出水效率高于敞开式靠近溢流口布置分离鳃沉淀池与敞开式远离溢流口布置分离鳃沉淀池。

(2) 敞开式均匀布置分离鳃沉淀池与封闭式分离鳃沉淀池在静水沉降时出水浊度随时间变化情况分为两个阶段，即浊度迅速减小阶段与浊度缓慢减小阶段；在动水沉降时，水力负荷对浊度变化有很大影响，遵循水力负荷越小，出水浊度越小，水沙分离效率越高，而当水力负荷达到一定值时，分离鳃失去了作用，与无分离鳃的沉淀池处理高浊度浑水的效率一样。因此实际应用当中，可以通过控制水力负荷大小获取不同浊度的水。

(3) 相同条件下，封闭式分离鳃沉淀池的水沙分离效率高于敞开式均匀布置分离鳃沉淀池与普通沉淀池，故实际应用时应采用封闭式分离鳃沉淀池，其适用条件为水力负荷小于 1.10m/h。

6.2 不足之处与展望

本书对分离鳃作了较为系统、细致和深入的研究，但由于时间限制，对于分离鳃的部分研究进行地不够深入。因此在后续研究中，对以下方面的问题仍需要做进一步探索。

通过手工制作的分离鳃，难免在尺寸上会出现一定的偏差，加上往往是估读分离鳃的清水层厚度，没有一定的标准，会导致计算的泥沙沉降速度同实际的泥沙沉降速度存在误差，从而影响室内物理模型的试验结果，因此在后续研究中应加以改正和完善；在前人研究的基础上探究了一定范围内的鳃片间距对分离鳃内的流场及水沙分离的影响，但在此范围之外的鳃片间距如何，还有待于进一步研究；本书只初步探究了分离鳃的进口在底部的大致情况，但进口位于底部的不同位置对分离鳃内的流场及水沙分离的影响还有待于进一步研究。

参 考 文 献

[1] 朱超. 水沙分离鳃结构优化及分离机理试验研究 [D]. 乌鲁木齐：新疆农业大学，2009：1-40.

[2] 秦丽娟，陈夫山. 有机高分子絮凝剂的研究进展及发展趋势 [J]. 上海造纸，2004，35 (1)：41-46.

[3] 杨如柱，刘小乐. 微生物絮凝剂净化废水实验研究 [J]. 环境科学与管理，2007，32 (11)：112-116.

[4] 邱秀云，龚守远，严跃成，等. 一种新型水沙分离装置的研究 [J]. 新疆农业大学学报，2007，30 (1)：68-70.

[5] 岳湘安. 液一固两相流基础 [M]. 北京：石油工业出版社，1996.

[6] 李琳. 浑水水力分离清水装置水沙分离的数值分析及试验研究 [D]. 乌鲁木齐：新疆农业大学，2008.

[7] 崔智文，王泽，蒋新宇，等. 非球形颗粒两相流的数值模拟研究进展 [J]. 力学进展，2022，52 (3)：50.

[8] 庞博学. 非牛顿流体-颗粒两相流的颗粒动理学理论与数值模拟 [D]. 哈尔滨：哈尔滨工业大学，2021.

[9] 汪毅芝. 两相流问题的表面张力模型及算法研究 [D]. 湘潭：湘潭大学，2021.

[10] Maxey M R，Riley J J. Equation of motion for a small rigid sphere in a nonuniform flow [J]. Physics of Fluids，1983，26 (4)：883-889.

[11] Corrsin S，Lumley J L. On the equation of motion for a particle in turbulent fluid [J]. Appl. Sci. Res.，1956，A6：114-121.

[12] Chan-Mou T. Mean value and correlation problems connected with the motion of small particles suspended in a turbulent fluid [M]. Netherlands：Springer，1947.

[13] Lumley J L. Some problems connected with the motion of small particles in turbulent fluid [D]. Baltimore：Johns Hopkins Univ.，1957：22-75.

[14] 刘小兵. 固液两相流动及在涡轮机械中的数值模拟 [M]. 北京：中国水利水电出版社，1996：30-89.

[15] Lee S L. Migrati on in a laminar suspension boundary lay flow [J]. Int J Multiphase Flow，1973 (1)：1-9.

[16] Soo S L. Fluid dynamics of multiphase systems [J]. Blaisdell，Pub. CO，1967，23：100-110.

[17] Marble F E. Dynamics of a gas containing saml solid partical [M]. Oxford：Pergamon Press，1963：112-150.

[18] 李涛. 处理砂石废水的旋流沉砂池内高浓度固液两相流数值模拟 [D]. 天津：天津大学，2010：1-20.

[19] 栾闯. 基于 CFD 的水电工程砂石废水旋流沉砂池的优化设计 [D]. 天津：天津大学，

2009：2－18.
[20] 许妍霞. 水力旋流分离过程数值模拟与分析 [D]. 上海：华东理工大学，2012：1－20.
[21] 张晓旭. 基于固液两相流的长短叶片水轮机转轮的三维数值模拟 [D]. 昆明：昆明理工大学，2012：3－15.
[22] 李新明. 浆化搅拌槽的液固两相流及叶轮磨损特性的研究 [D]. 长沙：中南大学，2012：3－15.
[23] 刘栋. 离心泵叶轮内部液固两相流场的数值模拟和实验研究 [D]. 镇江：江苏大学，2011：5－22.
[24] 吴波. 渣浆泵固液两相三维湍流及冲蚀磨损特性研究 [D]. 长沙：中南大学，2010：7－28.
[25] Bechteler W. Transport of suspended solids in open channels：proceedings of euromech 192 [C]. Munich/Neubiberg，1985 ，11－15 Routledge.
[26] B A DeVantier，B E Larock. Modeling sediment-induced density currents in sedimentation basins [J]. Hydraul. Eng.，ASCE.，1987，113 (1)：80－94.
[27] D A Lyn，A I Stamou，W Rodi. Density currents and shear-induced flocculation in sedimentation tanks [J]. Hydraul. Eng.，ASCE.，1992，118 (6)：849－867.
[28] Zhou S，McCorquodale J A. Influence of skirt radius on performance of circular clarifier with densal for numerical methods in fluids [J]. Canadian Journal of Civil Engineering，1992，14：919－934.
[29] Dianyu E ，Xu G ，Fan H ，et al. Numerical investigation of hydrocyclone inlet configurations for improving separation performance [J]. Powder Technology，2024，434，119384.
[30] Zhou S，McCorquodale J A. Mathematical modelling of a circular clarifier [J]. Canadian Journal of Civil Engineering，1992，19：365－374.
[31] Das S，Bai H，Wu C，et al. Improving the performance of industrial clarifiers using three-dimensional computational fluid dynamics [J]. Engineering Applications of Computational Fluid Mechanics，2015，10 (1)：130－144.
[32] Zhou S，McCorquodale J A，Vitasovic Z. Influences of density on circular clarifiers with baffles [J]. Journal of Environmental Engineering，1992，118 (6)：829－847.
[33] G Mazzolani，F Pirozzi，G. D'Antonoi. A generalized settling approach in the numerical modeling of sedimentation tanks [J]. Water Sci. Technol.，1998，38 (3)：95－102.
[34] Krebs P，Stamou A I，Garcia-Heras. Influence of inlet and outlet configuration on the flow secondary clarifiers [J]. Water Science and Technology，1996，34 (5－6)：1－9.
[35] Krebs P，Armbruster M，Rodi W. Laboratory experiments of buoyancy-influenced flow in clarifiers [J]. Journal of Hydraulic Research，1998，36 (5)：831－851.
[36] 郭生昌. 沉淀池的计算机数值模拟 [D]. 上海：东华大学，2004：1－15.
[37] 屈强，马鲁铭，王洪武，等. 折流式沉淀池流态模拟 [J]. 中国给水排水，2005，21 (4)：58－61.
[38] 屈强，马鲁铭，王洪武，等. 初沉池内速度场数值模拟 [J]. 环境保护科学，2006，32 (2)：8－10.
[39] 吴成娟. 沉淀池的数值模拟 [J]. 环境科学与管理. 2010，25 (9)：66－69.
[40] 肖尧，施汗昌，范茏. 基于计算流体力学的辐流式二沉池数值模拟 [J]. 清华大学学

报（自然科学版），2006，22（19）：100－104.

［41］ 屈强，马鲁铭，王红武．辐流式二沉池固液两相流数值模拟［J］．同济大学学报（自然科学版），2006，34（9）：1212－1215.

［42］ 杨丽丽．基于CFD的平流式二沉池三维数值模拟［D］．天津：天津大学，2007：1－50.

［43］ 李开展．平流二次沉淀池的二维固液两相流数值模拟研究［D］．西安：西安理工大学，2008：2－46.

［44］ 李博．平流式二次沉淀池中异重流的数值模拟研究［D］．西安：西安理工大学，2010：5－44.

［45］ 刘强，吕浩．新型气浮-沉淀池运行沉淀工艺的数值模拟［J］．沈阳建筑大学学报（自然科学版），2010，26（1）：156－161.

［46］ Jayanti S，Narayanan S. Computational study of particle-eddy interaction in sedimentation tanks［J］. Journal of Environmental Engineering，2004，130（6）：829－847.

［47］ Laine S. Operating diagnostics on a flocculator-settling tank using fluent CFD software［J］. Water Science and Technology，1999，39（4）：155－162.

［48］ De Clercq B. Computational fluid dynamics of settling tanks：development of experiments and rheological，setting and scraper submodels［D］. Belgium：University of Ghent，2003：20－79.

［49］ 朱炜，马鲁铭，屈强．PHOENICS数值模拟平流式二沉池流场［J］．水处理技术，2005（12）：63－66.

［50］ 姚文兵．数值模拟在辐流式沉淀池中的应用［D］．大连：大连海事大学，2003.

［51］ 王晓玲，曹月波，张明星，等．辐流式沉淀池固液两相流三维数值模拟［J］．工程力学，2009，26（6）：243－249.

［52］ 王晓玲，杨丽丽，张明星，等．平流式沉淀池水流三维CFD模拟［J］．天津大学学报，2007，40（8）：921－930.

［53］ 陈小宁．基于CFD的固液两相流流型分析及阻力损失模型的研究［D］．昆明：昆明理工大学，2017.

［54］ 董文龙，李映．离心泵内大颗粒下运动特性数值模拟与磨损分析［J］．机电工程，2015，32（2）：324－327.

［55］ 季浪宇．大颗粒固液两相流碰撞反弹规律及磨损特性研究［D］．杭州：浙江理工大学，2017.

［56］ Stokes G G. On the effect of the internal friction of fluids on the motion of pendulums［J］. Trans.，Cambridge Philo. Soc.，1851，2（9）：8－106.

［57］ Oseen C W. Neuere methoden und ergebnisse in der hydrodynamik［M］. Akad. Verlagsge sellschaft m. b. H.，Leipzig，1928：67－68.

［58］ Goldstein S. The steady flow of viscous fluid past a fixed spherical obstacle at small reynolds numbers［M］. London：Proc. Royal Soc.，1929：100－125.

［59］ Brown P P，LawlerD F. Sphere drag and settling velocity revisited［J］. Journal of Hydraulic Engineering，2003（3）：222－231.

［60］ Rouse H. Fluid mechanics for hydraulic engineers［M］. NewYork：Dover，1938：20－75.

［61］ 沙玉清．泥沙运动学引论［M］．北京：中国工业出版社，1965.

［62］ Rubey S W W. Settling velocities of grabel，sand，and silt particles［J］. Amer. J.

sci, 1933, 25 (148): 325 - 338.
[63] 武汉水利水电学院. 河流动力学 [M]. 北京: 中国工业出版社, 1961.
[64] 张瑞瑾. 河流泥沙动力学 [M]. 北京: 中国水利水电出版社, 1998: 15 - 90.
[65] 宋佳苑, 孙志林. 基于高速摄像的单颗粒泥沙沉速试验 [J]. 科技通报, 2016, 32 (4): 106 - 108, 138.
[66] 匡翠萍, 郑宇华, 顾杰, 等. 泥沙颗粒团沉速 [J]. 同济大学学报 (自然科学版), 2016, 44 (12): 1845 - 1850, 1866.
[67] 马林. 泥沙静水絮凝沉降规律研究 [D]. 杨凌: 西北农林科技大学, 2022.
[68] Cunningham E. On the velocity of steady fall of spherical particles through fluid medium [J]. Proc., Royal Soc., 1910, 83: 801 - 806.
[69] Smoluchowski M. On the practical applicability of Stokes' law of resistance and its modifications required in certain cases [M]. Pisma Mariana Smoluchowskiego, 1927, 195 - 208.
[70] Fayon A M, Happel J A. Effect of a cylindrical boundary on a fixed rigid sphere in a moving viscous fluid [J]. Aiche Journal, 1960, 6: 55 - 58.
[71] Uchida S. Slow viscous flow past closely spaced spherical particles [J]. Japanese Inst. Sci. Tech., 1949, 3: 97 - 104.
[72] 蔡树棠. 泥沙在静水中的沉淀运动: (1) 含沙浓度对沉速的影响 [J]. 物理学报, 1956, 12 (5): 402 - 408.
[73] Batchelor G K. Sedimentation in a dilute dispersion of spheres [J]. Journal of Fluid Mechanics, 1972, 52: 245 - 268.
[74] Richardson J F. Sedimentation and fluidization of fine particles and two component mixtures of solids [J]. Trans Instn. Chem. Engrs, 1961, 39 (5): 348 - 356.
[75] 詹勇, 王惠明, 曾小为. 泥沙沉降速度研究进展及其影响因素分析 [J]. 人民长江, 2001, 32 (2): 23 - 24.
[76] Peirce T J, Williams P J. Experiments on certain aspects of sedimentation of estuary muds [J]. Proc ICE, 1966, 34: 391 - 400.
[77] 沙玉清. 泥沙运动学引论 [M]. 修订本. 西安: 陕西科学技术出版社, 1996: 50 - 80.
[78] 褚君达. 高浓度浑水的基本特性 [C]. 第二次河流泥沙国际学术讨论会论文集. 北京: 水利电力出版社, 1983: 17 - 24.
[79] 詹义正. 考虑粒子形状因素的浑水黏度公式 [J]. 武汉水利电力大学学报, 1998, 31 (4): 10 - 13.
[80] 王尚毅. 细颗粒泥沙在静水中的沉淀运动 [J]. 水利学报, 1964 (5): 22 - 27.
[81] 钱宁, 万兆惠. 泥沙运动力学 [M]. 北京: 科学出版社, 1983.
[82] 费祥俊. 高含沙水流的颗粒组成及流动特性 [C]. 第二次河流泥沙国际学术讨论会论文集. 北京: 水利电力出版社, 1983: 296 - 306.
[83] 钱意颖. 泥沙群体沉降的特性 [J]. 黄委会水科所, 1979 (4): 60 - 67.
[84] 丰青, 肖千璐, 郑艳爽, 等. 黄河流域黏性泥沙群体沉速计算分析 [J]. 水利水运工程学报, 2024 (1): 8 - 14.
[85] 孟若霖, 张根广, 马林, 等. 黏性细颗粒泥沙在浑水中的群体沉降规律 [J]. 泥沙研究, 2022, 47 (2): 9 - 14.

[86] Gibbs R J. Estuarine flocs: their size, settling velocity, and density [J]. Journal of Geophysical Research, 1985, 90 (C2): 3249 - 3251.

[87] Lick W, Huang H - N, Jepsen R. Flocculation of fine-grained sediments due to differential settling [J]. Journal of Geophysical Research, 1993, 98 (C6): 10279 - 10288.

[88] 关许为，陈英祖．长江口泥沙絮凝静水沉降动力学模式的试验研究 [J]．海洋工程，1995，13 (1)：46 - 50.

[89] Hill P, Syvitski J P, Cowan E A, et al. In situ observations of floc settling velocities in Glacier Bay, Alaska [J]. Marine Geology, 1988, 145: 85 - 94.

[90] VanLeussen W, Cornelisse J M. The determination of the sizes and settling velocities of estuarine floes by underwater video System [J]. Netherlands Journal of Sea Research, 1993 (31): 231 - 241.

[91] Willem T B. Van der Lee. Temporal variation of floe size and settling velocity in the Dollard estuary [J]. Continental Shelf Research, 2000 (20): 1495 - 1511.

[92] Sternberg R W, Berhane I, Ogston A S. Measurement of size and settling velocity of suspended aggregates on the northern California Continental Shelf [J]. Marine Geology, 1999 (154): 43 - 53.

[93] Fennessy M J, Dyer K R. Floe Population characteristics measured with INSSEV during the Elbe estuary intercalibration experiment [J]. Journal of Sea Research, 1996 (36): 55 - 62.

[94] Fennessy M J, Dyer K R, Huntley D A. INSSEV: an instrument to measure the size and setting veloeity of floes in-situ [J]. Marine Geology, 1994 (117): 107 - 117.

[95] 程江，何青，王元叶，等．利用 LISST 观测絮凝体粒径、有效密度和沉速的垂线分布 [J]．泥沙研究，2005 (1)：33 - 39.

[96] 李九发，戴志军，刘启贞，等．长江河口絮凝泥沙颗粒粒径与浮泥形成现场观测 [J]．泥沙研究，2008 (3)：26 - 32.

[97] Manning A J, Dyer K R. A laboratory examination of floc characteristics with Regard to turbulent shearing [J]. Marine Geology, 1999 (160): 147 - 170.

[98] EllisK M. A study of the temporal variability in particle size in a high-energy regime [J]. Estuarine, Coastal and Shelf Science, 2004 (28): 40 - 48.

[99] Agrawal, Y C, Traykovski P. Particles in the bottom boundary layer: concentration and size dynamics through event [J]. Journal of Geophysical Research, 2001 (106): 9533 - 9542.

[100] Agrawal Y C, Pottsmith H C. Instruments for particle size and settling velocity observations in sediment transport [J]. Marine Geology, 2000 (168): 89 - 114.

[101] Xia X M Li Y. Observations on the size and settling velocity distributions of suspended sediment in the Pearl River Estuary, China [J]. Continental Shelf Research, 2004 (24): 1809 - 1826.

[102] Voulgaris George. Temporal variability of hydrodynamics, sediment concentration and sediment settling velocity in a tidal creek [J]. Continental Shelf Research, 2004 (100): 1210 - 1218.

[103] Mikkelsen O A. Examples of spatial and temporal variations of some fine-grained sus-

pended particle characteristics in two Danish coastal water bodies [J]. Oceanologica Acta, 2002 (25): 39 - 49.

[104] Mikkelsen O A, Pejrup M. The use of a LISST - 100 laser Particle sizer for in-situ estimates of floc size, density and Settling velocity [J]. Geo-Marine Letters, 2001 (20): 187 - 195.

[105] Mikkelsen O A, Pejrup M. In situ Particle sizes spectra and density of particle aggregates in a dredging plume [J]. Marine Geology, 2000 (170): 443 - 459.

[106] 费祥俊. 泥沙的群体沉降-两种典型情况下非均匀沙沉速计算 [J]. 泥沙研究, 1992 (3): 11 - 19.

[107] 郑邦民, 夏军. 固体颗粒的群体沉降速度分析 [J]. 泥沙研究, 2004 (6): 40 - 45.

[108] 黄建维, 孙献清. 黏性泥沙在流动盐水中沉降特性的试验研究 [C]. 第二次河流泥沙国际学术讨论会论文集. 北京: 水利电力出版社, 1983: 286 - 294.

[109] 严镜海. 黏性细颗粒泥沙絮凝沉降的初探 [J]. 泥沙研究, 1984 (1): 41 - 49.

[110] 钟建军, 匡翠萍, 陈思宇. 长江口黏性细泥沙有效沉速与相关因素的关系 [J]. 人民长江, 2008, 39 (20): 45 - 46.

[111] Shi Z. Behaviour of fine suspended sediment at the north passage of the Changjiang Estuary, China [J]. Journal of Hydrology, 2004, 293 (1 - 4): 180 - 190.

[112] 陈沈良, 谷国传, 张国安. 长江口南汇近岸水域悬沙沉速估算 [J]. 泥沙研究, 2003, 12 (6): 45 - 51.

[113] Shi Z, Zhou H J, Eittreim S L, et al. Settling velocities of fine suspended particles in the Changjiang Estuary, China [J]. Journal of Asian Earth Sciences, 2003, 22 (3): 245 - 251.

[114] 周华君, 任汝述. 长江口黏性细颗粒泥沙沉降规律 [J]. 重庆交通学院院报, 1994, 13 (3): 10 - 16.

[115] Shi Z, Zhou H J. Controls on effective settling velocities of mud flocs in the Changjiang Estuary, China [J]. Hydrological Processes, 2004 (18): 2877 - 2892.

[116] 李九发, 时伟荣, 沈焕庭. 长江口最大浑浊带的泥沙特性和输移规律 [J]. 地理研究, 1994, 13 (1): 51 - 59.

[117] 时钟, 朱文蔚, 周洪强. 长江口北槽口外细颗粒悬沙沉降速度 [J]. 上海交通大学学报, 2000, 34 (1): 18 - 23.

[118] 时钟. 长江口北槽细颗粒悬沙絮凝体的沉速的近似估计 [J]. 海洋通报, 2004, 23 (5): 51 - 58.

[119] 张书庄, 肖辉. 黏土含量对粉沙质泥沙沉降速度的影响 [J]. 水道港口, 2008, 29 (5): 310 - 313.

[120] 王家生, 陈立, 王志国, 等. 含离子浓度参数的黏性泥沙沉速公式研究 [J]. 水科学进展, 2006 (17): 1 - 6.

[121] Gonzalez E A, Hill P S. A method for estimating the flocculation time of monodispersed sediment suspensions [J]. Deep-Sea Research I, 1998 (45): 1931 - 1954.

[122] Wintersherp J C. On the dynamics of high-concentrated mud suspensions [D]. Delft: Delft University of Technology, 1999: 50 - 70.

[123] Nikora V, Aberle J, Green M. Sediment flocs: settling velocity, flocculation factor,

and optical backscatter [J]. Journal of Hydraulic Engineering, ASCE, 2004, 130 (10): 1043-1047.

[124] Winterwerp J C, Manning A J, Martens C, et al. A heuristic formula for turbulence-induced flocculation of cohesive sediment [J]. Estuarine, Coastal and Shelf Science, 2006, 68: 195-207.

[125] 杨耀天. 细颗粒泥沙静水沉降实验研究 [D]. 杨凌：西北农林科技大学，2017.

[126] 吴思南，符素华. 土壤团聚体对泥沙沉降速度的影响 [J]. 中国水土保持科学，2019，17 (6): 78-84.

[127] 刘玥晓. 离子型表面活性剂对泥沙起动和沉降影响机制研究 [D]. 武汉：长江科学院，2018.

[128] Jin-xiao ZHAO, Guo-lu YANG, Monika KREITMAIR, et al. 不含分形维数的细颗粒泥沙沉速计算方法研究（英文） [J]. Journal of Zhejiang University-Science A (Applied Physics & Engineering), 2018, 19 (7): 544-556.

[129] 张庆河，王殿志，吴永胜，等. 黏性泥沙絮凝现象研究述评（1）：絮凝机理与絮团特性 [J]. 海洋通报，2001，20 (6): 80-90.

[130] 杨铁笙，熊祥忠，詹秀玲，等. 黏性细颗粒泥沙絮凝研究概述 [J]. 水利水运工程学报，2003 (2): 10-15.

[131] 张金凤. 基于格子玻耳兹曼方法的黏性泥沙絮凝机理研究 [D]. 天津：天津大学，2006: 15-50.

[132] 杨靓青，王初，任杰，等. 细颗粒泥沙絮凝现象研究综述 [J]. 水道港口，2008，29 (3): 158-165.

[133] 李秀文，何青. 长江口细颗粒泥沙絮凝问题研究综述 [J]. 人民长江，2008，39 (6): 15-17.

[134] 刘启贞，李九发，陆维昌，等. 河口细颗粒泥沙有机絮凝的研究综述及机理评述 [J]. 海洋通报，2006，25 (2): 74-80.

[135] 阮文杰. 长江口天然水流中细颗粒泥沙的絮凝作用 [J]. 海洋科学，1991 (6): 39-43.

[136] 阮文杰. 细颗粒泥沙动水絮凝的机理分析 [J]. 海洋科学，1991 (5): 46-49.

[137] 周海，阮文杰，蒋国俊，等. 细颗粒泥沙动水絮凝沉降的基本特性 [J]. 海洋与湖沼，2007，38 (2): 124-130.

[138] 夏润亮，杨国录，刘林双. 黏性泥沙动水絮凝沉降数值模拟及影响因素 [J]. 武汉大学学报（工学版），2013，46 (2): 149-153.

[139] 朱中凡，赵明，杨铁笙. 紊动水流中细颗粒泥沙絮凝发育特征的试验研究 [J]. 水力发电学报，2010，29 (4): 77-83.

[140] 柴朝晖，杨国录，陈萌. 均匀切变水流对黏性细颗粒泥沙絮凝的影响研究 [J]. 水利学报，2012，43 (10): 1194-1200.

[141] 张金凤，张庆河，乔光全. 水体紊动对黏性泥沙絮凝影响研究 [J]. 水利学报，2013，44 (1): 67-82.

[142] 金鹰，王义刚，李宇. 长江口黏性细颗粒泥沙絮凝试验研究 [J]. 河海大学学报，2002，30 (3): 61-63.

[143] 黄磊，方卫，陈明洪，等. 黏性细颗粒泥沙的表面电荷特性研究进展 [J]. 清华大学学报（自然科学版），2012，52 (6): 747-752.

[144] 刘毅. 温度对黏性泥沙的沉速及淤积的影响 [J]. 水利水电快报，1994 (13)：21 - 24.

[145] 蒋国俊，姚炎明，唐子文. 长江口细颗粒泥沙絮凝沉降影响因素分析 [J]. 海洋学报，2002，24 (4)：51 - 57.

[146] 万新宁，李九发，何青. 长江中下游水沙通量变化规律 [J]. 泥沙研究，2003 (4)：29 - 35.

[147] 吉顺莉. 长江口南汇边滩泥沙特性实验研究 [D]. 南京：河海大学，2007：25 - 55.

[148] Kranenburg C. Effects of floc strength on viscosity and deposition of cohesive suspensions [J]. Continental Shelf Research，1999，19 (4)：1665 - 1680.

[149] Van Leussan W. Aggregation of particles，settling velocity of mud flocs-a review [M]. Physical Processes in Estuaries. German：Springer-Verlag，1988：147 - 403.

[150] Kranenburg C. The fractal structures of cohesive sediment aggregates [J]. Continental Shelf Research，1994，39 (6)：451 - 460.

[151] 唐建华. 长江口及其邻近海域黏性细颗粒泥沙絮凝特性研究 [D]. 上海：华东师范大学，2007：10 - 50.

[152] 沈焕庭，潘定安. 长江河口最大浑浊带 [M]. 北京：海洋出版社，2001：18 - 100.

[153] 吉顺莉. 南汇边滩细颗粒泥沙动水沉降的实验研究 [J]. 南通航运职业技术学院学报，2009，8 (3)：88 - 91.

[154] 吴荣荣，李九发，刘启贞，等. 钱塘江河口细颗粒泥沙絮凝沉降特性研究 [J]. 海洋湖沼通报，2007 (3)：29 - 34.

[155] 王龙，李家春，周济福. 黏性泥沙絮凝沉降的数值研究 [J]. 物理学报，2010，59 (5)：3315 - 3323.

[156] 崔贺. 河口黏性泥沙基本特性的研究 [D]. 天津：天津大学，2007：20 - 57.

[157] 李晓燕. 长江口北槽浮泥周期变化分析 [D]. 杭州：浙江大学，2006：1 - 40.

[158] 林以安，唐仁友，李炎，等. 长江口生源元素的生物地球化学特征与絮凝沉降的关系 [J]. 海洋学报，1995 (5)：15 - 21.

[159] 林以安，唐仁友，李炎. 长江口区 C、N、P 的生物地球化学变化对悬浮体絮凝沉降的影响 [M]. 北京：海洋出版社，1996：133 - 145.

[160] 蒋国俊，张志忠. 长江口阳离子浓度与细颗粒泥沙絮凝沉积 [J]. 海洋学报，1995，17 (1)：76 - 82.

[161] 关许为，陈英祖，杜心慧. 长江口絮凝机理的试验研究 [J]. 水利学报，1996 (6)：70 - 74.

[162] 王家生，陈立，刘林，等. 阳离子浓度对泥沙沉速影响实验研究 [J]. 水科学进展，2005，16 (2)：169 - 173.

[163] 刘启贞，李九发，李为华，等. $AlCl_3$、$MgCl_2$、$CaCl_2$ 和腐殖酸对高浊度体系细颗粒泥沙絮凝的影响 [J]. 泥沙研究，2006 (6)：18 - 23.

[164] 王乾佑. $AlCl_3$ 和 $FeCl_3$ 对高有机物含量细颗粒泥沙絮凝沉降特性影响研究 [J]. 现代商贸工业，2010 (16)：353 - 354.

[165] 陈洪松，邵明安. 有机质、$CaCl_2$ 和 $MgCl_2$ 对细颗粒泥沙絮凝沉降的影响 [J]. 中国环境科学，2001，21 (5)：395 - 398.

[166] 郭玲，武海顺，金志浩. 电解质对细颗粒泥沙稳定性的影响研究 [J]. 山西师范大学学报（自然科学版），2004，18 (3)：67 - 71.

[167] 周晶晶，金鹰，冯卫兵. 电解质与黏性细颗粒泥沙絮凝的关系 [J]. 武汉理工大学学报（交通科学与工程版），2007，31（6），1071-1074.
[168] 上海市政工程设计研究院. 给水排水设计手册 [M]. 北京：中国建筑工业出版社，2004：518-546.
[169] 牟占军，杨伟，武朝军. 斜板沉淀池的设计计算 [J]. 内蒙古石油化工，1995（1）：29-32.
[170] 许培援，刘亚莉，戚俊清，等. 斜板沉降器处理负荷的计算 [J]. 化工机械，2003，30（6）：347-349.
[171] 吴剑华，唐洪涛，于驰. 斜板沉降器的设计 [J]. 化工设计，2003，13（6）：10-13.
[172] 常勇，吴剑华，杨芙. 斜板重力分离器的研究 [J]. 沈阳化工学院学报，2005，19（3）：204-208.
[173] 戚俊清，刘亚莉，许培援，等. 新型液-液分离设备：斜板沉降器 [J]. 化工机械，1998，25（6）：358-362.
[174] 刘振中，邓慧萍，白丹，等. 斜板沉淀池优化设计研究 [J]. 南昌大学学报·工科版，2006，28（4）：401-404.
[175] 戚俊清，刘亚莉，许培援，等. 斜板沉降器板间距对处理负荷的影响 [J]. 郑州轻工业学院学报，1999，14（4）：51-55.
[176] 陈志军，王振波，金有海. 斜板沉降器油水分离试验 [J]. 环境工程，2009，27（5）：14-17.
[177] 唐洪涛，吴剑华. 斜板沉降器的理论板长的研究 [J]. Fluid Machinery，2005，33（10）：20-23.
[178] 侯海瑞，孟辉波，吴剑华. 斜板沉降器分离性能的研究 [J]. 沈阳化工学院学报，2006，20（3）：218-221.
[179] 李继震. 侧向流翼片斜板沉淀池除浊规律的研究 [J]. 中国给水排水，1994，10（1）：4-6.
[180] 姚公弼. 斜板和斜翅板沉降槽分离性能的研究 [J]. 化工装备技术，1994，15（5）：1-6.
[181] 李宝仲. 悬挂式侧向流翼片斜板沉淀装置 [J]. 给水排水，1996，22（11）：23-25.
[182] 高士国，阮如新. 侧向流波形斜板沉淀工艺试验研究 [J]. 中国给水排水，1994，10（2）：4-8.
[183] 邹亦俊. 迷宫斜板沉淀池设计 [J]. 净水技术，1998，64（2）：33-38.
[184] 张家哗. 迷宫式斜板沉淀池 [J]. 煤矿环境保护，1994，9（3）：32-34.
[185] 张永亮，刘凡清，朱臻. 新型同向流斜板沉淀池试验研究 [J]. 工业水处理，2005，25（1）：46-47.
[186] 方永忠，黄继华，方永辉，等. 立式斜板（管）沉淀工艺设计与应用 [J]. 中国给水排水，2010，26（12）：150-154.
[187] 梁仁礼，张衍林，盛凯. 逆向流斜板沉降器的改进设计及其性能研究 [J]. 中国给水排水，2007，23（21）：45-48.
[188] 罗岳平，邱振华，李宁，等. 用斜管（板）沉降系统改造矩形平流沉淀池——平流斜管（板）组合沉淀池 [J]. 净水技术，2003，22（5）：45-47.
[189] 张宏媛. 改良斜板沉淀池液固两相流模拟及分离性能实验研究 [D]. 哈尔滨：哈尔

滨工业大学，2011.

[190] Abdulsalam M，Saleh，Mohamed F，et al. Upgrading of secondary clarifiers by inclined plate settlers [J]. Water Sience and Technology，1999，40 (7)：141-149.

[191] 施杰，李恩超. 焦化废水处理中斜板沉淀池翻泥原因及解决措施 [J]. 净水技术，2015，34 (3)：90-92+100.

[192] 陶赟，缪昊君，许金天，等. 新型翼片式斜板沉淀池的数值模拟与优化研究 [J]. 中国新技术新产品，2015 (17)：1-2.

[193] 田林青，张亚方，彭赵旭. 新型同向流斜板沉淀池装置的运行与优化 [J]. 哈尔滨商业大学学报（自然科学版），2017，33 (5)：530-532，536.

[194] 刘存. 基于CFD的斜板沉淀池及配水渠的优化设计及运行研究 [D]. 重庆：重庆大学，2019.

[195] 赵东旭. 斜板沉淀池中固——液两相流水力特性数值模拟研究 [D]. 西安：西安理工大学，2019.

[196] 姚娟娟，宋莉莉，刘存. 斜板沉淀池前配水渠的数值模拟及结构优化 [J]. 水资源与水工程学报，2020，31 (5)：120-126.

[197] 陈永强. 一种带有底腔刮泥功能的斜板沉淀池 ZL201810360104.1 [P]. 河南泽衡环保科技股份有限公司，2021.

[198] 王伊林，马立山，王强，等. 基于CFD的斜板沉淀池水力特性模拟研究 [J]. 河北建筑工程学院学报，2021，39 (4)：121-128.

[199] 王伊林. 基于CFD的斜板沉淀池的数值模拟研究 [D]. 张家口：河北建筑工程学院，2022.

[200] 樊书铭. 基于CFD的斜板沉淀池的沉淀效果研究 [D]. 张家口：河北建筑工程学院，2023.

[201] 董志锋，刘倩，范漳，等. 基于沉后水浑浊度优化目标的中小型水厂侧向流斜板沉淀池改造 [J]. 净水技术，2023，42 (6)：199-204.

[202] 黄廷林，李玉仙，张志政，等. 斜管沉淀池布水均匀性模拟计算与工艺参数分析 [J]. 给水排水，2005 (4)：16-19.

[203] 黄廷林，李玉仙，何文杰，等. 布水不均匀性对斜管沉淀池临界沉速的影响 [J]. 水处理技术，2008，34 (12)：28-31.

[204] 邹品毅. 影响斜管沉淀池出水效果的因素 [J]. 中南工学院学报，1999，13 (1)：87-90.

[205] 刘静，竺豪立. 整流配水装置对斜管沉淀池沉淀效果的影响 [J]. 给水排水，1997，23 (9)：29-30.

[206] 段龙武. 改善斜管沉淀池沉淀效果的工程措施 [J]. 水利科技与经济，2003，9 (4)：299-300.

[207] 黄廷林，李玉仙，何文杰. 斜管沉淀池结构参数优化的理论分析 [J]. 给水排水，2007，33 (4)：22-26.

[208] 廖足良，刘荣光. 斜管沉淀效率与斜长关系的试验研究 [J]. 重庆建筑工程学院学报，1993，15 (4)：45-51.

[209] 刘荣光，罗辉荣，田伟博，等. 斜管沉淀的斜管长度研究 [J]. 给水排水，1997，22 (3)：13-15.

[210] 陈敏生，梁璧凝，陈章. 斜管沉淀池设计中的几个问题［J］. 净水技术，2006，25（5）：74.
[211] 廖足良，刘荣光，罗辉荣，等. 斜管沉淀的评价指标［J］. 水处理技术，1996，22（4）：227－232.
[212] 荆全章，王守东，王伟. 斜管沉淀池的积泥问题与改造措施［J］. 中国给水排水，2000，16（3）：49－51.
[213] 周平，张戎. 影响斜管沉淀池稳定运行因素探讨［J］. 给水排水，2007（7）：21－22.
[214] 李三中，陈俊学，郝庆玲，等. 斜管沉淀池斜管积泥成因及解决措施［J］. 中国给水排水，2002，18（8）：76－77.
[215] 张建国，张良纯. 水平管沉淀分离装置的研究［J］. 水工业市场，2009（5）：38－42.
[216] 田德勇，张旭. 关于双层针管沉淀池的探讨［J］. 冶金动力，1996（1）：47－50.
[217] 赵竟. 异向流斜管沉淀池的三维数值模拟［D］. 合肥：安徽建筑大学，2015.
[218] 涂有笑. 上向流斜管沉淀池的三维两相流数值模拟［D］. 合肥：合肥工业大学，2015.
[219] 涂有笑. 斜管沉淀池的两相流数值模拟［J］. 工程与建设，2015，29（2）：201－203.
[220] 赵竟. 异向流斜管沉淀池的三维数值模拟［J］. 工程与建设，2015，29（2）：158－160，254.
[221] 叶飞，郑全兴，高党平，等. 新型机械絮凝斜管沉淀池沉淀区数值模拟与优化［J］. 给水排水，2015，51（8）：111－115.
[222] 张明雄. 斜管沉淀池排泥系统改造［J］. 城镇供水，2015（6）：26－28.
[223] 崔晓峰，于永海. 异向流斜管沉淀池水力特性研究［J］. 中国农村水利水电，2016（5）：133－135，140.
[224] 赵黎，殷镜波，王凯. 斜管沉淀池自动清洗设备的研究与设计［J］. 机械工程与自动化，2019（3）：112－113.
[225] 涂有笑，杨杰，贾如，等. 斜管沉淀池的沉淀效果与悬浮物颗粒直径的关系［J］. 重庆科技学院学报（自然科学版），2019，21（5）：96－98.
[226] 董盛文，汪富贵，桂冬梅. 穿孔旋流絮凝斜管沉淀池的设计研究［J］. 中国水运（下半月），2021，21（4）：101－102，105.
[227] 李建，王海梅，白筱莉，等. 复合沉淀池的衍变及工程应用［J］. 中国给水排水，2021，37（12）：31－35.
[228] Bandrowski J，Hehlmann J，Merta H，et al. Studies of sedimentation in settlers with packing［J］. Chem Eng Process，1997，36（3）：219－229.
[229] 丁恒如，吴春华，龚云峰. 工业用水处理工程［M］. 北京：清华大学出版社，2005：76－91.
[230] 高廷耀，顾国维，周琪. 水污染控制工程［M］. 北京：高等教育出版社，2007：42－56.
[231] 罗菲，邱秀云，李琳. 单鳃片分离鳃固液两相流流场三维数值模拟［J］. 新疆农业大学学报，2011，34（3）：253－258.
[232] Musie M，Yu K，Fujita I，et al. Two-phase versus mixed flow perespective on suspended sediment transport in turbulent channel flow［J］. Water Resources Research，2005，41（10）：1－22.
[233] 江涵，刘心洪，黄雄武. 2D-PIV 方法研究固-液方形搅拌槽内液相湍流［J］. 过程

工程学报，2010 (2)：1-9.

[234] 张金凤，张庆和，卢昭. 颗粒沉降的格子 Boltzmann 模拟与 PIV 实验验证 [J]. 水科学进展，2009 (4)：480-484.

[235] 吴福生，姜树海，邢磊. 用 PIV 测量含淹没刚性植物明渠水流流速场 [J]. 武汉大学学报 (工学版)，2009 (10)：587-591.

[236] 杨萍，张总. PIV 在分离机械内流场测量研究中的应用 [J]. 工矿自动化，2009 (11)：53-55.

[237] 金文，王道增. PIV 直接测量泥沙沉速试验研究 [J]. 水动力学研究与进展 (A 辑)，2005 (1)：19-23.

[238] 金永丽，龚治军，王波，等. PIV 用于板坯连铸结晶器流场的试验研究 [J]. 过程工程学报，2009 (6)：193-196.

[239] 陈诚，蔡守允. 悬移质运动中水沙两相流的流场测量技术研究综述 [J]. 水利水电科技进展，2011 (12)：80-84.

[240] 赵丽娜，邱秀云，陈铂，等. 两相流水沙分离鳃流场的 PIV 测试及分析 [J]. 新疆农业大学学报，2012，35 (2)：144-148.

[241] 任露泉. 试验优化设计与分析 [M]. 2 版. 北京：高等教育出版社，2003：193-207.

[242] 严跃成，邱秀云，张翔，等. 两相流分离鳃泥沙下沉通道宽度对水沙分离影响的试验研究 [J]. 新疆农业大学学报，2011，34 (6)：526-528.

[243] 倪晋仁，王光谦，张红武. 固液两相流基本理论及最新应用 [M]. 北京：科学出版社，1991：20-80. 30 (1)：68-70.

[244] 朱超，邱秀云. 垂向异重流式分离鳃适用泥沙的试验研究 [J]. 人民长江，2009，40 (5)：60-61.

[245] 朱超，龚守华，邱秀云，等. 垂向异重流式水沙分离鳃鳃片间距对水沙分离的影响研究 [J]. 新疆农业大学学报，2009，32 (2)：78-81.

[246] 杨美卿，钱宁. 紊动对细泥沙浆液絮凝结构的影响 [J]. 水利学报，1986，(8)：21-30.

[247] Ramirez H，Rodriguez O，Shainberg I. Effect of gypsum on furrow erosion and intake rate [J]. Soil Science，1999，16 (4)：351-357.